中国大宗淡水鱼
种质资源保护与利用丛书

总主编
桂建芳　戈贤平

鲤种质资源

保护与利用

主编·唐永凯　赵永锋

上海科学技术出版社

图书在版编目（CIP）数据

鲤种质资源保护与利用 / 唐永凯，赵永锋主编. --
上海 ：上海科学技术出版社，2023.12
　（中国大宗淡水鱼种质资源保护与利用丛书 / 桂建
芳，戈贤平总主编）
　ISBN 978-7-5478-6297-1

　Ⅰ．①鲤… Ⅱ．①唐… ②赵… Ⅲ．①鲤—种质资源
—研究—中国 Ⅳ．①S965.116

中国国家版本馆CIP数据核字(2023)第158722号

鲤种质资源保护与利用

唐永凯　　赵永锋　主编

上海世纪出版(集团)有限公司
上 海 科 学 技 术 出 版 社　出版、发行
（上海市闵行区号景路 159 弄 A 座 9F－10F）
邮政编码 201101　　www.sstp.cn
上海雅昌艺术印刷有限公司印刷
开本 787×1092　1/16　印张 14.75
字数 300 千字
2023 年 12 月第 1 版　2023 年 12 月第 1 次印刷
ISBN 978－7－5478－6297－1/S・267
定价：120.00 元

内容提要

　　我国是世界鲤养殖第一大国,养殖历史悠久。鲤在我国分布广泛,种质资源丰富。近年来,依托国家大宗淡水鱼产业技术体系项目支持,鲤种质资源保护与利用方面取得的研究成果卓著。

　　本书分7个部分。第1部分鲤种质资源研究进展,从鲤的分类、分布、遗传多样性、育种技术等方面对鲤种质资源保护和遗传改良研究进行阐述,提出种质资源保护面临的问题与保护策略。第2部分介绍鲤新品种选育,对松浦镜鲤、松浦红镜鲤、易捕鲤、福瑞鲤、福瑞鲤2号和建鲤2号的选育背景、技术路线、品种特性和养殖性能进行详细介绍。第3部分和第4部分对鲤繁殖、苗种培育与成鱼养殖技术进行总结,涵盖鲤整个养殖过程及生态养殖模式。第5部分和第6部分介绍鲤养殖过程中的营养与饲料、病害防控措施。第7部分介绍贮运流通与加工技术。

　　本书适合高等院校和科研院所水产养殖等相关专业的师生使用,也可为广大水产科技工作者、渔业管理人员和水产养殖从业者提供参考。

中国大宗淡水鱼种质资源保护与利用丛书

编委会

总主编

桂建芳　戈贤平

编　委

（按姓氏笔画排序）

王忠卫　李胜杰　李家乐　邹桂伟　沈玉帮　周小秋

赵永锋　高泽霞　唐永凯　梁宏伟　董在杰　解绶启

缪凌鸿

鲤种质资源保护与利用

编委会

主编

唐永凯　赵永锋

副主编

冯文荣

编写人员

（按姓氏笔画排序）

王连生　冯文荣　罗永康　周　勇　赵永锋　胡雪松

洪　惠　贾智英　徐奇友　唐永凯　曾令兵

序

　　大宗淡水鱼是中国也是世界上最早的水产养殖对象。早在公元前 460 年左右写成的世界上最早的养鱼文献——《养鱼经》就详细描述了鲤的养殖技术。水产养殖是我国农耕文化的重要组成部分,也被证明是世界上最有效的动物源食品生产方式,而大宗淡水鱼在我国养殖鱼类产量中占有绝对优势。大宗淡水鱼包括青鱼、草鱼、鲢、鳙、鲤、鲫、鲂(鳊)七个种类,2022 年养殖产量占全国淡水养殖总产量的 61.6%,发展大宗淡水鱼绿色高效养殖能确保我国水产品可持续供应,对保障粮食安全、满足城乡居民消费发挥着非常重要的作用。大宗淡水鱼养殖还是节粮型渔业和环境友好型渔业的典范,鲢、鳙等对改善水域生态环境发挥着不可替代的作用。但是,由于长期的养殖,大宗淡水鱼存在种质退化、良种缺乏、种质资源保护与利用不够等问题。

　　2021 年 7 月召开的中央全面深化改革委员会第二十次会议审议通过了《种业振兴行动方案》,强调把种源安全提升到关系国家安全的战略高度,集中力量破难题、补短板、强优势、控风险,实现种业科技自立自强、种源自主可控。

　　大宗淡水鱼不仅是我国重要的经济鱼类,也是我国最为重要的水产种质资源之一。为充分了解我国大宗淡水鱼种质状况特别是鱼类远缘杂交技术、草鱼优良种质的示范推广、团头鲂肌间刺性状遗传选育研究、鲤等种质资源鉴定与评价等相关种质资源工作,国家大宗淡水鱼产业技术体系首席科学家戈贤平研究员组织编写了《中国大宗淡水鱼种质资源保护与利用丛书》。

　　本丛书从种质资源的保护和利用入手,整理、凝练了体系近年来在种质资源保护方面的研究进展,尤其是系统总结了大宗淡水鱼的种质资源及近年来研发的如合方鲫、建鲤 2 号等数十个水产养殖新品种资源,汇集了体系在种质资源保护、开发、养殖新品种研发,养殖新技术等方面的最新成果,对体系在新品种培育方面的研究和成果推广利用进行了系统的总结,同时对病害防控、饲料营养研究及加工技术也进行了展示。在写作方式上,本丛书也不同于以往的传统书籍,强调了技术的前沿性和系统性,将最新的研究成果贯穿始终。

本丛书具有系统性、权威性、科学性、指导性和可操作性等特点,是对中国大宗淡水鱼目前种质资源与养殖状况的全面总结,也是对未来大宗淡水鱼发展的导向,还可以为开展水生生物种质资源开发利用、生态环境保护与修复及渔业的可持续发展工作提供科技支撑,为种业振兴行动增添助力。

中国科学院院士

中国科学院水生生物研究所研究员

2023 年 10 月 28 日于武汉水果湖

前　言

我国大宗淡水鱼主要包括青鱼、草鱼、鲢、鳙、鲤、鲫、团头鲂。这七大品种是我国主要的水产养殖鱼类,也是淡水养殖产量的主体,其养殖产量占内陆水产养殖产量较大比重,产业地位十分重要。据统计,2021 年全国淡水养殖总产量 3 183.27 万吨,其中大宗淡水鱼总产量达 1 986.50 万吨、占总产量 62.40%。湖北、江苏、湖南、广东、江西、安徽、四川、山东、广西、河南、辽宁、浙江是我国大宗淡水鱼养殖的主产省份,养殖历史悠久,且技术先进。

我国大宗淡水鱼产业地位十分重要,主要体现为"两保四促"。

两保:一是保护了水域生态环境。大宗淡水鱼多采用多品种混养的综合生态养殖模式,通过搭配鲢、鳙等以浮游生物为食的鱼类,可有效消耗水体中过剩的藻类和氮、磷等营养元素,千岛湖、查干湖等大湖渔业通过开展以渔净水、以渔养水,水体水质显著改善,生态保护和产业发展相得益彰。二是保障了优质蛋白供给。大宗淡水鱼是我国食品安全的重要组成部分,也是主要的动物蛋白来源之一,为国民提供了优质、价廉、充足的蛋白质,为保障我国粮食安全、满足城乡市场水产品有效供给起到了关键作用,对提高国民的营养水平、增强国民身体素质做出了重要贡献。

四促:一是促进了乡村渔村振兴。大宗淡水鱼养殖业是农村经济的重要产业和农民增收的重要增长点,在调整农业产业结构、扩大农村就业、增加农民收入、带动相关产业发展等方面都发挥了重要的作用,有效助力乡村振兴的实施。二是促进了渔业高质量发展。进一步完善了良种、良法、良饵为核心的大宗淡水鱼模式化生产系统。三是促进了渔业精准扶贫。充分发挥大宗淡水鱼的资源优势,以研发推广"稻渔综合种养"等先进技术为抓手,在特困连片区域开展精准扶贫工作,为贫困地区渔民增收、脱贫摘帽做出了重要贡献。四是促进了渔业转型升级。

改革开放以来,我国确立了"以养为主"的渔业发展方针,培育出了建鲤、异育银鲫、团头鲂"浦江1号"等一批新品种,促进了水产养殖向良种化方向发展,再加上配合饲料、渔业机械的广泛应用,使我国大宗淡水鱼养殖业取得显著成绩。2008年农业部和财政部联合启动设立国家大宗淡水鱼类产业技术体系(以下简称体系),其研发中心依托单位为中国水产科学研究院淡水渔业研究中心。体系在大宗淡水鱼优良新品种培育、扩繁及示范推广方面取得了显著成效。通过群体选育、家系选育、雌核发育、杂交选育和分子标记辅助等育种技术,培育出了异育银鲫"中科5号"、福瑞鲤、长丰鲢、团头鲂"华海1号"等数十个通过国家审定的水产养殖新品种,并培育了草鱼等新品系,这些良种已在中国大部分地区进行了推广养殖,并且构建了完善、配套的新品种苗种大规模人工扩繁技术体系。此外,体系还突破了大宗淡水鱼主要病害防控的技术瓶颈,开展主要病害流行病学调查与防控,建立病害远程诊断系统。在养殖环境方面,这些年体系开发了池塘养殖环境调控技术,研发了很多新的养殖模式,比如建立池塘循环水养殖模式;创制数字化信息设备,建立区域化科学健康养殖技术体系。

当前我国大宗淡水鱼产业发展虽然取得了一定成绩,但还存在健康养殖技术有待完善、鱼病防治技术有待提高、良种缺乏等制约大宗淡水鱼产业持续健康发展等问题。

2021年7月召开的中央全面深化改革委员会第二十次会议,审议通过了《种业振兴行动方案》,强调把种源安全提升到关系国家安全的战略高度,集中力量破难题、补短板、强优势、控风险,实现种业科技自立自强、种源自主可控。

中央下发种业振兴行动方案。这是继 1962 年出台加强种子工作的决定后,再次对种业发展做出重要部署。该行动方案明确了实现种业科技自立自强、种源自主可控的总目标,提出了种业振兴的指导思想、基本原则、重点任务和保障措施等一揽子安排,为打好种业翻身仗、推动我国由种业大国向种业强国迈进提供了路线图、任务书。此次方案强调要大力推进种业创新攻关,国家将启动种源关键核心技术攻关,实施生物育种重大项目,有序推进产业化应用;各地要组建一批育种攻关联合体,推进科企合作,加快突破一批重大新品种。

由于大宗淡水鱼不仅是我国重要的经济鱼类,还是我国重要的水产种质资源。目前,国内还没有系统介绍大宗淡水鱼种质资源保护与利用方面的专著。为此,体系专家学者经与上海科学技术出版社共同策划,拟基于草鱼优良种质的示范推广、团头鲂肌间刺性状遗传选育研究、鲤等种质资源鉴定与评价等相关科研项目成果,以学术专著的形式,系统总结近些年我国大宗淡水鱼的种质资源与养殖状况。依托国家大宗淡水鱼产业技术体系,组织专家撰写了"中国大宗淡水鱼种质资源保护与利用丛书",包括《青鱼种质资源保护与利用》《草鱼种质资源保护与利用》《鲢种质资源保护与利用》《鳙种质资源保护与利用》《鲤种质资源保护与利用》《鲫种质资源保护与利用》《团头鲂种质资源保护与利用》7 个分册。

本套丛书从种质资源的保护和利用入手,提炼、集成了体系近年来在种质资源保护方面的研究进展,对体系在新品种培育方面的研究成果推广利用进行系统总结,同时对养殖技术、病害防控、饲料营养及加工技术也进行了展示。在写作方式上,本套丛书更加强调技术的前沿性和系统性,将最新的研究成果贯穿始终。

本套丛书可供广大水产科研人员、教学人员学习使用,也适用于从事水产养殖的技术人员、管理人员和专业户参考。衷心希望丛书的出版，能引领未来我国大宗淡水鱼发展导向，为开展水生生物种质资源开发利用、生态保护与修复及渔业的可持续发展等提供科技支撑，为种业振兴行动增添助力。

中国水产科学研究院淡水渔业研究中心党委书记
国家大宗淡水鱼产业技术体系首席科学家   戈贤平

2023 年 5 月

目　录

鲤种质资源研究进展

鲤（*Cyprinus carpio*），别名鲤拐子、鲤子，属脊索动物门（Chordata）、辐鳍鱼纲（Actinopterygii）、鲤形目（Cypriniformes）、鲤科（Cyprinidae）、鲤属（*Cyprinus*）。鲤原产亚洲（中国），后引入欧洲、北美洲及其他地区，是我国乃至全世界分布最广泛的淡水鱼。

鲤在我国具有悠久的养殖史，公元前 460 年左右范蠡在《养鱼经》一书中就记载了鲤驯化和养殖的过程。这是世界上最早记载鱼类养殖的典籍（Wohlfarth，1995）。联合国粮食与农业组织（FAO）2020 年统计数据显示，鲤年产量居全球所有养殖鱼类第四位，达418.9 万吨。《中国渔业统计年鉴》（2020 年）显示，鲤的年产量居我国淡水养殖鱼类第四位，达 288 万吨。我国从南到北、从东到西都有鲤分布，不仅有适应当地环境的土著品种，还有人工选育的新品种。下面从鲤分类及形态学特征、种质资源分布状况、种质遗传多样性、重要功能基因、不同育种方法等方面阐述鲤种质资源保护和遗传改良方面的研究进展，提出鲤种质资源保护面临的问题与保护策略。

鲤种质资源概况

1.1.1 · 鲤分类及形态学特征

形态学特征是鱼类分类学常用的标准。依据鲤的形态学特征，Komen 将其分为 4 个亚种：欧洲鲤（*Cyprinus carpio carpio*）、中亚鲤（*Cyprinus carpio aralensis*）、东亚鲤（*Cyprinus carpio haematopterus*）和东南亚鲤（*Cyprinus carpio viridiviolaceus*）（Komen，1990）。《中国鲤科鱼类志》（1977）一书认为，鲤在我国不同地区分化为不同亚种：西鲤（*Cyprinus carpio carpio*，新疆）、鲤（*Cyprinus carpio haematopterus*，岭南以北：黑龙江至闽江）、华南鲤（*Cyprinus carpio rubrofuscus*，岭南以南：珠江、元江和海南岛）和杞麓鲤（*Cyprinus carpio chilia*，云南湖泊）。表 1-1 列出了我国 4 种野生鲤亚种的形态学特征，其中共同特征如下。体侧扁，头小，须 2 对；下咽齿发达，主行第二齿的齿冠上有 2~3 道沟纹；鳔 2 室；下咽齿 3 行，1.1.3~3.1.1；背鳍条 3（4），16~21；胸鳍条 1，15~16；腹鳍条 1，8；臀鳍条 3，5。《中国动物志：硬骨鱼纲鲤形目·下卷》表明，鲤是鲤属中品种最多、分布最广的种类（乐佩琦，2000）。此外，通过长期的人工选择，我国学者已经培育了 31 个鲤新品种，如丰鲤、荷元鲤、建鲤、松浦镜鲤、湘云鲤、豫选黄河鲤、乌克兰鳞鲤、松荷鲤和福瑞鲤等，在形态上同土著鲤有较大的差别。

表 1 - 1 · 4 种鲤亚种形态学特征

（黄宏金和陈湘粦，1982）

性 状	西 鲤	鲤	华南鲤	杞麓鲤
体型	体纺锤形，侧扁；头小；须 2 对，眼中等大，鳃耙短、三角形；下咽齿发达，主行第二齿的齿冠上有 2~4 道沟纹；尾柄较高，等于眼后头长；鳔 2 室	体侧扁；头较小；须 2 对，眼中等大，鳃耙短、三角形；下咽齿发达，主行第二齿的齿冠上有 2~3 道沟纹；尾柄高，大于或等于眼后头长；鳔 2 室	体较高，侧扁；头较小；须 2 对，眼中等大，鳃耙短、三角形；下咽齿发达，主行第二齿的齿冠上有 2~3 道沟纹；尾柄较高，大于或等于眼后头长；鳔 2 室	体侧扁；背部隆起，头较长；口端位，马蹄形；须 2 对，眼中等大；下咽齿主行第二齿的齿冠上有 2~3 道沟纹；尾柄细长，小于眼后头长；鳔 2 室
体色	与鲤相似	背部为灰黑色或黄褐色，腹部银白色或浅灰色，体侧带金黄色，尾鳍下叶红色	与鲤相似	背部呈草绿色，体侧淡草绿色稍带青灰色，腹部微黄，各鳍黄色带青灰色，尾鳍的后缘带黑色
体长/体高	2.8~3.4	2.5~2.8	2.65~3.10	3.01~3.4
体长/头长	3.5~3.8	3.2~3.9	3.23~3.67	3.14~3.44
体长/背鳍基长	2.5~2.7	2.28~2.65	2.52~2.85	2.95~3.51
头长/吻长	2.88~3.45	2.8~3.15	2.67~3.47	2.80~3.46
头长/眼径	5.25~5.7	4.8~6.2	3.70~5.00	3.6~6.00
头长/眼间距	2.45~2.7	2.23~2.58	2.11~2.86	2.47~2.87
头长/尾柄长	1.7~1.9	1.6~2.45	2.00~2.57	1.38~2.00
头长/尾柄高	1.96~2.12	1.8~2.25	1.87~2.35	2.22~2.82
侧线鳞	37~38	35~40	33~35	34~38
鳃耙	24~29	19~24	18~21	20~27
鳍条	背鳍条 3，18~19；胸鳍条 1，15~16；腹鳍条 1，8；臀鳍条 3,5	背鳍条 3(4)，16~21；胸鳍条 1，15~16；腹鳍条 1，8；臀鳍条 3,5	背鳍条 3，17~21；胸鳍条 1，14；腹鳍条 1,8；臀鳍条 3,5	背鳍条 3，16~20；胸鳍条 1，15~17；腹鳍条 1，8；臀鳍条 3,5
脊椎骨	4+36	4+33~35	4+31	4+32~33
下咽齿	3 行，1.1.3~3.1.1	3 行，1.1.3~3.1.1	3 行，1.1.3~3.1.1	3 行，1.1.3~3.1.1

1.1.2 · 鲤种质资源分布状况

鲤为杂食性淡水鱼类，栖息于中下水层，性情温和，抗逆性强，耐寒、耐低氧，可适应一定盐碱度水体(盐量为 1~4 g/L)。最适条件：水温为 20~32℃、pH 7.5~8.5。鲤可摄食轮虫、螺、蚌、蚬等软体动物,以及藻类、水草、植物碎屑和人工配合饲料等。在不同地区,鲤的成熟年龄略有差异,如珠三角地区为1冬龄;晋南虞乡为2~3冬龄;黑龙江大于3龄。鲤产卵盛期为日平均水温18~25℃时。雌鲤一般每年产卵1次。卵呈黄色,沉性,直径约1.3 mm,粘于水草上。孵化期长短与温度有关,16℃下需6天,20℃下需4天,25℃下需3天。我国主要鲤按亚种分,其分布情况如下。

▪ (1) 西鲤

1905—1913年从阿拉木图附近的池塘串入伊犁河后扩散到巴尔喀什湖,现已遍及伊犁河和额尔齐斯河水系(任慕莲,1998)。

▪ (2) 鲤

主要分布于黑龙江、辽河、海河、黄河、长江、闽江等我国主要的水系和台湾地区。黑龙江鲤和黄河鲤已经过驯化,是我国北方地区重要的养殖品种之一,具有饵料来源广、适应性强、生长快、抗寒、抗病、含肉率高、肉质鲜美、高蛋白、低脂肪、氨基酸种类丰富、人体必需氨基酸含量高等特点。

▪ (3) 华南鲤

主要分布于珠江水系、云南元江水系和海南岛。华南鲤是广东地区稻田养殖的重要品种,具有刺少、骨软、无腥味、肉味鲜美、营养价值高的优点而受到广大消费者喜爱,具有广阔的市场前景(黎品红等,2019)。

▪ (4) 杞麓鲤

主要分布于云南的湖泊中,如杞麓湖、星云湖、抚仙湖、洱海、异龙湖、阳宗海和滇池等。由于过度捕捞、气候和环境变化等因素,导致杞麓鲤天然水域资源量剧减。为了保护杞麓鲤种质资源,自2011年以来,通海县水产工作站与玉溪市水产工作站合作,开展了杞麓鲤人工驯养繁殖的相关研究(王春勇和夏黎亮,2014)。

上述分类的鲤品种中,还包含在特定的地理条件下经长期自然选择而形成的地方特色鲤,如黑龙江鲤、江西"三红鲤"(荷包红鲤、兴国红鲤和玻璃红鲤)、浙江瓯江彩鲤、云南元江鲤。另外,还有重要的外来品种(俄罗斯散鳞镜鲤、德国镜鲤和乌克兰鲤),它们也是北方地区重要的养殖品种。这些本地和外来品种种质资源优异,遗传多样性丰富,是选育和改良新品种的基础(沈俊宝和刘明华,1988)。经过长期的人工选择,至2021年我国已培育形成31个鲤新品种(表1-2),包括选育种20个、杂交种8

个和引进种 3 个。在已审定的 240 个水产新品种中,鲤是获得水产新品种证书最多的养殖种类(董在杰,2020)。

表 1 - 2 · 水产原良种审定委员会审定的鲤新品种(1996—2021)

品种名称	育种方法	登记号	亲本来源	育种单位
禾花鲤"乳源1号"	选育	GS - 01 - 002 - 2021	华南鲤稻田养殖群体(俗称禾花鲤)和珠江水系北江野生群体	中国水产科学研究院珠江水产研究所、乳源瑶族自治县畜牧兽医水产事务中心、广东省渔业技术推广总站、乳源瑶族自治县一峰农业发展有限公司、广东梁氏水产种业有限公司
建鲤2号	选育	GS - 01 - 004 - 2021	建鲤养殖群体	中国水产科学研究院淡水渔业研究中心、深圳华大海洋科技有限公司
津新红镜鲤	选育	GS - 01 - 002 - 2018	德国镜鲤养殖群体	天津市换新水产良种场
福瑞鲤2号	选育	GS - 01 - 003 - 2017	建鲤、黄河鲤和黑龙江鲤野生群体	中国水产科学研究院淡水渔业研究中心
易捕鲤	选育	GS - 01 - 002 - 2014	大头鲤、黑龙江鲤和散鳞镜鲤	中国水产科学研究院黑龙江水产研究所
津新鲤2号	杂交	GS - 02 - 006 - 2014	乌克兰鳞鲤和津新鲤	天津市换新水产良种场
瓯江彩鲤"龙申1号"	选育	GS - 01 - 002 - 2011	瓯江彩鲤养殖群体	上海海洋大学、浙江龙泉瓯江彩鲤良种场
松浦红镜鲤	选育	GS - 01 - 001 - 2011	荷包红鲤抗寒品系和散鳞镜鲤	中国水产科学研究院黑龙江水产研究所
福瑞鲤	选育	GS - 01 - 003 - 2010	建鲤和野生黄河鲤	中国水产科学研究院淡水渔业研究中心
松浦镜鲤	选育	GS - 01 - 001 - 2008	德国镜鲤第四代选育系(F_4)与散鳞镜鲤	中国水产科学研究院黑龙江水产研究所
津新鲤	选育	GS - 01 - 003 - 2006	建鲤养殖群体	天津换新水产良种场
乌克兰鳞鲤	引进	GS - 03 - 001 - 2005	1998 年俄罗斯引进鲤养殖群体	全国水产技术推广技术总站引进,天津换新水产良种场
豫选黄河鲤	选育	GS - 01 - 001 - 2004	野生黄河鲤	河南省水产科学研究院
墨龙鲤	选育	GS - 01 - 004 - 2003	不同颜色的锦鲤群体	天津市换新水产良种场
松荷鲤	选育	GS - 01 - 002 - 2003	黑龙江鲤与荷包红鲤杂交F_1、散鳞镜鲤	中国水产科学研究院珠江水产研究所
湘云鲤	杂交	GS - 02 - 001 - 2001	鲫鲤杂交四倍体鱼、丰鲤	湖南师范大学

续　表

品种名称	育种方法	登记号	亲本来源	育种单位
万安玻璃红鲤	选育	GS - 01 - 002 - 2000	野生玻璃红鲤	江西省万安玻璃红鲤良种场
松浦鲤	选育	GS - 01 - 002 - 1997	黑龙江鲤、荷包红鲤、德国镜鲤及散鳞镜鲤	中国水产科学研究院黑龙江水产研究所
散鳞镜鲤	引进	GS - 03 - 010 - 1996	1958 年苏联引进鲤养殖群体,经 30 年选育	中国水产科学研究院黑龙江水产研究所
德国镜鲤	引进	GS - 03 - 009 - 1996	德国引进鲤	中国水产科学研究院黑龙江水产研究所
芙蓉鲤	杂交	GS - 02 - 008 - 1996	兴国红鲤和散鳞镜鲤	湖南水产研究所
三杂交鲤	杂交	GS - 02 - 007 - 1996	散鳞镜鲤、兴国红鲤和资江野鲤	中国水产科学研究院长江水产研究所
岳鲤	杂交	GS - 02 - 006 - 1996	荷包红鲤和湘江野鲤	湖南师范学院生物系、长江岳麓渔场
荷元鲤	杂交	GS - 02 - 005 - 1996	荷包红鲤和元江鲤	中国水产科学研究院长江水产研究所
丰鲤	杂交	GS - 02 - 004 - 1996	兴国红鲤和散鳞镜鲤	中国科学院水生生物研究所
颖鲤	杂交	GS - 02 - 003 - 1996	鲤鲫移核鱼二代为父本,黑龙江散鳞镜鲤为母本	中国水产科学研究院长江水产研究所
德国镜鲤选育系	选育	GS - 01 - 007 - 1996	德国镜鲤养殖群体	中国水产科学研究院黑龙江水产研究所
荷包红鲤抗寒品系	选育	GS - 01 - 006 - 1996	黑龙江鲤与荷包红鲤	中国水产科学研究院黑龙江水产研究所
建鲤	选育	GS - 01 - 004 - 1996	荷包红鲤和元江鲤	中国水产科学研究院淡水渔业研究中心
荷包红鲤	选育	GS - 01 - 002 - 1996	野生荷包红鲤	婺源县荷包红鲤研究所、江西大学生物系
兴国红鲤	选育	GS - 01 - 001 - 1996	野生兴国红鲤	兴国县红鲤繁殖场、江西大学生物系

1.1.3 · 鲤种质遗传多样性

　　遗传多样性是生物多样性的核心,与生物多样性的形成、消失和发展密切相关。遗传多样性也是评价物种进化潜能与健康状况,以及物种抵御环境变化、生存压力能力强弱的一个重要指标(张树苗等,2019)。随着生命科学各领域的发展,遗传多样性的研究方法已从传统的形态标记、染色体标记以及生化标记等发展到现今的分子标记。目前，鲤的遗传多样性研究也从聚焦传统的形态、生化等特征发展到以分子生物学为主，尤其是随着分子标记技术和测序技术的迅猛发展，鲤遗传多样性的研究也更加便捷和深入。

▣ （1）形态学研究

形态学方法是研究遗传多样性最简单、快速、直观的途径，在鲤种质鉴定和遗传育种等工作中起重要作用。鱼类形态性状的研究可通过传统的可数性状（侧线鳞、鳃耙数、鳍条数等）和可量性状（全长、体长、头长、尾柄长等）评价，也可通过框架法。框架法基于形态坐标点，在纵向、横向和交叉方向上几何地描述鱼体的形态特征。在形态差异研究中，对测量数据的处理已从简单的统计分析发展到多元分析，其中聚类分析、判别分析和主成分分析是 3 种主要的形态性状多元分析方法。

鱼类的某些表型性状，特别是数量性状易受环境因素的影响。研究表明，表型性状不仅受基因控制，还受生长发育、种群大小、种群结构、地理位置等多因素的影响。鲤的表型多样性丰富，主要体现在种群大小、地理分布、形态特征、生长发育、繁殖周期、产卵量、抗逆性等方面（尹绍武等，2005）。在不同亚种之间，华南鲤和鲤之间差别主要表现在鳞片、背鳍条等可数性状上；杞麓鲤与鲤之间的差别主要表型在尾柄高、背鳍基部长度和下颚骨长短上。在相同种的不同地理群体上，陈湘粦和黄宏金（1982）通过比较黑龙江、辽河、黄河、长江、闽江和台湾地区的鲤发现，一些可数性状（鳞片、鳃耙、背鳍条）从北至南有逐渐减少的趋势，但其他性状变化不明显（表 1-3）。姜晓娜等（2021）以体重为因变量、形态性状为自变量，利用通径分析研究了 5 个不同群体鲤（黑龙江鲤、黄河鲤、松浦镜鲤、易捕鲤和元江鲤）形态差异，结果显示，5 种鲤的 4 个形态性状与体重之间的相关系数均达到极显著水平，体长、体高和体厚等形态性状显著影响 5 种鲤体重。林明雪等（2015）比较了传统形态学方法与分子群体遗传学方法对 9 个群体鲤形态学性状的分析效果，结果表明，传统形态学方法与分子群体遗传学方法分析鲤形态学性状是一致的。明俊超等（2009）比较了黄河鲤、荷包红鲤、高背荷包红鲤、兴国红鲤、建鲤和黑龙江鲤的 12 个形态学性状，结果显示，除眼后头长/头长外，各鲤群体间在其他比例性状上出现较明显的差异。陈红林等（2019）研究发现，4 种体色瓯江彩鲤的形态特征差异较为明显，各形态性状对体重的影响程度存在较大差异。

除了可数和可量性状外，体色和体型也是鲤的重要性状。我国不同群体的鲤在体色上存在明显的差异，如瓯江彩鲤体色丰富，有 5 种基本体色，即全红、大花、麻花、粉玉和粉花；荷包红鲤与兴国红鲤体色相似，一般为橘红色和橘黄色（王成辉，2002）；黄河鲤体侧鳞片呈金黄色，背部稍暗，腹部色淡而较白。不同种群或不同人工选育品种在体型上也存在差异,如黑龙江鲤主体呈纺锤形;四鼻须鲤体呈梭形;荷包红鲤体呈"团型";丰鲤体长而细。

表1-3 · 不同水系鲤可量性状比较

性 状	黑龙江水系	辽河水系	黄河水系	长江水系	闽 江
体长/体高	2.5~2.78	2.73~3.13	2.94~3.28	2.70~3.14	2.55~2.90
体长/头长	3.22~3.89	3.62~3.72	3.43~4.06	3.48~4.00	3.33~3.46
体长/背鳍基长	2.28~2.65	2.39~2.68	2.26~2.60	2.39~3.58	2.55~2.68
头长/吻长	2.8~3.15	3.32~3.34	2.85~3.35	2.82~3.40	2.90~3.12
头长/尾柄高	1.80~2.25	2.03~2.12	1.78~2.10	2.74~2.06	1.97~2.10
侧线鳞数	35~40	35~39	35~38	34~39	34~35
鳃耙数	19~24	19~22	19~23	18~23	18
背鳍条数	16~20	15~19	17~19	16~19	15~17

■（2）细胞遗传学

染色体信息是鱼类物种分类、发育和演化研究的关键信息。在群体基础上进行染色体计数是研究种内细胞学变异的一种更深入细致的办法。对染色体进行核型分析是研究杂交和物种起源的必要手段。染色体核型主要包括染色体数目和染色体形态两个内容。现有的研究发现,鲤在染色体数目上是一致的($2n = 100$),染色体配组与染色体臂数相似,而在染色体分组、着丝点位置上存在较大的差异,表明不同种群间存在染色体多态性(表1-4)。有研究认为,这些差异可能与使用的方法不同、测量染色体的时相不一致以及测量和配组有关。

表1-4 · 不同人工培育鲤品种染色体核型分析

品 种	染 色 体 核 型					参 考 文 献
	2n	m	sm	st+t	NF	
荷包红鲤	100	28	22	50	150	王蕊芳等,1985
兴国红鲤	100	28	22	50	150	王蕊芳等,1985
德国镜鲤选育系	100	30	26	44	156	尹洪滨,2001

品　　种	染 色 体 核 型					参考文献
	2n	m	sm	st+t	NF	
荷包红鲤抗寒品系	100	30	26	44	156	尹洪滨,2001
高寒鲤	100	28	28	44	156	尹洪滨,2001
松浦鲤	100	30	36	44	156	尹洪滨,2001
玻璃红鲤	100	28	22	55	150	王成辉,2002
瓯江彩鲤	100	30	22	48	152	王成辉,2020
长鳍鲤	100	22	30	48	152	王成辉,2020
乌克兰鳞鲤	100	26	30	44	156	王金雨等,2009
丰鲤	100	22	34	44	156	李慕和尹栋,1992

注：m. 中着丝粒染色体；sm. 近中着丝粒染色体；st. 近端着丝粒染色体；t. 端着丝粒染色体；NF. 染色体臂数。

DNA 作为主要的遗传信息,在遗传多样性分析中具有重要的作用,其含量与染色体倍性呈显著正相关。关于鱼类 DNA 含量的测定,国内外已有许多报道,特别是对鲤科鱼类的研究最多。利用流式细胞仪测定其相对含量可以迅速、直接地反映鱼类染色体倍性,这种方法的优势在于对鱼体的伤害小、自动化、快速、通量高且准确度高(张庆飞等,2021)。薛淑群和徐伟(2011)采用流式细胞分析仪测定了蓝色鳞鲤的 DNA 含量为 3.99 pg/N。汲广东(2002)研究表明,鲤 DNA 含量与鲤发育密切相关,尤其是出膜前后波动较大。周佩(2020)通过测定 DNA 含量辅助鉴定四倍体鲤品系,其结果与染色体核型分析结果一致。王金雨(2010)通过二倍体与三倍体流式细胞仪图像对比发现,三倍体血细胞的 DNA 相对含量约为二倍体的 1.60 倍,与红细胞体积比及细胞核体积比测量结果相近。

■（3）生化遗传学

近 30 年来,生物化学法在遗传学中的研究取得很大进展。生化遗传包括多种基因产物标记,如血清蛋白、同工酶、等位酶等,其中同工酶为最常用标记。同工酶的差异与编码的等位基因数、控制酶的位点数、组成酶的亚基数、基因的调控等因素密切相关,其电泳技术具有简便、灵敏、快速等特点,因此在鱼类遗传育种、种质资源保护以及生物演化等方面广泛应用。但是,由于同工酶是基因的表达产物,其活性也经常受到环境及发育状态的影响,而且同工酶所能分析的位点有限,使得这一标记的应用在很大程度上受到了限制(薛良义等,2004)。

酯酶(EST)和乳酸脱氢酶(LDH)是鱼类生化遗传学研究中最常见的同工酶。鲤的EST一般由3个位点(Est-1、Est-2和Est-3)控制,LDH由2个位点(Ldh-1和Ldh-2)控制。李万程(1985,1988)用电泳法分析岳鲤及其双亲荷包红鲤、湘江野鲤不同组织EST和LDH同工酶谱发现,荷包红鲤和湘江野鲤虽隶属同一个种的不同生态群,但其对应组织的同工酶谱差异明显。张轩杰等(1988)采用聚丙烯酰胺凝胶电泳方法分析了三元鲤及其双亲资江鲤和芙蓉鲤的血清蛋白、EST同工酶,结果显示,双亲的血清蛋白B2区和B3区的MA带上存在明显差异,EST在心脏和肾脏中存在组织特异性和种间特异性。王履庆(1991)采用高分辨率的薄层等电聚焦电泳技术和酶活性特异染色法相结合的方法把鲤LDH同工酶区分为24条电泳区带,具有种间相似性。朱必凤和李思光(1992)分析了兴国红鲤7个组织(脑、肝、肌、心、肾、眼和血清)的LDH、EST同工酶和血清蛋白,结果显示,2种同工酶在不同组织中存在明显的表达差异,而且血清蛋白在雌雄鱼之间也具有明显的差异。常重杰等(1994)分析了黄河鲤6个组织的EST和LDH同工酶谱发现,EST分2个区5条带,LDH分2个区13条带,与普通鲤相比,两种同工酶在同组织中具有一致性,但在不同组织之间差异较大。

除EST和LDH外,其他同工酶,如过氧化物酶(POD)、过氧化物歧化酶(SOD)、天冬氨酸转氨酶(AAT)、葡萄糖磷酸异构酶(GPI)、磷酸甘油醛脱氢酶(α-GPD)、异柠檬酸脱氢酶(IDH)、苹果酸脱氢酶(MDH)、磷酸葡萄糖变位酶(PGM)等,也被用于鲤的遗传多样性分析(表1-5)。李思光(1989)报道了兴国红鲤10种同工酶(LDH、MDH、EST、葡萄糖-6-磷酸脱氢酶G-6-PDH、SOD、琥珀酸脱氢酶SDH、IDH、苹果酸酶ME、乙醇脱氢酶ADH、甘油-3-磷酸脱氢酶GPDH)的组织特异性,发现ADH、IDH和EST具有多态性。尹洪滨等(1995)在荷包红鲤4种组织(心、肝、肌和眼)LDH、MDH、EST和SOD同工酶的研究中也发现,4种同工酶存在明显的组织特异性。

表1-5·不同群体鲤同工酶比较

品 种	同工酶	同 工 酶 条 带				
		血 清	肝 脏	肌 肉	肾 脏	心 脏
岳鲤	LDH		12	6	9	
	EST	8	4	4	4	
湘江野鲤	LDH		16	6	9	
	EST	7	4	3	4	

续 表

品 种	同工酶	同工酶条带				
		血清	肝脏	肌肉	肾脏	心脏
荷包红鲤	LDH		12	6	7	
	EST	6	3	2	3	
芙蓉鲤	EST		3		2	3
资江鲤	EST		3		3	4
三元鲤	EST		4		3	4
兴国红鲤	EST	6	6	4	5	4
	LDH	7	8	4	6	7
黄河鲤	EST		5	3	3	3
	LDH		6	5	5	6

同工酶还可用于研究群体的遗传变异。王成辉等（2004）分析了我国4种红鲤（兴国红鲤、玻璃红鲤、荷包红鲤和瓯江彩鲤）8种同工酶和1种肌蛋白,结果发现荷包红鲤的多态位点比例最高（21.05%）,瓯江彩鲤和玻璃红鲤的多态位点比例相等（15.79%）,兴国红鲤的多态位点比例最低（10.53%）;群体平均杂合度期望值为0.045 8~0.074 2,平均杂合度观察值为0.044 0~0.074 8;聚类分析表明,兴国红鲤、玻璃红鲤和瓯江彩鲤为同一分支,荷包红鲤为另一分支（图1-1）,多态性分析表明4种红鲤均存在杂合子缺失现象,除荷包红鲤外,兴国红鲤、玻璃红鲤、瓯江彩鲤都具 Hardy-Weinberg 平衡,说明荷包红鲤可能存在严重的非平衡选择。杨正玲等（2009）对3个不同种群（州河鲤、建鲤和框鳞镜鲤）的6个同工酶（AAT、α-GPD、GPI、IDH、MDH 和 PGM）和肌浆蛋白（PROT）进行分析,发现了12个基因座位,其中 α-GPD、GPI 和 PGM 在3种鲤中均存在变异,PGM 可以作为区分3个群体的标记基因座位,州河鲤、建鲤、框鳞镜鲤的多态基因座位比例分别为41.67%、25.00%和33.33%,平均杂合度期望值分别为0.044 9、0.074 9和0.051 8。类似的结果在乌克兰鳞鲤中也有报道,在同工酶检测出的12个基因座位中,α-GPD、GPI 和 PGM 存在变异,多态基因座位比例及平均杂合度期望值分别为25%和0.092（梁爱军等,2011）。李池陶等（2016）研究发现,大头鲤、黑龙江鲤和散鳞镜鲤各种同工酶带型基本一致,其子代易捕鲤同工酶活性与亲本一致或者介于亲本之间,并且更接近大头鲤,表明易捕鲤的遗传背景与选育结果相同,没有发生较大偏移。毕冰等（2014）分析高寒鲤、荷包红鲤、松浦鲤和德国镜鲤5个组织中9种同工酶发现,4个鲤群体9种同工酶共记录了17

个基因座位,多态座位比例平均为27.865%,平均杂合度期望值介于0.132 9~0.145 1之间,4个群体的遗传变异由高到低依次为荷包红鲤>高寒鲤>松浦鲤>德国镜鲤。

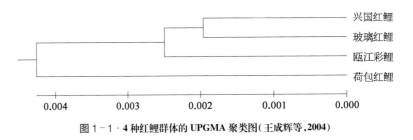

图 1-1 · 4 种红鲤群体的 UPGMA 聚类图(王成辉等,2004)

■ (4) 分子种群遗传学

分子标记是 DNA 水平上遗传变异的直接反映,一般不受环境因素影响,广泛分布于整个基因组,多态性高。从分子水平研究生物种群遗传多样性,结果稳定可靠、重复性好。目前,应用于鲤遗传多样性研究的分子标记技术主要有限制性片段长度多态性(restriction fragment length polymorphism,RFLP)、随机扩增多态性 DNA(random amplified polymorphic DNA,RAPD)、简单重复序列(simple sequence repeats,SSR)和单核苷酸多态性(single nucleotide polymorphism,SNP)标记等。

① 限制性片段长度多态性(RFLP):RFLP 是最早的分子标记技术,用于检测 DNA 在限制性内切酶酶切后形成的特定 DNA 片段的大小。郑冰蓉等(2001)应用线粒体 DNA(mtDNA)的 RFLP 分析法对洱海的 4 种鲤(杞麓鲤、洱海鲤、大眼鲤和春鲤)进行比较研究,发现种内和种间未检测出限制性片段长度多态性。王成辉(2002)用 13 种限制性内切酶对兴国红鲤、玻璃红鲤、荷包红鲤及瓯江彩鲤的 mtDNA 进行了 RFLP 分析,共发现 17 种多态型,其中 5 种酶产生限制性片段长度多态性(RFLP),归结为 5 种单倍型;核苷酸多态性大小为瓯江彩鲤(2.86%)>荷包红鲤(1.47%)>兴国红鲤(1.18%)>玻璃红鲤(0.86%),说明瓯江彩鲤的遗传多样性最为丰富。关海红等(2002)对黑龙江 4 个地区(抚远、塔河、牡丹江和绥滨)的野鲤进行 mtDNA 的 RFLP 分析,结果显示 4 个种群中,抚远、绥滨群体的限制性类型分布一致,没有显著的遗传分化,为同一种群;牡丹江群体与抚远、绥滨群体遗传关系较近,塔河群体与各群体关系最远。杨正玲等(2008)通过 mtDNA D-loop 的 RFLP 分析州河鲤、建鲤以及框鳞镜鲤的遗传多样性,发现 3 种不同群体的鲤遗传距离具有明显的差异。梁爱军等(2011)应用 mtDNA D-loop 的 RFLP 遗传标记检测技术分析了乌克兰鳞鲤的遗传结构,得到 2 种单倍型。

② 随机扩增多态性 DNA(RAPD):RAPD 技术是基于随机引物(8~10 bp)的 PCR 扩增,扩增产物的多态性反映了基因组的多态性。RAPD 技术具有操作简单、无种属特异

性、多态性检出率高等优点,已广泛应用于生物的遗传多样性、遗传结构、种质鉴定以及亲缘关系分析等研究中。董在杰等(1999)利用 RAPD 对兴国红鲤、苏联镜鲤、德国镜鲤及其杂交后代进行遗传分析,结果表明,兴国红鲤和苏联镜鲤杂种一代的多态性位点比例为 0.368 4,平均杂合度 0.148 7;兴国红鲤与德国镜鲤杂种一代的多态性位点比例为 0.373 7,平均杂合度为 0.149 9。张得春等(1999)利用 RAPD 技术对建鲤和兴国红鲤进行遗传分析,找到了建鲤与兴国红鲤品系间的 RAPD 分子遗传标记。佟雪红等(2007)利用 RAPD 技术筛选出 105 条多态性条带以及两个种群特异性片段,分析发现建鲤、黄河鲤及其子代(正交和反交)群体内的遗传相似系数分别为 0.824 0、0.792 1、0.792 0 和 0.856 9。张平(2009)对建鲤、兴国红鲤、黑龙江鲤、黄河鲤和荷包红鲤等 5 个种群的基因组进行 RAPD 扩增,获得 49 个多态位点,多态性位点比例平均为 53%;群体间遗传相似性系数显示,黑龙江鲤和建鲤间的遗传相似性系数最大(0.778 9),荷包红鲤、兴国红鲤、黄河鲤间的遗传相似性系数次之(0.7),黄河鲤和建鲤、黑龙江鲤间的遗传相似性系数最小(0.626 3)。高俊生等(2007)通过筛选获得 2 个能够在荷包红鲤抗寒品系(父本)和柏氏鲤(母本)杂交 F_2 代越冬存活群体和越冬死亡群体中表现出明显差异的 RAPD 标记。闫华超等(2006)用 RAPD 法分析发现,野生鲤与养殖鲤之间的遗传相似度为 0.516~0.719,遗传距离为 0.281~0.484。

③ 扩增片段长度多态性(AFLP):AFLP 是 RFLP 与 RAPD 两种技术的结合体,既有 RFLP 的可靠性又有 RAPD 的灵敏性,多态性高,已广泛应用于鱼类遗传多样性、系统发生、亲缘关系的研究。钟立强等(2010)利用 AFLP 技术对黑龙江鲤、黄河鲤、建鲤和荷包红鲤 4 个鲤种群的遗传多样性发现,4 个种群的多态性条带比例为 54.38%,各种群分别为 40.44%、32.27%、40.24% 和 34.46%,其中黑龙江鲤多态性比例最高、黄河鲤最低,种群内基因多样性(Hs)平均值为 0.122 4,基因分化系数(Gst)为 0.289 2,种群内的基因多样性占总群体的 71.08%、种群间的基因多样性占总群体的 28.92%。单云晶(2014)利用 AFLP 标记技术分析鲤出膜前和平游前两个阶段的正常及畸形群体,筛选获得 35 对引物存在多态性位点,出膜前多态位点平均比例为 23.48%,略高于出膜后多态位点平均比例 22.05%。王亮晖等(2007)运用 AFLP 技术分析雌雄建鲤之间的差异,筛选出 9 对引物,每对引物检测出的位点数平均为 121.9 个,多态位点比例占 69.0%~92.3%;此外,还发现 18 个条带在不同性别中出现的比例差异显著。

④ 简单重复序列(SSR):SSR 又称微卫星标记(microsatellites),指少数几个碱基对(1~6 个)的短串联重复序列,属于第二代分子标记技术。由于其具有杂合子比例高、信息含量大、保守性较高等特点而被广泛应用于生物群体内遗传多样性研究。20 世纪 90 年代,研究者开始开发鲤微卫星标记,并用于分析鲤遗传结构差异、遗传多样性和经济性

状。Crooijmans 等(1997)从 41 对鲤微卫星引物中筛选出 32 对多态性较高的引物。常玉梅等(2004)对 5 个种群的鲤(兴国红鲤、荷包红鲤、玻璃红鲤、黄河鲤和黑龙江鲤)进行了全基因组 DNA 检测,获得 42 对标记引物,其中有 14 对在群体间呈现多态性,扩增 2~4 个等位基因位点,统计结果显示,兴国红鲤和荷包红鲤的亲缘关系较近(0.93),黄河鲤和黑龙江鲤遗传相似性为 0.89。Yue 等(2004)从鲤 cDNA 文库以及基因组文库中开发了 36 对微卫星标记,其中 21 对标记可用于分析鲤遗传多样性。

由于微卫星标记多态性高,许多学者也将微卫星遗传标记应用到自然和养殖群体的遗传多态性分析及养殖群体对自然群体的影响。Zhou 等(2004)用微卫星标记分析了长江野生鲤群体和 5 个养殖鲤群体(兴国红鲤、荷包红鲤、青田鲤、俄罗斯散鳞镜鲤和日本鲤)的遗传多样性和遗传结构,结果显示,长江鲤与兴国红鲤间无显著性差异,其他群体两两间均存在显著性差异,其中长江野鲤与俄罗斯散鳞镜鲤遗传距离最大。Liao 等(2006)用微卫星标记研究显示,不同群体鲤(洞庭湖鲤、鄱阳湖鲤和长江鲤)存在遗传多样性和结构差异,其中长江鲤与两大湖泊的鲤遗传分化显著。Li 等(2007)利用微卫星标记分析发现,6 个野生鲤群体(海南鲤、长江鲤、月亮湖鲤、黑龙江鲤、呼伦湖鲤、贝尔湖鲤)的遗传多样性处于中度多态水平。李建林等(2012)应用微卫星标记分析框镜鲤、黑龙江鲤、荷包红鲤、兴国红鲤、黄河鲤和建鲤,结果显示,6 个群体多态信息含量丰富、遗传多样性水平较高、选育潜力较大;亲缘关系分析显示,框镜鲤与兴国红鲤亲缘关系最远,黄河鲤与建鲤亲缘关系最近。曾繁振等(2013)选取 17 对多态性较高的微卫星引物分析了 3 个群体(荷包红鲤、长江野鲤、兴国红鲤)的遗传多样性,结果为长江野鲤>荷包红鲤>兴国红鲤。岳兴建等(2013)用微卫星标记对元江流域(红河上游中国江段)5 个地点的元江鲤遗传多样性进行分析,发现不同地点的元江鲤群体具有较高的遗传多样性,群体之间遗传分化小。

微卫星标记还广泛应用于鲤生产性状相关标记研究。杨晶等(2010)对 65 个微卫星标记与鲤体重、体长、体高和吻长的相关性进行了分析,筛选出与体重、体长显著相关的标记。邢新梅等(2011)对 100 个微卫星标记与鲤(高背镜鲤和低背镜鲤杂交所得 F_1 代)的体长、体高、体厚、头长、尾柄长及尾柄高等体型性状进行相关性分析,筛选出 22 个性状相关的微卫星标记。吕伟华等(2011)用 300 个微卫星标记检测了以柏氏鲤和荷包红鲤抗寒品系杂交 F_2 代 1 个家系,分析出 23 个与体重、体长、体厚和体高呈显著相关性的标记。肖同乾等(2014)应用鳞被相关基因(ant、eda、edar、fgfr)及其上下游序列中的 155 个微卫星标记分析鲤个体遗传多样性,结果显示,23 个微卫星标记表现为中度多态,同时 10 个、7 个、7 个和 11 个标记分别与体重、体长、体高和体厚存在显著相关性。苏胜彦等(2011)通过关联性分析发现,微卫星标记 Koi42 可能与杂种优势相关。

⑤ 单核苷酸多态性标记(SNP)：SNP 指单个核苷酸的变异所引起的 DNA 序列多态性,由单个碱基的插入、缺失、颠换或转换所致,每种等位基因在群体中的频率≥1%,且具有分布广、密度高、突变率低、易检测、分析方法简单易开发、数据库完备等优点,已在遗传分析中广泛应用。在鲤遗传多样性研究中,Zhu 等(2012)发现存在地理隔离的鲤群体在 SNP 水平上存在显著的遗传变异。2014 年,中国水产科学研究院生物技术研究中心许建等完成首个鲤高密度 SNP 分型芯片开发,获得超过 2 000 万个单核苷酸多态性位点(SNP),包含多个地理种群以及人工选育家系,样本共计 1 072 个(包括松浦镜鲤、荷包红鲤、黄河鲤、兴国红鲤、瓯江彩鲤、锦鲤等),为开展鲤和近缘鲤科鱼类的基因组选择育种及全基因组性状关联分析等研究奠定了基础。此外,在种质鉴定方面,SNP 标记技术被关注。Xu 等(2017)开发了一个可应用于鲤家系鉴定的高通量 SNP 组合,在黄河鲤家系鉴定中获得94%的精确度。Xu 等(2019)利用高通量 SNP 基因分型技术,对全球 14 个鲤种群(2 198 个体)进行了基因组学分析,分析鲤种群的遗传结构和环境适应性。王彦云等(2021)筛选了 7 个 SNP 标记,可区分兴国红鲤和荷包红鲤,且鉴别错误率为 6.30E－05。

在高通量测序技术诞生之前,分子标记只能通过费时费力且成本高的工作来检测。高通量测序的应用,使得微卫星和 SNP 成为主流标记。2011 年,Xu 等(2011)对 40 000 多个鲤 BAC 克隆进行了测序,检测到 13 581 个微卫星。基于转录组测序,Ji 等(2012)收集了 1 418 591 个 EST、36 811 个 cDNA 重叠和 19 165 个独特蛋白质,并鉴定了 2 064 个微卫星。Xu 等(2012)收集了黄河鲤、荷包红鲤、镜鲤和兴国红鲤的 712 042 个品系内 SNP。Xu 等(2014)开发了一个基因分型阵列,包含 250 000 个均匀分布的 SNP,平均间距为 6.6 kb,为鲤亲缘关系的基因调查提供了强有力的工具。

■ (5) 组学

随着人类基因组测序工程及模式生物基因组测序的完成,高通量测序技术已非常成熟,且第三代测序技术具有价格更优、通量更高、速度更快等优点。目前,基于组学的研究在鲤中已广泛开展。2011 年,Xu 等(2014)对 40 224 个 BAC 克隆进行了末端测序,并绘制了鲤基因组框架图谱、基因组物理图谱和高密度连锁图谱,这是对鲤基因组测序的首次探索。Xu 等(2014)联合罗氏 454、Illumina 和 SOLiD and Platform 的测序数据,开发了纯合子双单倍体欧洲亚种松浦鲤的染色体水平基因组,但是只有 52%的 scaffold 定位在 50 条染色体上。鲤基因组是第一个被测序的脊椎动物异源四倍体基因组,之后的 5 年内开发了来自中国的黄河鲤、荷包红鲤和来自欧洲的德国镜鲤的异源四倍体基因组(Xu 等,2019)。研究者相继开展了鲤转录组、代谢组和蛋白组等组学的研究。钱永生(2019)基于转录组学解析 4 种体色瓯江彩鲤生长和抗病力等方面存在差异的潜在机制。王君婷(2021)比较了异源四倍体鲫鲤、普通红鲫和湘江野鲤的蛋白组学差异,解析了其肝脏代谢及生长相关的蛋白和通路。Li 等(2021)通过对 4 个鲤科鱼类高质量基因组进行比较基因组分析,以及 3 个鲤品种群体遗传学分析,为鲤适应性进化基础研究提供了优质的基因组资源,为解释多倍体亚基因组适应性进化机制提供了新见解。基于组学的研究为鲤种质资源的开发与利用、优异基因的挖掘提供依据,为基因组辅助育种研究、优良品种快速培育提供了重要支撑。

1.1.4 · 鲤重要功能基因

近年来,鱼类基因功能的研究日益深入,尤其是与生长和抗性相关的重要功能基因的研究更加引人注目,一些具有应用价值的功能基因相继被鉴定并得到功能注释,为深入解析经济性状形成的分子机理,并为下一步分子育种的开展提供了重要基础数据和理论支撑。鲤重要功能基因的研究主要集中在生长、免疫抗病、性腺发育和体色形成等方面。

■ (1) 生长轴和生肌调节因子

生长性状相关基因主要涉及生长轴以及肌肉生长发育相关的基因。鱼类的生长主要由下丘脑-垂体-肝脏生长轴(GH/IGF 轴)调控(Gabillard 等,2005),包括生长激素(growth-hormone,GH)、生长激素受体(growth hormone receptor,GHR)、胰岛素样生长因子(insulin-like growth factor,IGF)、胰岛素样生长因子受体(insulin-like growth factor receptor,IGFR),以及胰岛素样生长因子结合蛋白(insulin-like growth factor binding protein,IGFBP)等。1990 年,Chiou 等(1990)最早从鲤基因文库中分离并测序了鲤 GH 基因。陈丽丽等(2009)克隆了黄河鲤 GH 基因。Vong 等(2003)获得鲤 IGF-I 基因,并分析了其 5′调控区域,发现 IGF-I 基因主要在鲤肝脏中表达。Margaret 等(2002)利用普通PCR 和 RACE 方法获得鲤胰岛素样生长因子 II(IGF-II),发现 IGF-II 基因与 IGF-I 基因序列相似性仅为 36.2%。苏胜彦等(2012)分析了鲤 IGF2b 的基因组 DNA 序列,包含内含子总长度为 5 173 bp。俞菊华等(2011,2012)采用 PCR 和 RACE 方法获得建鲤 4 个生长激素受体(GHR)基因分别为 *jlGHR1a*、*jlGHR1b*、*jlGHR2a* 和 *jlGHR2b*;2 个生长激素促泌素受体 1(growth hormone secretagogue receptor 1,GHSR1)基因 *jlGHSR1a* 和 *jlGHSR1b*,并检测了 32 个 SNP 位点与增重的相关性。李红霞等(2013)得到 2 个 GHSR2 基因序列,分别为 *jlGHSR2a* 和 *jlGHSR2b*。Chen 等(2018、2009、2012)克隆了 *IGFBP1a*、*IGFBP2*、*IGFBP3* 基因,并分析了它们在不同组织的表达及生长激素对其调节作用。魏可鹏等(2012)获得建鲤胰岛素样生长因子结合蛋白 3(IGFBP3)。另外,肌肉中产生的生肌调节因子也能够调节机体的生长。Kobiyama 等(1998)应用 PCR 法从鲤胚胎和幼鱼中获得了鲤的肌细胞生成素(myogenin,MyoG)、肌肉转录调节因子(myogenic differentiation antigen,MyoD)、生肌因子 5(myogenic factor 5,MYF－5);从鲤的 cDNA 文库中鉴定出心肌细胞特异性增强子因子 2(myocyte-specific enhancer factor 2,MEF2),包括 MEF2A 和 MEF2C。运莹豪等(2022)对黄河鲤肌肉发育关键因子包括配对盒转录因子 7(paired box 7,Pax7)、MyoD、MyoG 和生肌调节因子 4(myogenic regulatory factor 4,MRF4)进行了多克隆抗原的制备。林亚秋等(2010)克隆了鲤 *myf－6* 基因,其开放阅读框为 720 bp,在肌肉组织中表达显著高于其他组织。俞菊华等(2010)从建鲤基因组分离到 4 个肌肉生长抑制素(myostatin,MSTN)基因,分别为 *jlMSTN1a*、*jlMSTN1b*、*jlMSTN2a* 和 *jlMSTN2b*,筛选到与建鲤体型和平均日增重相关的 SNP 位点各 1 个。

■ (2)免疫抗病相关基因

鱼类抗病力受遗传因素的影响,具有抗病相关基因的个体对疾病能产生抗性。利用分子生物学与分子遗传学技术寻找抗病相关基因并进行抗病育种,从遗传上提高鱼类对病原的抗性,以控制和减少一些疾病发生,是提高鱼类养殖效益的重要途径。目前,在鲤上已发现的与免疫相关的抗病候选基因主要有趋化因子(chemokine)、细胞因子、干扰素基因、Toll 样受体基因、主要组织相容性复合物(MHC)等。Huising 等(2003)通过同源克隆获得 1 种鲤 CXC 趋化因子,具有白细胞趋化性;2004 年又获得 3 种 CXC 趋化因子,分别为 *CXCL12a*、*CXCL12b* 和 *CXCL14*。Chadzinska 等(2014)对鲤趋化因子受体 *CXCR3* 基因进行了序列分析,并发现干扰素 γ2(interferon γ2,IFN－γ2)刺激鲤巨噬细胞和粒细胞中 *CXCR3* 基因的表达。Ram 等(2003)分析了细胞因子白细胞介素 10(interleukin 10,IL－10)基因。Li 等(2021)在鲤基因组中发现 2 个存在于不同连锁群上 IL－17N 基因(*IL－17Na* 和 *IL－17Nb*),IL－17N 重组蛋白上调促炎细胞因子 IL－1beta、IFN－γ、IL－6 和趋化因子 CCL20、NF－κB 和 TNF 受体相关因子(TNF receptor-associated factor,TRAF6)在肾组织中的表达,表明 IL－17N 通过 NF－κB 途径促进炎症,并诱导趋化因子和炎症因子表达。Shan 等(2015)获得全长白细胞介素-1 受体相关激酶 1(interleukin-1 receptor-associated kinase 1,IRAK1)基因,并发现 *irak1* 基因可能参与抗菌和抗病毒免疫。Stolte 等(2008)发现 2 个干扰素 γ(IFN－γ)基因,并证实了 *IFN－γ－2* 基因与 T 淋巴细胞相关作用。Kitao 等(2009)分析了鲤 I 型干扰素(I－IFN)的特征及表达情况。Saeij 等(2003)克隆得到 2 个鲤肿瘤坏死因子 α(tumor necrosis factor alpha,TNFα)基因,分别为 *TNF1* 和 *TNF2*。国钰婕(2017)运用 PCR 技术和 RACE 技术克隆得到鲤 *TLR1* 和 *TLR21* 基因全长。Pawapol 等(2010)克隆了鲤 Toll 样受体 9(Toll-like receptor 9,TLR9)及通路转接分子

MyD88(Myeloid differentiation factor 88)和 TRAF6 基因。韦信贤(2016)研究了鲤春病毒血症病毒(spring viremia of carp virus,SVCV)刺激下 TLRs 及其下游信号通路中免疫相关基因应激表达情况,包括 Toll 样受体(TLRs)、干扰素调节因子(interferon regulatory factors,IRFs)、干扰素基因(IFNs)、干扰素刺激基因(IFN - stimulated genes,ISGs)和促炎性细胞因子(ILs),说明 TLRs 识别病毒后可通过 IRFs/IFNs/ISGs 信号途径激活抗病毒反应。周凯(2010)利用同源克隆、RACE 等技术,对建鲤的主要组织相容性复合体(major histocompatibility complex,MHC)家族成员 *MHC*ⅠA、*MHC*ⅡA、*MHC*ⅡB 等 3 个基因进行克隆与序列分析。

■（3）性腺发育相关基因

鱼类性别决定和分化具有丰富的多样性和较强的可塑性,其性别是在遗传物质以及外部因子(温度、光照、pH、种群密度和社会行为)相互作用下实现的。鱼类性腺发育机制的研究一直是遗传和发育生物学研究领域的热点。鲤性腺发育相关基因主要包括 *sox*(SRY related HMG-box gene)、Doublesex 和 Mab - 3 相关转录因子 1(double sex and Mab - 3 related transcription factor,DMRT1)、细胞色素 P450(cytochrome P450 17a2,CYP17a2)、类固醇生成因子 1(steroidogenic factor - 1,SF - 1)、WNT 家族的 wnt4、β - catenin 1、孕激素受体(progesterone receptor,PGR)、性腺体衍生因子(gonadal soma derived factor,GSDF)、胰岛素样生长因子 3(insulin-like growth factor 3,IGF3)等。Zafar 等(2021)从鲤基因组数据库中分析获得 27 个 *sox* 基因,为 *sox* 功能研究奠定了基础。Anitha 等(2021)研究表明,sox19 在鲤卵巢生长和类固醇生成中发挥重要的调节作用。王黎芳(2015)克隆了黄河鲤 *DMRT1* 基因,其在雄性黄河鲤性腺分化和发育中发挥重要功能。张霞等(2018)克隆得到青海湖裸鲤 *CYP17* 超家族成员 *CYP17a2*,其功能是在卵巢发育过程中与 *CYP17a1* 协同作用控制卵子的发育和成熟。赵文杰(2019)从黄河鲤性腺转录组中获得 *sf - 1*,其可能参与黄河鲤性腺发育和类固醇激素生成。Wnt 信号通路在生物性别发育中具有重要作用,其中 wnt/β - catenin 通路研究最为透彻。姬晓琳(2016)通过 RACE 技术获得黄河鲤 wnt4 基因,并发现其参与两性性腺发育。Wang 等(2017)获得了福瑞鲤 *β - catenin 1* 基因,并验证了其在卵巢早期发育中的作用。朱锐等(2019)采用 cDNA 末端快速扩增法获得 2 个孕激素受体基因,分别为 pgr1 和 pgr2,其中 pgr1 可能在介导鲤性腺发育和生殖细胞成熟的过程中发挥主要功能。杨倩文(2019)获得 2 个黄河鲤 GSDF 基因,分别为 *gsdf1* 和 *gsdf2*,并且发现两者在精巢中的表达显著高于卵巢,推测可能参与精巢的发育和分化。Song 等(2017)发现鲤 *igf3* 基因参与性腺发育调控。另外,Chang 等(1997)克隆了鲤卵透明带蛋白(zona pellucida,ZP2)基因。

■（4）体色调节相关基因

鱼类的体色主要由基因控制,差异基因决定了不同鱼类呈现不同的体色,甚至同一品种的鱼类体色也存在差异。鲤种类繁多,具有丰富的色素细胞类型,其相关基因主要有酪氨酸酶(tyrosinase,TYR)、黑素皮质素 1 受体(melanocortin 1 receptor,MC1R)、小眼畸形相关转录因子 a(micropthalmia-related transcription factor a,MITFA)、黄嘌呤脱氢酶(xanthine dehydrogenase,XDH)和亲黑素蛋白(melanophilin,MLPHA)。王巍等(2012)克隆了酪氨酸酶基因,其为黑色素合成过程中的关键限速酶,其表达和活性决定黑色素生成的速度和产量。胡建尊(2013)克隆了瓯江彩鲤 tyr 基因和黑素皮质素 1 受体(melanocortin 1 receptor,MC1R)基因。王良炎(2017)克隆了黄河鲤 mitfa 和 tyr 基因,小眼畸形相关转录因子 a 是神经嵴细胞向黑色素细胞定向发育过程中最早的发生标志之一,mitfa 作为转录因子可以与 tyr 启动子上的"M-box"结构结合,调控黑色素的合成。庞小磊(2018)克隆了锦鲤 xdh 基因,黄嘌呤脱氢酶通过影响嘌呤代谢和蝶啶生物物质的合成调节鱼类体色的形成。Hu 等(2021)鉴定了瓯江彩鲤 mlpha1 和 mlpha2 基因,并探讨了两者在黑色素转运过程中的功能分化。

1.2

鲤遗传改良研究

1.2.1 · 选择育种

选择育种是鱼类育种最基本的手段,以孟德尔遗传规律和数量遗传理论为依据,结合 Cyxobepxob 和 Wunder 的选育理论,将生物表型作为育种指标,按照优中选优的原则,在群体中选择一定数量符合指标要求的优良个体并不断进行提纯、复壮,获得具有优良性状且稳定遗传的新品种(新品系)(Purdom,1992)。近 30 年来,全国水产原良种审定委员会审定通过了 31 个鲤新品种。鲤主要的选育品种(品系)如下。

■（1）建鲤（*C. carpio* var. jian）

建鲤是通过杂交、选育和染色体组工程技术相结合综合选育育成的遗传性状稳定的优良品种,1996 年通过了全国水产原良种审定委员会审定,是我国养殖鱼类杂交选育成功的第一个品种。以荷包红鲤和元江鲤为亲本,通过多系杂交、选育和雌核发育技术相结合,再经横交固定而育成的遗传性状稳定的鲤新品种(图1-2)。荷包红鲤与元江鲤杂交的后代,通过选择育种最终选育出 F₄ 长型品系鲤,F₄ 长型品系与两个原始亲本相同、选择指标一致的雌核发育系进行横交固定,其子代(F₅ 和 F₆)的遗传性状一致性达到95%以上,定名为建鲤。建鲤遗传性状稳定,能自繁自育,不需要杂交制种;生长速度快,在同池饲养情况下,生长速度较荷包红鲤、元江鲤和荷元鲤分别快 49.7%、46.8% 和28.9%;食性广,抗逆性强,长体型,青灰色,肉质肉味好,可当年养殖成商品鱼,平均增产30%以上,适合全国各地各种方式养殖。张建森等在建鲤育种过程中设计并实施了一套家系选育、系间杂交及雌核发育技术相结合的综合育种新技术(张建森和孙小异,2007、2006、1997)。

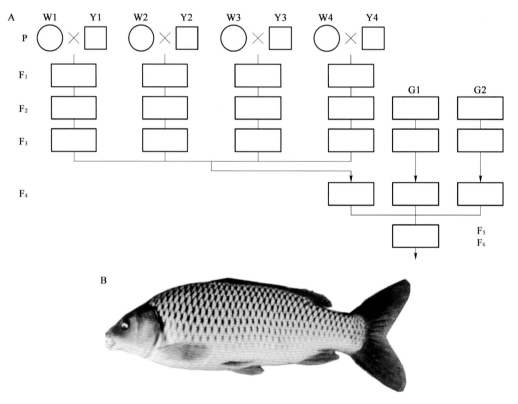

图1-2·建鲤选育技术示意图(A)和形态图(B)

W1~W4. 荷包红鲤(♀);Y1~Y4. 元江鲤(♂);P. 亲代;G1、G2. 雌核发育系;F₁~F₆ 为杂交选育子代

■ (2)建鲤2号

以建鲤为基础群体,采取传统选择育种方法,主要应用分子标记辅助育种技术对生长、体型和体色优良性状进行关联选育(李建林等,2017;唐永凯等,2022、2021)。首先从

建鲤基础群体中挑选生长快、体型好的个体繁育,获得 F_1 代。每代选留富集增重快、分子标记数多且体型较好的个体,并以增加后代增重快标记数和避免近亲繁殖为目标选择亲鱼进行配组繁殖下一代。按照这个方法连续经 10 年的选育,获得 F_5 代,其遗传性状稳定,定名为建鲤 2 号。

■(3)福瑞鲤

以建鲤和野生黄河鲤为基础选育群体,以生长速度为主要选育指标,通过杂交一代群体选育,围绕目标性状连续进行 4 代最佳线性无偏预测(best liner unbiased prediction,BLUP)家系选育,获得了遗传性状稳定的新品种。该品种生长速度快,比普通鲤提高 20%以上,比建鲤提高 13.4%;体型较好,体长/体高约 3.65(董在杰,2018)。

■(4)福瑞鲤 2 号

以生长优势显著的建鲤及具有优良肉质、体色和体型等性状的黄河鲤群体与具有抗寒、存活率高等性状的黑龙江鲤为亲本,进行 3×3 完全双列杂交,建立基础群体,然后运用混合模型估算育种值进行选育,经过连续 5 代选育,获得具有生长速度快、体型好、存活率高等稳定遗传性状的新品种福瑞鲤 2 号(董在杰,2018)。

■(5)兴国红鲤

1972 年开始人工定向选育,主要采用群体选育的方法自群体中选出符合目标性状的亲本鱼,经配组繁殖获得子代,在不同阶段(夏花、1 龄鱼种、后备亲鱼和产卵亲鱼)对个体进行严格选择,留下优良个体繁育后代,继续从 4 个阶段严格筛选优良子代用于繁育下一代,直至获得遗传稳定的第六代兴国红鲤。经选育的兴国红鲤生长速度较选育前提高 10%以上,红色个体数占群体总数的 86.6%,体型遗传稳定性达到 98.6%(朱健等,2000)。

■(6)荷包红鲤

选育始于 1969 年。利用群体选择与家系选择相结合的方法,群体中不符合选育目标的个体被淘汰,符合目标的个体被保留;家系选择是采用同代同质的交配方法提高子代的同质性并将目标性状固定并稳定遗传,获得纯系。经过 6 代定向选育,纯红个体比率达到 89.54%,遗传性状稳定(邓宗觉,1981、1982)。

■(7)津新红镜鲤

1999 年引进德国镜鲤进行培育和育种研究,采用群体繁殖混合选育技术开展了连续

4代的系统选育,最终育成金红体色、散鳞型鳞被、遗传稳定、生长快、成活率高的鲤新品种——津新红镜鲤(图1-3)(金万昆等,2017、2020)。津新红镜鲤生长快,在相同饲养条件下,1龄鱼比德国镜鲤平均快3.63%;2龄鱼比德国镜鲤平均快4.49%。抗病力强,成活率高。此外,体型、体色新颖,可作为观赏鱼类,用于都市型现代渔业的观赏、休闲和垂钓。

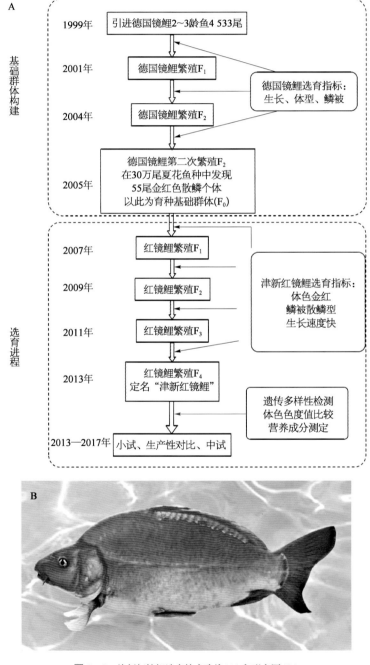

图1-3·津新红镜鲤选育技术路线(A)和形态图(B)

■ （8）德国镜鲤选育系

在引进德国镜鲤原种的基础上,采用混合选育和家系选育的方法,历时十余年选育而成。选育出的 F_4 比原种 F_1 生长快 10.8%,抗病能力提高 25.6%,池塘饲养成活率达到 98.5%,抗寒力达到 96.3%、比原种提高 33.8%,已形成遗传性状稳定的优良养殖品种（图 1-4）（刘明华等,1995）。

图 1-4 · 德国镜鲤选育系

■ （9）松浦镜鲤

亲本为适合池塘养殖的德国镜鲤选育系 F_4,以快速生长为目的性状进行种内选育。选择优势个体组成群体自交,采用多性状复合群体选育（背高鳞少、生长快、繁殖力强）,结合 DNA 分子标记和电子标记,经过 4 代选育,育成的 F_7 新品种。与亲本相比,生长速度提高 30% 以上,1 龄鱼和 2 龄鱼平均越冬成活率提高 8.86% 和 3.36%,3 龄鱼和 4 龄鱼平均相对怀卵量提高 56.17% 和 88.17%（李池陶等,2009、2008）。2008 年通过全国水产原良种审定委员会审定。

■ （10）豫选黄河鲤

亲本为野生黄河鲤,经过近 20 年、连续 8 代选育而成。该品种有以下主要优点:① 体色鲜艳,金鳞赤尾。子代的红色杂鳞表现率降至 1% 以下;体长/体高为 2.7~3.0;体型更接近于原河道型黄河鲤。② 生长速度有了显著提高,比选育前提高 36.2% 以上。用选育的黄河鲤苗（体长 2~3 cm）可在当年（养殖期 5~6 个月）育成单产 1 000 kg/667 m²、规格 750 g/尾以上的商品鱼,成活率 90% 左右（冯建新,2008a、b）。

■ **（11）津新鲤**

以建鲤为亲本来源,经过17年连续6代群体选育而成的新品种(图1-5)。津新鲤具有抗寒能力强、繁殖力高、生长速度快、起捕率高等优点,适宜在我国各地养殖,特别是"三北"(东北、华北和西北)低温地区池塘养殖。

图1-5·津新鲤形态图

■ **（12）墨龙鲤**

主要采用混合选择和定向选育结合的方法育成。墨龙鲤是由几个锦鲤品种混合交配繁殖,选择后代中出现的4尾黑色个体建立自交系,在自交系繁殖的子代中选出黑色个体培育至性成熟再繁育后代,如此定向选育至F_6代,使体色、体型、抗逆性等性状稳定遗传的一个鲤新品种(金万昆,2005)。

1.2.2 · 杂交育种

杂交育种是经典的选育方法,被广泛应用于鲤的育种。杂交育种的主要目的是将不同亲本的优良特性(如生长速度、抗寒、抗病以及品质等)集中到子代,获得具有杂种优势的品种。杂交育种不仅能够丰富遗传结构,还能获取杂种优势(楼允东和李小勤,2006)。杂种优势的机理是,抑制有害的隐性基因、累积有效的显性基因。我国从20世纪70年代就开始将鲤杂交优势用于生产实践,累积了丰富的经验。鲤科鱼类种内、种间、属间和亚科间均可杂交,但我国以种内和种间杂交成果最为显著(程汉良等,2001)。另外,鲤与其他属鱼类也可以进行杂交,如鲤鲫杂交、鲤草杂交。这些杂交尽管F_1代在某些特性上明显优于亲本,但F_2代表现出性状分离,致使杂种优势衰退。另外,杂交育种的操作较繁琐,人工育种时不注重亲本的纯化会导致种质退化。因此,采用杂交与选育相结合的方法,更适合鲤新品种的培育。鲤杂交种主要有以下几种。

■ （1）荷包红鲤抗寒品系

荷包红鲤与黑龙江鲤杂交,杂交产生抗寒性能,通过对 F_1 自交后代 F_2 的分化,选择红色、全鳞荷包红鲤进行自交,稳定性状至 F_3,育成荷包红鲤抗寒品系(图 1-6)。1996年通过全国水产原良种审定委员会审定。

图 1-6 · 荷包红鲤抗寒品系形态图

■ （2）松浦鲤和松荷鲤

两者均由 4 个鲤品种杂交获得：黑龙江鲤、散鳞镜鲤、德国镜鲤和荷包红鲤。用杂交和回交方法将黑龙江鲤的抗寒能力、荷包红鲤耐肥水条件、散鳞镜鲤和德国镜鲤生长快等优异性状综合到杂种后代,通过筛选强化抗寒和快速生长的特性,利用杂交、回交、雌核发育和系统选育,育成了抗寒力强、生长快和遗传稳定的新品种松浦鲤和松荷鲤(图 1-7)。松浦鲤体型的选择偏向于荷包红鲤,体色青灰色、全鳞,生长速度比黑龙江鲤快 50% 以上,饲养成活率 95%,越冬成活率 95%,遗传稳定(刘明华等,1997、1998)。松荷鲤,体型选择偏向镜鲤,体色黑中泛红,生长速度快于松浦鲤,比黑龙江鲤快 91.2% 以上,抗寒能力较强,冰下自然越冬存活率 95% 以上(石连玉等,2012;刘明华等,1994;朱世龙等,1999)。松浦鲤和松荷鲤分别于 1997 年和 2003 年通过国家原良种审定委员会审定(沈俊宝等,2006)。

■ （3）易捕鲤

亲本为大头鲤(易捕性好)、黑龙江鲤(抗寒性好)和散鳞镜鲤(生长性能好)。首先进行复合杂交,散鳞镜鲤分别与大头鲤和黑龙江鲤杂交,两杂交子代再行杂交,杂交后代再与大头鲤回交获得选育子一代,以高起捕特性为目标性状,选育至 F_6 代稳定性状(石连玉和李池陶,2015)。易捕鲤集合了黑龙江鲤抗寒和大头鲤上层滤食而易捕的优点,

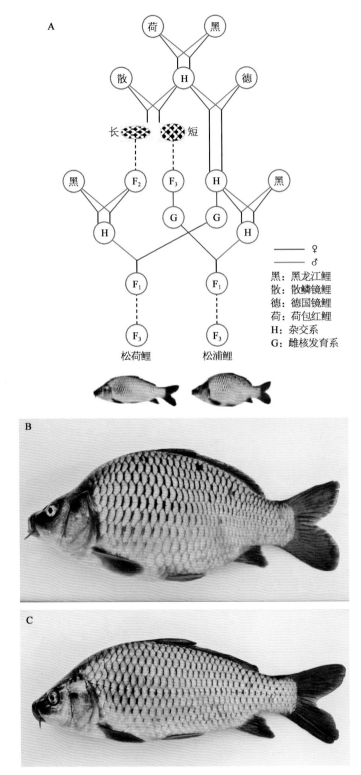

图1-7·松浦鲤和松荷鲤选育流程及形态图

A. 选育流程；B. 松浦鲤；C. 松荷鲤

1 龄鱼起捕率为 93% 以上,2 龄鱼起捕率达 96% 以上(李迎宏等,2007)。2014 年通过全国水产原良种审定委员会审定。

(4) 松浦红镜鲤

亲本为荷包红鲤和散鳞镜鲤。育种原理为杂交选育,利用荷包红鲤的体色特征和散鳞镜鲤的抗寒和生长特性。用荷包红鲤和散鳞镜鲤杂交,后代全为黑色全鳞个体,自交后产生黑红两色、全鳞或散鳞的不同后代。选择红色散鳞的个体进行自交,后代基本为红色散鳞。选择侧线无鳞,鳞片较少的个体稳定性状至 F_6,命名为松浦红镜鲤(李池陶等,2018)。该品种与亲本散鳞镜鲤相比体型略长,鳞被与德国镜鲤选育系 F_4 相似。松浦红镜鲤体色橘红,1 龄、2 龄鱼个体平均净重比荷包红鲤高 22.32% 和 54.07%,成活率高 12.93% 和 12.15%,越冬成活率高 9.27% 和 8.55%。松浦红镜鲤体型、体色独特,个体较大,集观赏、食用于一体。

(5) 颖鲤

散鳞镜鲤(♀)×鲤鲫移核鱼 F_2(♂)杂交而成的 F_1 代。其父本移核鱼是将荷包红鲤的囊胚细胞移植到鲫的去核卵内发育而成的。杂交种颖鲤具明显生长优势,当年个体增重平均比双亲快 47%,2 龄颖鲤个体增重平均比双亲快 60.1%(潘光碧等,1989)。

(6) 荷元鲤

选用荷包红鲤母本和元江鲤父本杂交而成。荷元鲤综合了母本体高背厚与父本体长的优点,因此体型较为匀称。与亲本相比,杂交鱼生长快(鱼种阶段比母本快 69.9%,比父本快 103%;成鱼阶段比母本快 41.8%~62.8%),还具有适应性强、病害少、起捕率较高的杂交优势(张建森,1985)。

(7) 丰鲤

兴国红鲤(♀)×散鳞镜鲤(♂)杂交产生的 F_1(薛耀怀,1984)。体色青灰略带金黄,体被完全而规则鳞片,均不同于亲体。体宽、体高均比亲本肥壮。丰鲤具有生长快、抗病力强、养殖周期短、起捕率高等优点,当年鱼种可养成商品鱼。

(8) 芙蓉鲤

散鳞镜鲤(♂)×兴国红鲤(♀)杂交产生的杂交 F_1。1979 年经湖南省农业厅鉴定,命名为"芙蓉鲤"。芙蓉鲤背高,体厚,肉肥,生长速度和产量明显高于双亲(薛耀怀,1984)。

■ (9) 岳鲤

以荷包红鲤为母本、湘江野鲤为父本进行杂交获得的杂种一代(简称"岳鲤")。1979 年经国家水产总局鉴定,确认岳鲤确有杂种优势,在湖南 180~210 日龄可达商品规格。在相同条件下,个体生长比父本快 50%~100%,比母本快 25%~50%,且抗病力强、成活率高。于 1979 年经湖南省科委鉴定,可作为一个新的养殖对象进行推广(刘筠等,1979)。

■ (10) 其他

柏元鲤(元江鲤♀×柏氏鲤♂)(张建森等,1979)、三杂交鲤[(镜鲤♀×荷包红鲤♂)♀×德国镜鲤♂](刘淑琴等,1990)、回交鲤[元江鲤♀×(荷包红鲤♀×元江鲤♂)♂](张建森,1985)等,也具有明显的杂交优势。

■ (11) 远缘杂交

远缘杂交包括属间杂交、亚科间杂交等。远缘杂交亲本的相容性较低,很难成功(刘少军等,2016)。鲤种间杂交 F_1 全育;属间杂交 F_1 有时全育,但多数情况下雄性不育;亚科间杂交通常不育。属间杂交的主要应用有鲤与鲫杂交、鲤与草鱼杂交(吴维新等,1988;祝培福,1982)。通过鲤鲫杂交,我国培育出了一些品种,如异育银鲫(葛伟和蒋一珪,1990;蒋一珪等,1983)、湘云鲫、湘云鲤(刘少军等,1999)、湘鲫(冯浩等,2001)、芙蓉鲤鲫(李传武等,2010)等。

1.2.3 · 雌核发育育种和雄核发育育种

雌核发育是鱼类单性生殖中的一种重要的生殖方式。雌核发育所需的精子由亲缘关系相近的两性型群体的雄性提供,精子入卵后不与卵核融合,只是具有诱导卵子起始发育的作用。人工雌核发育的主要用途包含以下几方面。

■ (1) 快速建立纯系

人工方法诱导雌核发育在品种遗传的同质性方面有重要的作用。由于雌核发育二倍体中的 2 组染色体来源于第一次减数分裂的复制,每一雌核发育个体是 95% 的自交(李思发,1983),相当于 14 代自交的效果。例如鲤,性成熟年龄 2~3 年,获得自交纯系需 26 年之久,而雌核发育只需 1~2 代就能达到,因此能快速建立单性后代纯系。

■ （2）性别控制

理论上，雌性配子同型（XX）鱼类，雌核发育二倍体后代应全是雌性，而雌性配子异型（XY）鱼类，可产生雌性和雄性两种性别后代。中国科学家运用雌核发育技术和性转换技术获得全雌鲤是一个成功的例子，以雌核发育的兴国红鲤 8305 为母本（吴清江等，1991），以雌核发育的散鳞镜鲤经雄激素处理后获得生理雄性鱼作父本，杂交后产生全雌鲤。养殖试验表明，在广东比本地杂交鲤生长快 45%，在北京比本地鲤快 100%，当年可养成商品鱼（张四明，1992）。

■ （3）培育具生长优势的品种

对于鱼类个体中含有的有害隐性基因或致死基因，因以杂合型存在而不表现在外，在群体中去除这些隐性基因困难重重，但是通过人工雌核发育获得纯合子，有害隐性基因控制的性状就会暴露，从而去除这些个体。同样，具有优良性状的隐性基因突变体也会得以表现，以供选育优良品系。

我国雌核发育方面的研究始于 20 世纪 70 年代，并取得了很大进展。鲤雌核发育与性别控制结合培育单性品种的技术得到不断发展，建鲤、荷元鲤（潘光碧等，1995）、松浦鲤和红鲤品系（叶玉珍等，1987）的研制中都利用了雌核发育技术。

人工诱导雌核发育包含两个主要技术环节：① 精子失活，与正常卵子孵育"受精"，得到单倍体；② 用水压处理或温度休克处理使染色体加倍而发育成为一个雌核发育的个体。一般精子失活的方法有 γ 射线、X 射线、紫外线照射等，染色体加倍方法有冷休克处理和热休克处理，也有常温自然加倍（表 1 - 6）。

表 1 - 6 · 我国应用人工诱导鲤雌核发育的实例

名　称	精子来源	失活精子染色体的方法	卵子二倍化的方法	参考文献
红鲤	鲫、团头鲂	γ 射线、紫外线	冷休克，1℃ 处理 30 min，25×10^{-6} 秋水仙素溶液浸泡 30 min	吴清江等，1991
建鲤	红鲫	紫外线	冷休克，0~2℃ 处理 热休克，41℃ 处理 1 min	张建森和孙小异，1999 司伟等，2007
锦鲤	团头鲂	紫外线	热休克，39℃ 处理 1 min	贾海波，2002 蒋国民等，2016
荷元鲤	鲫	紫外线	冷休克，3~8℃ 处理 10 min	潘光碧等，1995

名　称	精子来源	失活精子 染色体的方法	卵子二倍化的方法	参　考　文　献
红镜鲤	野鲤	紫外线	冷休克,5℃处理 20 min	潘光碧,1988
散鳞镜鲤	红鲫	紫外线	冷休克,2℃处理 30 min	金万昆等,2012
红白锦鲤	团头鲂	紫外线	热休克,41℃处理 2 min	梁拥军等,2010
橙黄色锦鲤	团头鲂	紫外线	冷休克,4℃处理 30 min	刘启智等,2013
芙蓉鲤	红鲫	紫外线	常温自然加倍	李传武等,1993
建鲤	建鲤	X 射线	冷休克或热休克	王晓娟,2008

雄核发育是精卵结合过程卵核停止发育,仅由精核发育并加倍成二倍体。人工诱导鲤雄核发育成功的报道很少。叶玉珍等(1990)报道了用^{60}Co-射线诱导雄核发育的可行性,采用不同剂量的^{60}Co-射线处理红鲤、普通鲤的成熟卵,再以正常精子诱发雄核发育,获得了少量二倍体雄核发育鱼苗,但因单倍体胚胎在后期难以继续发育而夭折。

1.2.4 · 多倍体育种

鱼类染色体的特点之一是可塑性较大,易于加倍。一般认为,鱼类多倍体与其他生物一样,有较快的生长速度、较强的生活力和适应性。因而,研究人工诱导鱼类多倍体技术成为人们十分关注的研究课题(朱传忠和邹桂伟,2004;张四明,1992)。鱼类多倍体的诱导方法主要有温度休克(包括冷休克和热休克)、药物处理[如细胞松弛素 B、6-二甲基氨基嘌呤(6-dimethylaminopurine,6-DMAP)、咖啡因(Caffeine)、秋水仙素、聚 2 醇]、静水压、杂交等。如果在精子入卵而第二极体尚未排出时阻止第二极体排出或抑制卵裂,则可诱导出具有三组染色体的三倍体(triploid)个体;如果抑制第一次有丝分裂则可获得四倍体(tetraploid)个体。四倍体鱼再和二倍体鱼杂交,也可获得三倍体鱼。种间杂交受精卵经三倍体诱导技术处理而培育出的三倍体称杂交三倍体(薛良义,1996)。三倍体鱼具不育性,避免性腺发育阶段的生长停滞和产卵季节鱼肉质量下降,能延长上市时间,减少养殖成本,防止对天然种质资源的干扰。

鲤四倍体和三倍体的研究大多处于试验阶段。潘光碧等(1997)采用热休克法诱导颖鲤四倍体,但是在胚胎阶段出现很多畸形及死亡。桂建芳等(1992)采用静水压休克保留第二极体的方法,在鲤×鲢正反交组合中都诱导出了异源三倍体,但只有正交鲤(♀)×鲢(♂)异源三倍体胚胎正常发育并孵化出苗,而反交组不断发生染色体排除和丢失形成非整倍体而死亡。Wu 等(1993)发现雌性人工三倍体鲤(XXX)的卵母细胞可发育成熟,但外观与正常鱼卵差异大,受精后呈多精现象;雄性人工三倍体(XXY)的精母细胞发育异常。董新红等(1998)获得了散鳞镜鲤、兴国红鲤和红鲫的人工复合三倍体鲤,并通过DNA含量分析得出复合鲤的3组染色体来源于3个亲本。洪一江和胡成钰(2000)用冷休克法诱导三倍体兴国红鲤,人工授精后,将受精卵2℃冷休克10~15 min,再迅速回温至正常水温,可获得三倍体胚胎,并孵化成功。刘筠等经过十多年的连续研究,采用细胞工程和有性杂交相结合的新方法,成功地培育出遗传性状稳定且能自然繁殖的异源四倍体鱼(Liu 等,2001),再在此基础上成功开发出三倍体鱼——湘云鲫和湘云鲤(原名工程鲫和工程鲤)(Liu 等,2007),它们表现出生长快、肉质好、抗病力强等特点。这是为数不多的多倍体育种进入实际生产阶段的成功案例。

1.2.5 · 分子标记辅助育种

分子标记辅助育种(marker-assisted selection, MAS)是借助与性状紧密相关的分子标记对具有性状优势的等位基因或基因型的个体进行直接选择育种,是分子生物学和基因组学的研究成果应用到水产养殖品种选育的技术。选择是所有育种技术的基础。传统的家系选育或群体选育通常效率低下,且需要长期筛选;分子标记辅助结合数量遗传选育技术可以大幅度提高育种的准确性和效率。早期的分子标记主要有 RFLP、RAPD、AFLP 等,随着测序技术的进步,这些低通量分子标记已被逐渐淘汰,微卫星(SSR)和单核苷酸多态性(SNP)由于其广泛的基因组分布和高多态性在遗传分析中已成为主流。二代测序技术一次测序就可以获得几十万甚至上百万个标记(鲁翠云等,2019;Sun 等,2013)。鱼类大多数经济性状,如生长率和抗病性,是受微效多基因控制的,即受数量性状位点(quantitative trait loci, QTL)控制的(陈军平等,2020)。QTL 定位是实现分子标记辅助育种、基因选择和定位、培育新品种及加快性状遗传研究进展的强有力手段。

▪ (1) 分子标记的开发

近 20 年,鲤重要经济性状的分子标记开发研究较多,技术较为成熟。按照不同经济性状主要分以下几种。

① 生长和形态性状相关:顾颖等(2009)检测到 8 个与鲤体长、体高、体厚性状相关的 EST - SSR 标记。刘伟等(2012)分析了微卫星与黄河鲤、建鲤和黑龙江鲤的体重、体长、体厚和体高性状的相关性。杨晶等(2010)利用 65 个微卫星标记与鲤体重、体长、体高和吻长的相关性进行了分析,发现 10 个标记与这些性状显著相关。李建林等(2013)利用微卫星标记对 1 个建鲤家系遗传多样性及这些位点与体重、体型相关性进行分析,发现 3 个位点的 4 种基因型与体重相关,1 个位点的 2 种基因型与体型选育相关。

② 抗寒性状相关：常玉梅等（2003）、梁利群等（2006）和高俊生等（2007）利用 RAPD 技术转化为 SCAR（sequence characterized amplified regions，SCAR）标记获得 12 个与鲤耐寒性状相关的分子标记，可用作鲤抗寒基因分子辅助选择的依据。潘贤等（2008）利用 SSR 技术获得 2 个与抗寒性状相关的微卫星分子标记。

③ 饲料转化效率相关：李鸥等（2009）利用 EST – SSR 技术获得 6 个与饲料转化率性状显著相关标记；张晓峰等（2017）从鲤基因组的 1 536 个 SNP 标记中分析获得 17 个 SNP 标记与饲料转化率显著相关。

④ 性别相关：司伟（2006）利用 AFLP 技术获得 1 条雌性特异的 DNA 条带（约 323 bp），雄性个体均无此条带，可作为建鲤遗传性别鉴定的参考；凌立彬等（2007）应用 18 个引物扩增出了群体水平的性别差异。

⑤ 体色相关：吕耀平等（2011）利用相关序列扩增多态性（sequence related amplified polymorphism，SRAP）技术挖掘到 1 个 SCAR 标记 SC – 3，可以作为"全红"瓯江彩鲤群体一个重要的分子遗传特征指标，可完全区分"全红"和"粉玉"瓯江彩鲤。

▨ （2）遗传连锁图谱构建

遗传连锁图谱（genetic linkage map）对于染色体水平的组装和重要经济性状 QTL 的精细定位具有强大的作用。许多版本的鲤遗传图谱已经发表，具有不同的标记类型和不均匀的标记密度。孙效文和梁利群（2000）首次报道的鲤遗传图谱包括 262 个 DNA 标记，连锁图给出鲤的基因组大小在 5 789 cM 左右。Zheng 等（2013）构建了一个基于 4 个鲤群体的遗传图谱，包括 257 个微卫星和 421 个 SNP，跨越 42 个连锁群，平均标记间隔为 3.7 cM。Zhao 等（2013）和赵兰（2013）构建了包含 1 209 个标记的连锁图谱，分布于 50 个连锁群，长度为 3 565.9 cM，每个连锁群长度范围在 17.3 ~ 126.7 cM，平均间隔为 3.077 cM。Laghari 等（2014、2015）构建了基于 190 个个体和 627 个分子标记的遗传连锁图谱。这些研究的最初目的是定位与鲤重要经济性状相关的 QTL，但其相对密度较低，且标记类型具有局限性和不准确性。后来构建的基于 SNP 的高密度遗传连锁图谱成为鲤遗传研究的有力工具。Peng 等（2016）构建了鲤（黄河鲤品系）相对高密度的遗传连锁图谱，包含 28 194 个 SNP 标记，平均标记间隔为 0.38 cM，该图谱不仅有利于鲤基因组的高质量组装，而且促进了鲤经济性状的 QTL 精细定位。李超（2017）利用微卫星标记和 SNP 标记，构建了鲤的高密度、高精度的遗传连锁图谱，图谱总长度为 4 775.903 cM，标记间的平均间隔为 0.989 cM，全基因组覆盖度为 97.98%，并对体重、全长、体长、体高和体厚 5 个生长性状进行 QTL 精细定位。Wang 等（2018）基于 2b – RAD 测序获得 SNP，利用 6 295 个标记构建了黄河鲤的精细遗传连锁图谱。Feng 等（2018）在鲤中使用 7 820 个

2b－RAD 和 295 个微卫星标记（SSR）构建了总长度为 4 586.56 cM、平均标记间隔为 0.57 cM 的高分辨率遗传连锁图。日益丰富的遗传工具，尤其是 SNP 芯片和高密度遗传连锁图谱，在基因组支架、比较基因组分析和经济性状遗传连锁图谱绘制中发挥着重要作用。

（3）QTL 定位

重要经济性状 QTL 定位是建立在遗传连锁图谱基础上的，利用获得与经济性状紧密连锁的分子标记以及相关基因，是遗传育种的重要工具。鲤 QTL 定位主要集中在生长和形态特征方面，另外也有饲料转化率（feed conversion rate，FCR）、生理生化和性别决定等方面。

① 生长和形态特征方面：张研等（2007）利用大头鲤/荷包红鲤抗寒品系的重组自交系群体及其遗传连锁图谱，分析得到 2 个影响鲤体长性状的主效 QTL 区间。刘继红等（2009a、b）检测到 2 个与体重性状相关的 QTL、2 个与体长性状相关的 QTL、5 个与头长性状相关的 QTL、2 个与眼径性状相关的 QTL、2 个与眼间距性状相关的 QTL。郑先虎等（2011、2014、2012）利用 SSR 和 SNP 标记对镜鲤体长、体高、体厚和体重进行 QTL 定位，可应用于鲤分子标记辅助育种。张天奇等（2011）利用镜鲤良种后代 F_2 群体的 217 个 SSR 和 336 个 SNP 分子标记进行 QTL 检测，定位到 12 个与体长性状相关的 QTL 区间，其中贡献率大于 20% 的主效 QTL 区间有 8 个。王宣朋等（2010）利用 SSR、EST、SNP 标记获得镜鲤 6 个与体高性状相关的 QTL 区间、6 个与头长相关的 QTL 区间、10 个与体厚相关的 QTL 区间。鲁翠云等（2015）以微卫星遗传图谱为基础，在镜鲤体重、体长、体高和体厚的 QTL 区间内，发掘显著相关的标记 54 个，应用这 54 个标记分析建鲤并筛选出 22 个标记与建鲤的体重、体长、体高或体厚性状具有显著相关性，品种间共享 QTL 提高了分析效率；同样，顾颖等（2013）也证明建鲤与镜鲤的遗传连锁图谱具有广泛的共线性或同线性关系。

② 饲料转化率方面：张丽博等（2010）利用 SSR 和 EST 对柏氏鲤/荷包红鲤抗寒品系的 BC_1F_1 群体进行饲料转化率数量性状单标记回归分析，得到 8 个 SSR 和 2 个 EST 标记与鲤饲料转化率相关；王宣朋等（2012）在对饲料转化率性状的多 QTL 区间定位中共检测到 15 个 QTL 区间（分布在 9 个连锁上），其中 3 个区间具有负向加性效应、12 个区间具有正向加性效应。Lu 等（2017）在镜鲤 8 个连锁群和杂交鲤 8 个连锁群中各检测到 9 个 QTL，在镜鲤中发现 2 个影响饲料转化率的 QTL，在杂交鲤中检测到 4 个影响饲料转化率的 QTL；将镜鲤的 8 个 QTL 区域均与全基因组支架的高分辨率连锁图谱对齐，定位到 18 个与生长或代谢功能相关的基因是影响饲料效率的、有价值的候选基因。

③ 肌肉品质方面：Kuang 等（2015）对 8 个全同胞家系进行了全基因组扫描，检测到 1 个重要的 QTL，能解释 36.2% 的鲤肉脂肪含量的表型变异，另外 3 个 QTL 表型变异的解释率为 15.3%～19.5%。Zhang 等（2011）使用包含 161 个微卫星位点的相对低密度遗传图谱，在鲤中识别出与肌纤维相关性状相关的 5 个候选 QTL。

④ 生理生化方面：于彬彬等（2012）对德国镜鲤 F_1 群体 DNA 进行基因组检测，最终检测到 9 个与酸性磷酸酶相关的 QTL。尹森等（2012）对镜鲤肠组织的碱性磷酸酶和酸性磷酸酶进行了 QTL 定位分析，检测到 5 个 QTL 区间与酸性磷酸酶活性相关、2 个 QTL 区间与碱性磷酸酶相关。徐玉兰（2012）对镜鲤 F_1 群体的肝脏、前肠和后肠 3 个组织中的超氧化物歧化酶活量进行 QTL 定位，分别发现 7 个、5 个和 6 个影响超氧化物歧化酶性状的显著性 QTL 区间。

⑤ 性别二型性方面：Peng 等（2016）鉴定出 22 个生长相关的 QTL 和 7 个性别二型性相关的 QTL。

■（4）全基因组关联分析

全基因组关联分析（genome wide association studies，GWAS）的基本原理是利用逻辑或线性回归方法，通过比较试验组和对照组等位基因频率间的差异，从全基因组范围内筛选以 SNP 为主分子标记，对基因型和表型进行关联分析，推测可能的变异决定位点，并进行验证及相关功能研究。GWAS 是近年来解析性状遗传机制的重要方法，在物种的复杂性状研究中被广泛应用。

① 生长和体型相关方面：邰如玉（2018）利用鲤高通量 SNP 分型芯片鉴定所得的 SNP 基因型开展 GWAS，通过阈值设定对 SNP 位点的上下游 10 kb 的基因进行了注释，筛选出一批与体型和生长性状相关的候选基因。Chen 等（2018）使用多个家系的 433 尾黄河鲤个体进行 GWAS 和 QTL 定位，鉴定与头型相关性状（头长、头长/体长比、眼径和眼间距）的位点及基因，GWAS 定位到 12 个与头型显著相关的位点，QTL 定位得到 18 个显著性 QTL 区间。Su 等（2020）通过 2b‑RAD 技术对 123 个新龙鲤品系个体进行 GWAS 分析，筛选出 39 个 SNP 定位与 4 个基因组位置，分别与早期和晚期生长阶段的生长性状显著相关。

② 抗性方面：Jia 等（2020）使用 QTL 和 GWAS 对受到锦鲤疱疹病毒抗性（KHVR）感染的镜鲤进行检测，获得一批与该病毒抗性相关的潜在位点和基因，对锦鲤疱疹病毒具有高抗性的鲤新品系的辅助选育具参考作用。Jiang 等（2022）对嗜水气单胞菌（*Aeromonas hydrophila*）敏感和耐受鲤样本进行了全基因组重测序，对高通量数据进行 GWAS，获得 8 个显著相关的 SNP，定位到 6 个免疫相关基因。吴碧银等（2022）对低氧敏

感和低氧耐受鲤个体，应用 SNP 高通量分型芯片进行分型，通过 GWAS 筛选到 4 个与低氧适应性状关联的位点，在关联位点附近注释到 23 个可能与低氧适应性状关联的候选基因。

③ 肌肉品质方面：Zheng 等（2017）对鲤的肌肉脂肪含量进行了 GWAS，检测到 18 个重要位点和 4 个候选基因，包括 *ankrd10a*（ankyrin repeat domain 10a）、*tanc2*（tetratricopeptide repeat，ankyrin repeat and coiled-coil containing 2）、*fjx1*（four jointed box 1）和 *chka*（choline kinase alpha）。Zhang 等（2019）通过 GWAS，结合基因组学、转录组学和表观基因组学特征，确定了与黄河鲤中高多不饱和脂肪酸含量相关的候选基因，揭示了脂肪酸去饱和、延伸和运输途径中的重要基因。

1.2.6 · 基因组选择育种

基因组选择（genomic selection，GS）是动、植物遗传育种的重要方法。该方法应用整个基因组标记图谱信息和表型信息估计每个分子标记的效应值，通过所有效应值的加和，从而获得个体的基因组估计育种值（genomic estimated breeding value，GEBV）（Meuwissen 等，2001），最终实现对候选个体进行评定。对于遗传力较低的复杂性状，应用 GS 方法选择具有高 GEBV 的亲本是遗传改良的一种有效途径。

Palaiokostas 等（Christos 等，2018）对来自 40 尾雄鲤和 20 尾雌鲤杂交后代的 1 425 尾鲤幼鱼应用 GS 对其生长潜力进行了评估，结果表明，GEBV 优于基于系谱的预测，预测准确率较后者提高 18%，说明 GS 对鲤育种中重要的经济性状改良具有重要意义。Palaiokostas 等（Christos 等，2019）应用 RAD 测序技术检测了 1 425 尾受锦鲤疱疹病毒攻击的鲤幼鱼群体的死亡个体和存活个体，通过改变 SNP 密度以及训练集和测试集之间的遗传关系，对 GS 进行测试，结果显示使用 GS 正确识别锦鲤疱疹病抗性个体的准确率比系谱最佳线性无偏预测（pBLUP）高 8%～18%，发现训练集和测试集之间的遗传关系是基因组预测有效性的关键因素，GS 对培育锦鲤疱疹病抗性更强的鲤提供了依据。Wang 等（2021）利用 SNP 标记对黄河鲤的 24 个形态和生长相关性状进行了多模型 GS 预测，结果表明，基因组最佳线性无偏预测（genomic best linear unbiased predictor，GBLUP）方法在预测鲤低遗传力性状方面更具优势，5 000 个标记即可达到较高的预测精度。

1.2.7 · 基因工程育种

鱼类基因组学和遗传学的进步为基因组操作提供了许多候选基因，以实现鱼类的快速定向育种。转基因技术和基因编辑技术结合鲤的多倍体特征和数据资源，可提高现代育种基因组操作效率。

▣（1）转基因育种

我国通过遗传物质操作进行鱼类品种改良的尝试始于 20 世纪 70 年代,童第周创立鱼类核移植技术,培育了"核质"杂交鱼(童第周等,1973)。转基因鲤出现于 20 世纪 80 年代,我国科研人员将重组人生长激素(GH)整合到红鲤胚胎中,创造了第一条转基因鱼(朱作言等,1989;Zhu,1993;Z. 等,1985),其生长速度是对照组鱼的 4 倍多。后来,构建了由鲤 β-肌动蛋白基因启动子驱动的草鱼生长激素基因表达载体,此重组的结构元件称为"全鱼"生长激素基因,以黄河鲤受精卵为对象,采用显微注射方法,研制出了快速生长的转"全鱼"生长激素基因鲤——冠鲤(图 1-8)(朱作言等,1990;Wang 等,2001)。冠鲤生长更快,饲料转化效率更高,为不育的三倍体转基因鱼,对环境更友好。研究发现,相对于普通鲤,转基因个体的生长率、饲料转化效率、食欲,以及饲养后常规耗氧率有所提高,但是临界游泳速度较低,生殖发育也有所延迟。Pang 等(2014)成功构建了 ω-3 脂肪酸去饱和酶(ω-3 desaturase,fat1)和 Δ12 脂肪酸去饱和酶(Δ-12 desaturase,fat2)单转基因和双转基因 EPC 细胞系,显著促进了 n-3 多不饱和脂肪酸和 18:2n-6 的合成。Zhang 等(2019)进一步构建的"全鱼"fat1 转基因鲤中的 n-3 多不饱和脂肪酸含量显著增加,尤其是 EPA 和 DHA,表明转基因技术在提高长链多不饱和脂肪酸(LC-PUFA)产量和为人类提供新的健康饮食来源方面具有巨大潜力和效率。

图 1-8·转基因黄河鲤——冠鲤

▣（2）基因编辑育种

基因编辑是指对基因组进行精确修饰的基因操作技术,可以实现基因组定点突变、基因定点敲入、多位点突变和小片段缺失。类转录激活因子效应物核酸酶(TALEN)和人工核酸酶成簇规律间隔短回文重复序列及其相关蛋白9(CRISPR/Cas9)等技术介导基因敲除,为功能基因组研究和鱼类育种提供了一种安全、可靠的方法。Zhong 等(2016)利用 TALEN 和 CRISPR/Cas9 基因组编辑技术,对鲤骨骼相关基因 sp7(transcription factor specificity protein 7)、runx2(runt-related transcription factor 2)、bmp2a(bone morphogenetic protein 2a)、spp1(secreted phosphoprotein 1)、opg(osteoprotegerin)和肌肉抑制基因 mstn 进行编辑。sp7 突变导致严重骨缺损,mstn 突变致使肌肉细胞增多,并且利用 CRISPR/Cas9 一步法构建了 sp7a 和 mstnba 的双突变体鱼,对鲤肌间刺的形成机制进行了探索。Mandal 等(2020)将 CRISPR/Cas9 应用于涉及色素沉着的基因,最终产生了黑素皮质素受体-1 (MC1R)基因突变的瓯江彩鲤,其黑色斑块的模式发生了改变。司周旋等(2020)应用 CRISPR/Cas9 基因编辑技术对瓯江彩鲤多巴色素异构酶基因(Dct)进行基因突变,结果显示,黑色素细胞结构退化、黑斑面积缩小、黑色斑块不明显。以上研究结果表明,基因编辑是研究基因功能的有效工具,并且可以产生具有优良表型的鲤新品系。基因编辑不同于转基因,前者不会将外来 DNA 引入生物体,它主要通过去除劣质等位基因来改善目标性状(Houston 等,2020)。鉴于鲤很多经济性状相关候选基因的功能已明确,如表型、抗病性和生长相关,因此,应用基因编辑对这些候选基因进行改造能够促进鲤新性状选育的发展,为水产生物育种提供借鉴。

1.3

鲤种质资源保护面临的问题与保护策略

1.3.1 · 鲤种质资源保护面临的问题

■ (1)生态环境破坏,种质资源量减少

我国不仅是世界上鲤种质资源最为丰富的国家之一,也是世界上鲤人工育成品种最为成功的国家之一。天然群体是自然界物种遗传多样性和遗传变异的主要物质基础,但由于没有进行大规模的种质资源调查,我国目前野生鲤种质资源量仍不清楚。此外,由于人类捕捞活动增强、沿岸工厂建立以及水利工程建设等,使鲤种群的生存环境和种群延续受到不同程度的影响,鲤天然种质资源已遭到严重破坏,种群数量日趋减少。如 2000 年以前,山东微山湖四鼻须鲤年上市量达 1 000 吨以上,2000 年以后逐年减少,2007

年上市量仅为 8.3 吨(李倩,2010)。黄河洽川段渔业种质资源调查显示,自 2004 年以后捕捞部分渔获物中未见黄河鲤(王中乾,2009)。由于外来品种的引入、品种间杂交频繁发生等原因,使得部分地方品种遗传背景丢失而失去品种特性。不合理的增殖放流或养殖群体中的部分逃逸,增加了天然群体的遗传杂合程度。张芹等(2020)研究发现,黄河鲤野生和人工养殖群体的遗传差异不明显。张爱芳等(2011)发现,1956—2006 年鄱阳湖鲤虽成为优势种群,但其个体越来越小、性成熟年龄也越来越小,种质资源呈现出严重衰退状况。

(2)种质资源库建设相关科研工作滞后

我国鱼类种质资源库建设刚起步,2019 年中国水产科学研究院牵头组建国家淡水水产种质资源库,保存类别涵盖鱼、虾、蟹、贝和水生植物等多种门类,为鱼类种质资源的保护和研究提供了重要的硬件支持。资源库收录了 50 多种(种群或亚种)鲤,但很多鲤信息不全,如资源状况、特征、类型等。不同种群的鲤相关基础研究不足,如形态学、染色体、同工酶、分子遗传学信息等。缺乏全面、系统的基础调查资料。近 20 年,基于鲤种质资源的调查大多零星、分散,且研究方法和评价手段不统一,因此调查数据没有系统性和可比性,研究成果综合利用效率低,无法为种质资源库的建设提供有效的数据。

种群遗传结构、分子标记和生物多样性等基础研究仍然匮乏,部分野生鲤遗传背景并不清楚。水产种质鉴别方面,尽管已在形态、生化和染色体等多水平上开展,但在分子水平上的鉴别方法还不完善,对进一步保护和研究水产遗传资源造成技术上的困难。

(3)良种选育技术体系不够完善

我国鲤遗传育种技术体系还处于模仿跟踪阶段,在鲤家系、品系、纯系、功能基因方面缺乏系统性研究,特别是与经济性状有关的功能基因的定位、分离和克隆研究等方面表现突出。鲤种质资源调查、收集、保护、精准鉴定,不同鲤品种选育与审定、品种繁育、质量管控等方面的标准缺乏或落后。鲤原(良)种种质资源保护与保存的关键技术缺乏,选育的经济性状,如生长速度、抗病能力与耐低温能力等的遗传机制不明确。

由于人工繁育的局限性,以及缺乏科学的机制和种质鉴别技术,在鲤育种和养殖中,由近亲交配、小群体繁殖等引起的基因丢失和遗传漂变频繁发生,导致种质严重退化,如生长速度慢、性早熟、个体小、抗病力弱等。

1.3.2 · 鲤种质资源保护策略

■（1）种质资源调查、监测和评估

鲤的自然分布区域较广阔，但其种质资源的收集、保护和研发还处于起步阶段，因此扩大鲤种质资源的普查、收集，加强资源评价，掌握种质资源种类、数量、分布及主要特征，加大野生鲤水域生态、资源的监测与研究力度，构建系统、规范、科学的本底资料，为制定种质资源保护计划提供数据支持。同时，开发利用有价值的养殖新对象，研究其生物学和生态学特性、繁殖生理和内分泌变化规律，以及进行新品种培育。

基于现代分子生物学开发更精准的遗传多样性评价技术，并结合传统手段鉴别和保护鲤遗传多样性。对人工增殖放流群体进行遗传多样性分析，评估人工增殖放流对野生鲤遗传多样性影响以及潜在的生态安全风险。进行原（良）种种质的短期及长期保存、检测、查询和开发利用，制定鲤种质标准，并在原（良）种场、水产种苗生产场（点）基础上，逐步建立、健全我国水产优良养殖对象苗种生产体系、管理体系和质量监督体系。

■（2）种质资源保护的方法

鲤种质资源保护可通过就地保护和异地保护两条途径实现。就地保护是基于原生境、栖息地、伴生物种以及自然的生态系统进行种质资源的保护，是鲤种质资源保护的主要途径。通过划定鲤自然保护区，禁止捕捞、污染物排放、建设水利设施等措施，保护其天然的生态系统平衡，保证野生鲤资源量稳定。同时，还可通过建设人工模拟产卵场，加强沿岸生境的修复与保护等措施，改善鱼类生存环境，使其自由地繁衍和生长，维系物种的多样性，丰富基因库。

目前，我国已建立多个鲤种质资源保护区和原（良）种场（表1-7和表1-8）。在保护区内开展水域环境跟踪监测工作，进行增殖放流，维护鱼类资源量和生态系统物质多样性。建立国家级、省级和市级水产种质资源保护体系，实现多级保护。然而，由于科研投入长期不足、研究技术力量明显薄弱，我国水产种质资源保护区普遍存在生态环境本底调查不足、水生生物资源种群数量及分布范围详细信息缺乏、系统监测活动少等问题，无法及时、有效掌握水生生物资源变动规律和趋势，使保护管理工作缺乏整体性和科学性。

虽然就地保护是鱼类种质资源最佳的保护策略。然而，就地保护可能存在一些问题，如生态环境变化、保护地面积不够、应对能力不足等。因此，易地保护是一种鱼类种质资源保护的补充措施，可对鱼类种质多样性的某种成分，如群体、家系、个体、器官、组

表 1-7 · 国家级鲤种质源保护区

保 护 区 名 称	所在地区	挂牌时间
黄河郑州段黄河鲤国家级水产种质资源保护区	河南	2008 年
东洞庭湖鲤鲫黄颡国家级水产种质资源保护区	湖南	2008 年
湘江湘潭段野鲤国家级水产种质资源保护区	湖南	2008 年
五龙河鲤国家级水产种质资源保护区	山东	2012 年
洛河鲤国家级水产种质资源保护区	河南	2013 年
迁西栗香湖鲤黄颡鱼国家级水产种质资源保护区	河北	2014 年
淮河荆涂峡鲤长吻鮠国家级水产种质资源保护区	安徽	2013 年
沂河鲤青虾国家级水产种质资源保护区	山东	2013 年
清水河原州段黄河鲤国家级水产种质资源保护区	宁夏	2017 年
故黄河砀山段黄河鲤国家级水产种质资源保护区	安徽	2017 年
黄河陕西韩城龙门段黄河鲤兰州鲇国家级水产种质资源保护区	陕西	2017 年

表 1-8 · 国家级鲤原(良)种场

场 名	品 种	地 址
江西兴国红鲤良种场	兴国红鲤	兴国县农业和粮食局水产站
国家级天津宁河鲤鲫鱼类良种场	鲤鲫鱼	天津市换新水产良种场
国家级婺源荷包红鲤良种场	荷包红鲤	江西婺源县工业园区高砂红鱼场
江苏洪泽水产良种场	方正银鲫、兴国红鲤	江苏省洪泽县滨湖路 356 号
山西太原水产良种场	建鲤、彭泽鲫、团头鲂	山西省太原市晋源区晋源镇

织、细胞、亚细胞等予以保护或保存。易地保护因保护环境和方法不同而多种多样：① 活鱼基因库,可在一定时期内保证原种或良种的遗传特性;② 种质细胞保存,包括卵子、精子、受精卵的超低温保存,不受外界生物与非生物环境因子的干扰。实行易地保护应对物种(种群)的遗传结构有较透彻的了解,有较好的采样技术,以及有效的维持措施。在可能的条件下,把就地保护和易地保护结合使用,可大大提高遗传资源保护的效果。

■ (3) 建立和完善鲤种质资源数据库

建立鲤种质资源监测体系,根据其形态、生理、生化、遗传参数等建立一系列鲤种质标准和数据库,包括形态、生理、生化、遗传和生态数据库,种质资源基因数据库,养殖技术数据库,种质保存数据库,产量、环境和分布数据库。此外,定期对全国鱼苗生产单位的鲤种质进行监测,完善鲤种质资源数据库。

加强大数据平台应用、推进数字化监测,利用信息技术、自动控制技术等对水产种质资源的分布、活动、栖息、繁衍、保护等过程探索数字化和可视化的管理。收集各级苗种场全部数据,包括亲本来源、亲本更新路径、苗种销售路径等,结合种质资源普查成果,推进鲤种质资源保护的信息化进程。

▤（4）应用现代生物技术开展种质资源深入鉴定评价与种质创新

基于鲤新品种选育的经济性状,如生长、肉质、抗逆、抗病及营养高效利用等,利用现代分子生物学、遗传学、生物信息学和大数据分析等技术,完善育种性状的精准评价技术以及鉴定标准,在物种多样性、生态系统多样性和种群内遗传多样性3个层次上开展研究,构建鲤种质资源鉴定平台。

加强种质创新基础研究,开展从群体收集、培育、筛选、家系建立、种质鉴定、性状分析到保种的系统性研究工作。应用细胞工程育种技术、转基因育种技术、基因编辑技术等,对选育对象进行遗传改良;采用SNP分子标记技术、QTL定位技术与全基因组关联分析技术（GWAS）等,筛选重要性状的分子标记并评估其遗传特性,实现目标性状精准选育。在优良性状选育中,采用转录组、蛋白质组与代谢组等多组学联用的方法,深入解析鲤目标性状的发生机制。基于以上研究,提高鲤育种效率与性状选育精准度,完善鲤育种技术与理论体系建设。

（撰稿：唐永凯、冯文荣）

2

鲤新品种选育

鲤(*Cyprinus carpio*)隶属于硬骨鱼纲(Osteichthyes)、鲤形目(Cypriniformes)、鲤科(Cyprinidae)、鲤属(*Cyprinus*)。最新的考古研究显示,我国鲤养殖可追溯到公元前6 200—前5 700年的新石器时代(Nakajima等,2019),但直到19世纪中叶才传播到世界各地(Panov等,2009),现主产于亚洲和欧洲。2018年,鲤全球养殖产量已达400万吨以上,占鱼类水产养殖总产量的7.7%(美国FAO统计数据,2020)(图2-1)。我国2018年的鲤产量为296.22万吨,占世界鲤总产量的70%以上,紧随草鱼(*Ctenopharyngodon idella*)、鲢(*Hypophthalmichthys molitrix*)、鳙(*Hypophthalmichthys nobilis*)之后,高居淡水鱼养殖产量的第四位,且有6个省鲤养殖产量超过了15万吨,依次为辽宁、山东、河南、黑龙江、四川和湖南,其中辽宁突破了30万吨(中国统计年鉴,2020)(图2-2)。我国是世界鲤养殖第一大国,产量自2013年突破300万吨以来,一直稳定在该水平。然而,在1993

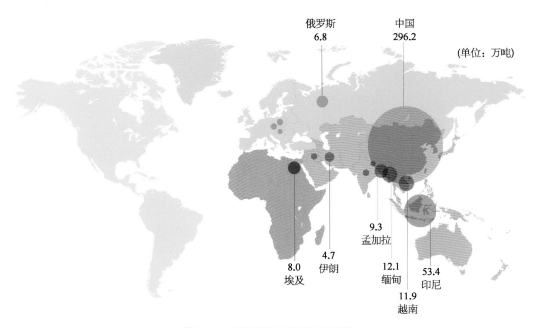

图2-1·世界鲤产量分布示意(2018年)

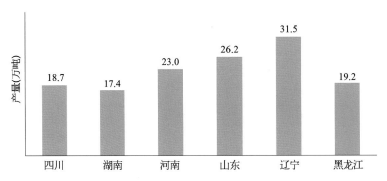

图2-2·中国各省鲤产量(2018年)

年,我国鲤年产量尚不足 55 万吨,在此后 20 年中,每年以 5%~6% 的速度快速递增(Hu 等,2018)。尽管水产饲料、苗种生产、集约化养殖技术和设施的进步在此过程中的作用不容忽视,但鲤新品种的不断育成和推广才是决定鲤产业飞速发展的基础性和决定性因素(Hu 等,2018)。

鲤为异源四倍体物种,起源于距今约 1 200 万年前,经历过杂交和异源多倍体化事件(Xu 等,2019),这使其比其他二倍体鲤科鱼类具有更强的环境适应性,这也可能解释了为何鲤种质资源的多样性和分布的广泛性均能居鲤科鱼类之冠。在亚洲、欧洲漫长的鲤驯养历史中,野生种和人工培育的鲤品种、品系丰富多彩。在我国不同流域分布着形态各异的野生鲤种群,如黑龙江鲤、黄河鲤、长江鲤和瓯江彩鲤等;根据产地不同,又分布有江西三红:荷包红鲤、兴国红鲤和玻璃红鲤、元江鲤等地方特色品种;我国还从欧洲引进部分养殖品种,如俄罗斯散鳞镜鲤、德国镜鲤、乌克兰鲤等。这些本土的、引入的鲤种质资源构成了一个庞大的种质资源库。由于受到自然隔离或人工选择等因素的影响,不同种质的遗传特性差别较大,为鲤新品种选育奠定了丰富的物质基础。

我国的鲤新品种培育始终与不同历史时期的育种技术的发展紧密相连。从 20 世纪 70 年代开始,育种学家在不同阶段利用杂交选育、雌核发育技术、群体选育、家系选育和分子育种技术已相继培育出获全国水产原良种审定委员会通过的 30 余个鲤新品种/品系。这些高产、抗逆、易捕的鲤新品种/品系在全国范围内推广应用,极大地推动了我国鲤产业的快速发展,形成了巨大的经济和社会效益。据统计,松浦镜鲤、松荷鲤、豫选黄河鲤和福瑞鲤 4 个品种已在全国 25 个省(自治区、直辖市)推广 24 万 hm², 2014—2016 年累计新增产值 26.9 亿元,实现利润 3.6 亿元(邓婧,2016)。

2008 年伊始,农业农村部和财政部启动了国家大宗淡水鱼类产业技术体系项目,设立了鲤育种岗位,支持岗位功能研究室开展有竞争力、适应市场需求的鲤新品种研发及育繁推一体化体系建设工作;推动研究室与全国各地水产试验站相结合,建立繁殖点和示范片,将养殖前景广阔的新品种快速在全国范围内推广应用。有 6 个鲤新品种(松浦镜鲤、松浦红镜鲤、易捕鲤、福瑞鲤、福瑞鲤 2 号和建鲤 2 号)获得了该项目支持,现将其选育背景、技术路线、品种特性和养殖性能介绍如下。

2.1

松 浦 镜 鲤

2.1.1 · 选育背景

我国东北是鲤的主养区,但该区域相对纬度较高,大部分地区位于北纬 40°~50°之间,鱼类生长期短、越冬期长,养殖周期相对较长。20 世纪 80 年代,东北地区缺乏适宜的鲤良种这一问题十分突出。因此,中国水产科学研究院黑龙江水产研究所于 1984 年从德国引进镜鲤。镜鲤生长性能突出(刘明华等,1995),因鳞被分布较少的特点而得名。

在引进初期,德国镜鲤不适应我国的高密度肥水养殖条件,生长状况并不理想。针对这一问题,我国鲤育种专家从 1985 年开始对其开展系统选育,到 1995 年选育到第 4 代,即德国镜鲤选育系(F_4)。选育系的池塘饲养成活率由原来的 75% 提高到 90% 以上,生长速度比原种快 10.8%(沈俊宝和刘明华,2000),被全国原良种审定委员会认定为适宜在全国推广的鲤新品种(GS01 - 007 - 1996)。

德国镜鲤选育系(F_4)的优良生长性能得到了广大养殖户的认可,其肉质细嫩、加工方便等特点也受到了消费者青睐。然而,德国镜鲤选育系(F_4)只选育了 4 代,其生长、鳞被等性状均未稳定。考虑到该鱼庞大的市场需求,黑龙江水产研究所于 1998 年开始对德国镜鲤选育系(F_4)继续选育,到 2007 年选育至 F_7,其生长速度较选育前提高了 45%,体表无侧线鳞,其他部分鳞被少或无,将其定名为松浦镜鲤,于 2008 年通过了全国原良种审定委员会认证(GS01 - 001 - 2008)(李池陶等,2009)。

2.1.2 · 技术路线

自 1998 年起,以德国镜鲤选育系(F_4)为基础群,采用多性状复合群体选育结合 DNA 分子标记和电子标记的育种技术在 4 个地区(天津、绥化北林、黑龙江所松浦和民富基地)开展选育工作(胡雪松等,2007)。选育指标为:体型完好、背部高而厚、生长快、繁殖力强;体表无侧线鳞,其他部位鳞片少或无。每代都经过鱼种、2 龄鱼和 3 龄鱼 3 个阶段的选择,选择压力为 10%。保留繁殖群体 500 组。由于绥化北林和天津选育系具有相似的遗传背景(胡雪松等,2007),因此选育至 F_5 时淘汰天津选育系,以绥化北林和松浦 F_6 及

民富 F_7 选育系作为最终亲本生产 F_7,定名为松浦镜鲤。选育技术路线见图 2-3(石连玉,2011;刘明华等,1993)。

2.1.3 · 品种特性

■（1）生长速度明显加快

1 龄和 2 龄鱼平均净增重较德国镜鲤选育系(F_4)分别提高 34.70% 和 45.23%。

■（2）抗病能力和抗寒能力强

1 龄和 2 龄鱼的平均饲养成活率分别达到 96.95% 和 96.44%,越冬成活率分别达到 95.85% 和 98.84%。

■（3）繁殖力明显提高

3 龄和 4 龄鱼的相对怀卵量分别较德国镜鲤选育系(F_4)提高 56.17% 和 88.17%。

■（4）体型好

头小,背高,可食部分比例大。

2.1.4 · 形态特征

■（1）外部形态

体侧扁而高,头后背部明显隆起。头较小,眼较大,吻钝而圆,口亚下位、马蹄形,上下颚可伸缩。体表无鳞或少鳞,个别个体仅在各鳍基部、头后有少数较大鳞片。侧线平直,多数不分枝,个别个体有较短的分枝。左侧第一鳃弓外侧鳃耙数 19~23,多数为 22~23。下咽齿 3 行,齿式为 1·1·3/3·1·1。脊椎骨总数为 34~37,多数为 35~36。鳔分两室,前室长而膨大,后室小、锥形。腹膜银白色。背鳍 iii,17~21,分枝鳍条多数为 18~19;臀鳍 ii(iii),4~5。尾柄短而宽。体侧至背部呈棕褐色,腹部浅白黄色,体色因不同水体略有变化(刘明华等,1993)。松浦镜鲤外部形态见图 2-4。

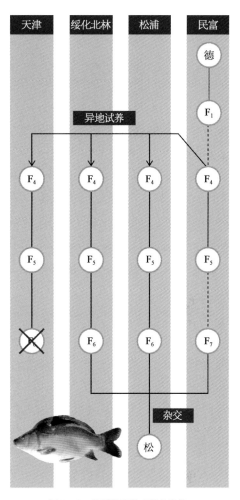

图 2-3 · 松浦镜鲤选育技术路线
松:松浦镜鲤;德:德国镜鲤

图 2 - 4 · 松浦镜鲤

■（2）可量性状和体表鳞片

对松浦镜鲤和德国镜鲤选育系（F_4）的形态学特征进行测定，并与德国镜鲤选育系（F_4）行业标准比较，结果表明，德国镜鲤选育系（F_4）与其水产行业标准无差异，而松浦镜鲤与德国镜鲤选育系（F_4）的可量性状和体表鳞被均存在较大差异（李池陶等，2009）。松浦镜鲤的体长/体高（2.44±0.15）和头长/眼间距（2.24±0.08）明显低于德国镜鲤选育系（F_4），而体长/头长（3.86±0.20）和头长/吻长（2.99±0.23）则显著高于德国镜鲤选育系（F_4）（表 2 - 1）。对松浦镜鲤和德国镜鲤选育系（F_4）的体长/体高、头长/眼间距、体长/头长、头长/吻长分别绘制频率多角线（图 2 - 5），结果可见，松浦镜鲤的各项指标峰值向选育的方向集中，表明选育效果是明显的。也就是说，松浦镜鲤较德国镜鲤选育系（F_4）体长缩短、体高增高、头部长度缩小，这一体型变化使背部增高、头部变小，即躯体部分增加了，可食部分也就增加了。

表 2 - 1 · 松浦镜鲤与德国镜鲤选育系（F_4）可量性状比较

项 目	松浦镜鲤	德国镜鲤选育系（F_4）	※德国镜鲤选育系（F_4）
全长（mm）	404.87±24.22[a]	409.81±27.37[a]	318.5~360.0
体长（mm）	336.50±22.40[a]	338.70±22.56[a]	254.5~288.0
体长/体高	2.44±0.15[a]	2.72±0.21[b]	2.89±0.10[b]
体长/体厚	5.07±0.73[a]	4.92±0.33[a]	4.95±0.45[a]
体长/头长	3.86±0.20[a]	3.65±0.13[b]	3.63±0.18[b]
体长/尾柄长	7.09±0.49[a]	7.94±0.57[a]	7.96±0.59[a]

续　表

项　目	松浦镜鲤	德国镜鲤选育系（F_4）	※德国镜鲤选育系（F_4）
体长/尾柄高	6.97±0.49[a]	6.54±0.55[a]	6.67±0.28[a]
头长/吻长	2.99±0.23[a]	2.67±0.31[b]	2.69±0.16[b]
头长/眼间距	2.24±0.08[a]	2.39±0.16[b]	2.54±0.18[b]

注：同一行右上角字母不同表示差异显著（$P < 0.05$）；※德国镜鲤选育系（F_4）为中华人民共和国水产行业标准（SC/T1035—1999）数据。

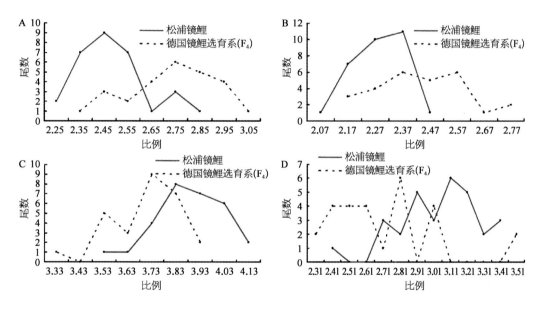

图 2-5 · 松浦镜鲤和德国镜鲤选育系（F_4）体型比例变异的频率多角线

A. 体长/体高；B. 头长/眼间距；C. 体长/头长；D. 头长/吻长

从鳞被表现来看，松浦镜鲤的左侧线鳞为 0.28±0.61 片，右侧线鳞为 0.16±0.47 片，均显著低于德国镜鲤选育系（F_4）（表 2-2）。

表 2-2 · 松浦镜鲤与德国镜鲤选育系（F_4）鳞片数比较

项　目	松浦镜鲤	德国镜鲤选育系（F_4）
左侧线背鳞	5.40±4.99[a]	38.92±12.99[b]
左侧线鳞	0.28±0.61[a]	17.17±4.63[b]
左侧线腹鳞	3.68±3.52[a]	14.75±9.59[b]
右侧线背鳞	4.16±4.03[a]	36.92±10.54[b]

项　目	松浦镜鲤	德国镜鲤选育系（F_4）
右侧线鳞	0.16 ± 0.47^a	17.42 ± 5.16^b
右侧线腹鳞	3.12 ± 2.69^a	16.67 ± 8.38^b

注：同一行右上角字母不同表示差异显著（$P<0.05$）。

2.1.5 · 养殖性能

（1）生长对比试验

2005—2007年，在黑龙江省绥化市北林区清涛渔场开展松浦镜鲤1龄和2龄鱼生长对比试验（祖岫杰等，2011；李池陶等，2008）。1龄鱼池塘面积为800 m²，密度为6.25万尾/hm²，设一组平行，试验鱼为同批次繁殖的松浦镜鲤和德国镜鲤选育系（F_4）鱼苗，经发塘放入试验池进行培育。2龄鱼池塘面积为1 500 m²，密度为1.07万尾/hm²，同样设一组平行，试验鱼为上一年度培育的1冬龄鱼种。生长情况见表2-3和表2-4，松浦镜鲤1龄鱼的绝对增重率（2.14 g/天）、瞬时增重率（4.56%/天）、相对增重率（111.14%）和个体平均净增重（213.53 g）分别比德国镜鲤选育系（F_4）高34.31%、6.30%、31.91%和34.70%；2龄鱼的绝对增重率（10.71 g/天）、瞬时增重率（1.62%/天）、相对增重率（6.38%）和个体平均净增重（1 285.24 g）分别比德国镜鲤选育系（F_4）高45.25%、2.86%、8.43%和45.23%。

对两个养殖阶段的1龄、2龄松浦镜鲤和德国镜鲤选育系（F_4）的体重采用离差分析进行比较（李池陶等，2008），结果显示，1龄、2龄鱼阶段松浦镜鲤的生长性能更理想（图2-6）。对1龄、2龄松浦镜鲤和德国镜鲤选育系（F_4）的绝对增重率进行分析，结果显示，在两个养殖阶段，松浦镜鲤的绝对增重率均大于德国镜鲤选育系（F_4），且随着养殖年龄增长呈增加趋势（图2-7）。

（2）饲养成活率

松浦镜鲤1龄和2龄鱼的平均饲养成活率都显著高于德国镜鲤选育系（F_4）（表2-5）（李池陶等，2008）。其1龄、2龄鱼的平均饲养成活率为96.95%和96.44%，分别比德国镜鲤选育系（F_4）高13.66%和6.48%。

表 2-3 · 松浦镜鲤与德国镜鲤选育系（F₄）1 龄鱼的生长比较

放养期	品种	放养规格(g/尾)	出池规格(g/尾)	净增重(g)	绝对增重率(g/天)	瞬时增重率(%/天)	相对增重率(%)	SP 与 DJ 比较 绝对增重率(%)	瞬时增重率(%)	相对增重率(%)	个体平均净增重(%)
2005(6月16日—9月25日)	SP	2.71±1.81[a]	209.28±51.62[a]	206.57±51.36[a]	2.07±0.51[a]	4.49±0.60[a]	104.18±63.91[a]	—	—	—	—
	DJ	2.41±1.20[a]	155.00±53.67[b]	152.59±53.40[b]	1.53±0.53[b]	4.23±0.57[a]	79.46±50.53[b]	+35.29	+6.15	+31.11	+35.38
2006(6月11日—9月20日)	SP	2.48±1.72[a]	222.97±64.66[a]	220.49±64.59[a]	2.20±0.65[a]	4.63±0.60[a]	118.10±60.11[a]	—	—	—	—
	DJ	2.35±1.12[a]	166.87±29.95[b]	164.52±30.05[b]	1.65±0.30[a]	4.35±0.53[a]	89.00±58.71[a]	+33.33	+6.44	+32.70	+34.02

注：同一列右上角字母不同表示差异极显著(P<0.01)。SP 为松浦镜鲤；DJ 为德国镜鲤选育系(F₄)。

表 2-4 · 松浦镜鲤与德国镜鲤选育系（F₄）2 龄鱼的生长比较

放养期	品种	放养规格(g/尾)	出池规格(g/尾)	净增重(g)	绝对增重率(g/天)	瞬时增重率(%/天)	相对增重率(%)	SP 与 DJ 比较 绝对增重率(%)	瞬时增重率(%)	相对增重率(%)	个体平均净增重(%)
2006(5月5日—9月3日)	SP	200.91±47.26[a]	1488.67±116.23[a]	1287.77±127.94[a]	10.73±2.73[a]	1.65±0.28[a]	6.63±2.86[a]	—	—	—	—
	DJ	147.25±65.73[b]	1007.48±197.80[b]	860.23±197.74[b]	7.17±1.81[b]	1.60±0.25[a]	6.13±1.93[a]	+49.65	+3.13	+8.16	+49.70
2007(4月30日—8月28日)	SP	217.25±46.73[a]	1499.95±102.90[a]	1282.70±90.95[a]	10.69±3.26[a]	1.59±0.28[a]	6.13±2.47[a]	—	—	—	—
	DJ	158.52±58.29[b]	1069.82±239.73[b]	911.30±239.41[b]	7.59±2.00[b]	1.55±0.22[a]	5.64±1.90[a]	+40.84	+2.58	+8.69	+40.75

注：同一列右上角字母不同表示差异显著(P<0.01)。SP 为松浦镜鲤；DJ 为德国镜鲤选育系(F₄)。

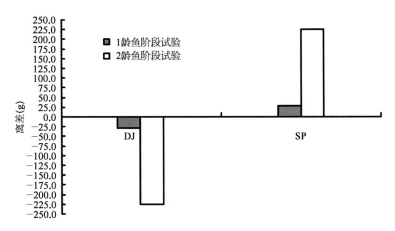

图 2 - 6 · 松浦镜鲤和德国镜鲤选育系（F_4）生长速度离差

SP 为松浦镜鲤；DJ 为德国镜鲤选育系（F_4）

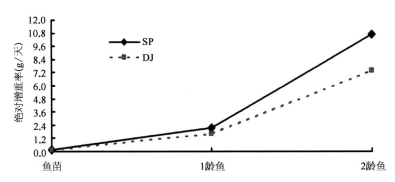

图 2 - 7 · 松浦镜鲤和德国镜鲤选育系（F_4）在各生长阶段的生长率

SP 为松浦镜鲤；DJ 为德国镜鲤选育系（F_4）

表 2 - 5 · 松浦镜鲤与德国镜鲤选育系（F_4）饲养成活率比较

品 种	年龄（龄）	年 度	放养量（尾）	出池量（尾）	饲养成活率（%）	SP 与 DJ 比较	
						平均成活率（%）	提高（%）
SP	1	2005	5 000	4 895	97.90	$96.95^a \pm 1.81$	—
		2006	5 000	4 800	96.00		
	2	2006	800	775	96.88	$96.44^a \pm 0.39$	—
		2007	800	768	96.00		
DJ	1	2005	5 000	4 330	86.60	$85.30^b \pm 3.38$	+13.66
		2006	5 000	4 200	84.00		
	2	2006	800	730	91.25	$90.57^b \pm 0.94$	+6.48
		2007	800	719	89.88		

注：同一列右上角字母不同表示差异显著（$P<0.05$）；SP 为松浦镜鲤；DJ 为德国镜鲤选育系（F_4）。

▤ (3) 越冬成活率

松浦镜鲤1龄和2龄鱼的越冬成活率都显著高于德国镜鲤选育系(F_4)(表2-6)(李池陶等,2008),其1龄、2龄鱼的平均越冬成活率为95.85%和98.84%,分别比德国镜鲤选育系(F_4)提高了8.86%和3.36%。

表2-6·松浦镜鲤与德国镜鲤选育系(F_4)1龄、2龄鱼的越冬成活率比较

品种	年龄(龄)	越冬期(年-月-日)	入池数(尾)	出池数(尾)	越冬成活率(%)	SP与DJ比较	
						平均成活率(%)	提高(%)
SP	1	2006-11-15至2007-04-20	2 000	1 930	96.50	95.85[a]±0.85	—
		2007-11-20至2008-04-28	1 000	952	95.20		
	2	2006-11-15至2007-04-20	400	393	98.25	98.84[a]±0.70	—
		2007-11-20至2008-04-28	350	348	99.43		
DJ	1	2006-11-15至2007-04-20	2 000	1 796	89.80	88.05[b]±6.13	+8.86
		2007-11-20至2008-04-28	1 000	863	86.30		
	2	2006-11-15至2007-04-20	400	381	95.25	95.63[b]±0.28	+3.36
		2007-11-20至2008-04-28	350	336	96.00		

注:同一列右上角字母不同表示差异显著($P<0.05$)。SP为松浦镜鲤;DJ为德国镜鲤选育系(F_4)。

▤ (4) 繁殖能力

2008年5月10日对未产卵的松浦镜鲤和德国镜鲤选育系(F_4)3龄、4龄雌性亲鱼进行生物学解剖、测定(李池陶等,2009),结果显示,松浦镜鲤亲鱼的繁殖力较德国镜鲤选育系(F_4)显著提高(表2-7)。3龄松浦镜鲤绝对怀卵量为307 816~374 992粒,平均为$(3.42\pm0.26)\times10^5$粒,较德国镜鲤选育系(F_4)提高86.89%;相对怀卵量为141~169粒/g,平均(152.14 ± 11.79)粒/g,较德国镜鲤选育系(F_4)提高56.17%。4龄松浦镜鲤绝对怀卵量为557 840~710 928粒,平均为$(6.25\pm0.62)\times10^5$粒,较德国镜鲤选育系(F_4)增加142.24%;相对怀卵量为187~220粒/g,平均为(201.38 ± 12.09)粒/g,较德国镜鲤选育系(F_4)提高88.17%。

松浦镜鲤和德国镜鲤选育系(F_4)个体的绝对怀卵量与体重呈线性相关(图2-8)。

表 2-7 · 松浦镜鲤与德国镜鲤选育系(F₄)不同年龄组个体怀卵量比较

品种	年龄	体重(g)	绝对怀卵量 （粒）	相对怀卵量 （粒/g）	SP 与 DJ 比较	
					绝对怀卵量（%）	相对怀卵量（%）
SP	3^+	1 945. 0~2 558. 7	307 816~374 992	141~169	—	—
		2 259. 70±245. 56	$(3. 42±0. 26^a) ×10^5$	$152. 14^a±11. 79$		
	4^+	2 906. 1~3 233. 9	557 840~710 928	187~220	—	—
		3 099. 14^a±144. 93	$(6. 25±0. 62^a) ×10^5$	$201. 38^a±12. 09$		
DJ	3^+	1 523~2 200	143 104~228 440	88~104	+86. 89	+56. 17
		1 877. 75±319. 92	$(1. 83±0. 35^b) ×10^5$	$97. 42^b±7. 60$		
	4^+	1 850~3 020	185 480~336 479	95~117	+142. 24	+88. 17
		2 420. 75±632. 02	$(2. 58±0. 67^b) ×10^5$	$107. 02^b±10. 76$		

注：同一列右上角字母不同表示差异显著($P<0.05$)。SP 为松浦镜鲤；DJ 为德国镜鲤选育系(F_4)。

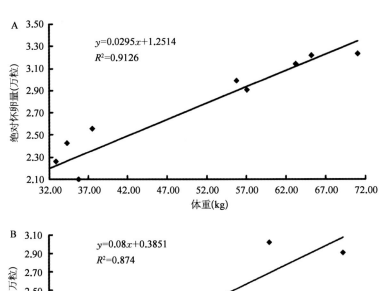

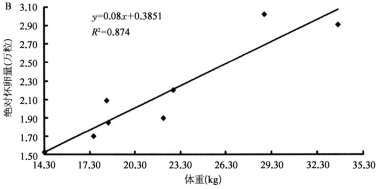

图 2-8 · 绝对怀卵量与体重相关曲线

A. 松浦镜鲤；B. 德国镜鲤选育系(F_4)

2.2

松浦红镜鲤

2.2.1 · 选育背景

黑龙江水产研究所老一辈育种专家在 20 世纪 70 年代于松浦试验场以荷包红鲤（♀）和散鳞镜鲤（♂）为亲本开展杂交试验。对子一代进行自交,发现后代分离出体色橘红、身体纺锤形、鳞被近似散鳞型的鲤新种质。育种专家们据此思考,如果以该种质作为基础群,是否可选育出一个生长快且兼具食用与观赏功能的红镜鲤新品种,既可以用于游钓又可在节日或婚庆的餐桌上烘托喜庆气氛。体色和鳞被是两个隐性性状,对其开展选育,理论上可获得两个性状均为纯合型且能稳定遗传的新品种。于是,新品种以体色、体型、鳞被、生长速度作为选育目标,经过两阶段的选育,至 2008 年选育至 F_6,各项指标已稳定,符合新品种的条件,将其定名为松浦红镜鲤。又因其鱼体鳞片布局呈框形,似古代方孔钱,且身体红色,故商品名定为红金钱。松浦红镜鲤于 2011 年通过了全国原良种审定委员会认证(GS－01－001－2011)。

2.2.2 · 技术路线

松浦红镜鲤的选育始于 20 世纪 70 年代,主要经历以下两个阶段(石连玉等,2016;李盛文等,2014)。

第一阶段：采用群体选育方法。在黑龙江水产研究所松浦试验场,以荷包红鲤（♀）和散鳞镜鲤（♂）杂交后分离出来的个体为基础群体,将自交后从子代中分离出来的体色橘红、体纺锤形、鳞被散鳞的红色镜鲤个体存留下来。凡形态特征不明显的个体均予以淘汰。

第二阶段：采用多性状群体选育方法。1990 年开始进行系统选育,并逐代强化筛选。同时,对每代亲本进行遗传结构分析,结合电子标记、合理配种进行群体扩繁,避免近亲交配,从其后代中选择体型强壮、生长快、无疾病、体色橘红、体纺锤形、鳞被框形的个体留种,在 1 龄鱼、2 龄鱼和 3 龄后备亲鱼时期进行选择,以体重、体色、体质和体型为主要选择标准,总选择强度为 5%(15%×45%×75%＝5%)左右,如此连续选育到 2008 年,至第六代(F_6)。选育技术路线见图 2－9。

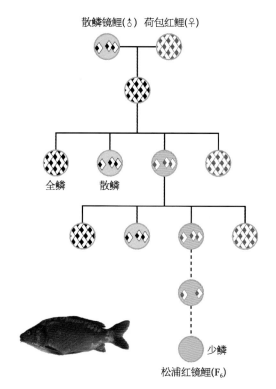

散鳞镜鲤(♂)　荷包红鲤(♀)

全鳞　散鳞

少鳞

松浦红镜鲤(F₆)

图 2-9·松浦红镜鲤选育技术路线

2.2.3·品种特性

■ (1) 外貌特征

体红色,体型呈纺锤形。鳞被布局呈框形,似古代方孔钱,故商品名为"红金钱"。

■ (2) 生长快

在 1 龄、2 龄鱼养殖周期内个体平均净增重 199.53 g 和 1 129.53 g,分别比荷包红鲤抗寒品系提高 21.61% 和 35.59%。

■ (3) 成活率高

1 龄、2 龄鱼的平均饲养成活率为 96.17% 和 95.82%,分别比荷包红鲤抗寒品系高 12.93% 和 12.15%;平均越冬成活率为 95.24% 和 97.63%,分别比荷包红鲤抗寒品系高 9.27% 和 8.55%。

2.2.4 · 形态特征

■ （1）外部形态

体侧扁，头后背部稍隆起。头较小，眼较大，吻钝而圆，口亚下位、马蹄形，上下颚可伸缩。头部至尾鳍有一行或不连续的背鳞，鳃盖后缘、腹鳍及尾鳍基部有少数不规则大鳞片，其他部位裸露。侧线较平直。左侧第一鳃弓外侧鳃耙数 18~22，多数为 19~22。下咽齿 3 行，齿式为 1·1·3/3·1·1。背鳍 iii，15~20，分枝鳍条多数为 16~18；臀鳍 iii，4~5。脊椎骨总数为 34~38。鳔分两室，前室长而膨大，后室小、锥形。体色橘红色，个别头后背部呈浅灰黑色。腹膜银白色。体色因不同水体略有变化（李池陶等，2018）。松浦镜鲤外部形态见图 2–10。

图 2–10 · 松浦红镜鲤

■ （2）可量性状比较

对松浦红镜鲤、散鳞镜鲤和荷包红鲤抗寒品系形态学特征进行测定，结果表明，体长/体高为 2.71±0.13、体长/尾柄高为 7.54±0.33、体长/头长为 3.80±0.18、头长/吻长为 3.08±0.25，大于散鳞镜鲤和荷包红鲤抗寒品系；体长/尾柄长为 7.41±0.85，显著大于荷包红鲤抗寒品系；头长/眼间距为 2.19±0.09，明显小于散鳞镜鲤（表 2–8）。

表 2–8 · 松浦红镜鲤、散鳞镜鲤及荷包红鲤抗寒品系可量性状比较

项　　目	HJ	SJ	HB
体重（g）	1 115.13±113.28[a]	1 179.97±56.39[a]	1 064.68±84.96[a]
全长/体长	1.25±0.01[a]	1.25±0.03[a]	1.24±0.01[a]
体长/体高	2.71±0.13[a]	2.16±0.16[a]	1.96±0.06[b]

续　表

项　目	HJ	SJ	HB
体长/尾柄长	7.41±0.85[a]	7.08±0.61[a]	5.97±0.33[b]
体长/尾柄高	7.54±0.33[a]	6.17±0.51[b]	5.48±0.22[b]
体长/头长	3.80±0.18[a]	3.22±0.17[b]	2.94±0.13[b]
头长/吻长	3.08±0.25[a]	2.70±0.17[b]	2.57±0.23[b]
头长/眼径	5.38±0.41[a]	5.25±0.50[a]	5.22±0.16[a]
头长/眼间距	2.19±0.09[a]	2.54±0.16[b]	2.29±0.13[a]

注：同一行右上角字母不同表示差异显著($P<0.05$)。HJ 为松浦红镜鲤；SJ 为散鳞镜鲤；HB 为荷包红鲤抗寒品系。

2.2.5 · 养殖性能

(1) 生长对比试验

2008—2010 年在松浦基地开展松浦红镜鲤、散鳞镜鲤和荷包红鲤抗寒品系 1 龄和 2 龄鱼生长对比试验。1 龄鱼放养密度为 45 000 尾/hm²，2 龄鱼放养密度为 7 500 尾/hm²。结果显示，松浦红镜鲤 1 龄鱼绝对增重率为 2.12 g/天、瞬时增重率为 10.48%/天、相对增重率为 20 295.17、个体平均净增重达 199.53 g，分别比荷包红鲤抗寒品系高 21.61%、1.70%、22.62% 和 21.61%，与散鳞镜鲤无显著差异（表 2 - 9）；2 龄鱼的平均绝对增重率为 7.02 g/天、瞬时增重率为 1.23%/天、相对增重率为 6.24、个体平均净增重达 1 129.53 g，分别比荷包红鲤抗寒品系提高了 35.59%、11.59%、28.91%、35.59%，与散鳞镜鲤无显著差异（表 2 - 10）。

在 1 龄、2 龄鱼饲养期间，松浦红镜鲤绝对增重率均值的变化情况见图 2 - 11。松浦红镜鲤的生长速度与散鳞镜鲤相近，显著快于荷包红鲤抗寒品系，且随着年龄增长呈增加趋势。

对松浦红镜鲤、散鳞镜鲤及荷包红鲤抗寒品系各试验结束时的体重用离差分析进行比较（图 2 - 12），结果显示，1 龄、2 龄松浦红镜鲤的生长性能与散鳞镜鲤相当，优于荷包红鲤抗寒品系。

1 龄鱼平均体重和体重标准差计算得松浦红镜鲤、散鳞镜鲤和荷包红鲤抗寒品系的体重变异系数分别为 21.83%、23.89% 和 22.15%。其中，松浦红镜鲤比散鳞镜鲤和荷包红鲤抗寒品系分别降低 8.63% 和 1.46%，无显著性差异。以上说明，松浦红镜鲤经多年多代持续选育，群体内个体间生长速度与对照品种一样更加趋于一致。

2 鲤新品种选育 | 059

表 2 - 9 · 松浦红镜鲤、散鳞镜鲤及荷包红鲤抗寒品系 1 龄鱼的生长比较

饲养期（月-日）	品种	放养规格（g/尾）	出池规格（g/尾）	净增重（g）	绝对增重率（g/天）	瞬时增重率（%/天）	相对增重率	HJ 与 SJ、HB 比较			
								绝对增重率（%）	瞬时增重率（%）	相对增重率	个体平均净增重（%）
2008（06-16 至 09-18）	HJ	0.010 4±0.003 2[a]	198.71±45.54[a]	198.70±45.54[a]	2.11±0.48[a]	10.510.46[ab]	21 183.32±8 278.89[a]	—	—	—	—
	SJ	0.009 8±0.003 2[a]	202.81±43.89[a]	202.80±43.89[a]	2.16±0.47[a]	10.59±0.38[a]	22 375.93±7 958.06[a]	-1.85	-0.79	-4.09	-1.85
	HB	0.010 5±0.003 2[a]	163.14±38.86[b]	163.13±38.86[b]	1.74±0.41[b]	10.29±0.47[b]	17 345.96±7 569.10[b]	+22.24	+2.16	+26.47	+22.24
2009（06-18 至 09-20）	HJ	0.011 0±0.003 4[a]	200.37±41.56[a]	200.36±41.55[a]	2.13±0.44[a]	10.46±0.31[ab]	19 407.02±6 091.22[b]	—	—	—	—
	SJ	0.010 3±0.003 3[a]	203.79±53.26[a]	203.78±53.26[a]	2.17±0.57[a]	10.54±0.26[a]	20 607.81±4 926.79	+0.58	-0.73	-4.19	+0.58
	HB	0.010 3±0.003 3[a]	166.42±34.09[b]	166.41±34.09[b]	1.77±0.36[b]	10.34±0.27[b]	17 086.29±4 129.17[b]	+20.97	+1.23	+18.75	+20.97

注：同年度同一列右上角字母不同表示差异显著（P<0.05）。HJ 为松浦红镜鲤；SJ 为散鳞镜鲤；HB 为荷包红鲤抗寒品系。

表 2 - 10 · 松浦红镜鲤、散鳞镜鲤及荷包红鲤抗寒品系 2 龄鱼的生长比较

饲养期（月-日）	品种	放养规格（g/尾）	出池规格（g/尾）	净增重（g）	绝对增重率（g/天）	瞬时增重率（%/天）	相对增重率	HJ 与 SJ、HB 比较			
								绝对增重率（%）	瞬时增重率（%）	相对增重率	个体平均净增重（%）
2009（04-14 至 09-22）	HJ	176.65±43.52[a]	1 283.10±322.91[a]	1 106.44±284.94[a]	6.87±1.77[a]	1.23±0.09[a]	6.26±0.89[a]	—	—	—	—
	SJ	177.10[a]±48.80	1 313.71±207.59[a]	1 136.61±171.16[a]	7.06±1.06[a]	1.26±0.13[a]	6.82±1.76[a]	-2.84	-1.755	-1.68	-2.84
	HB	167.72[a]±32.20	991.32±99.01[b]	823.59±86.03[b]	5.12±0.53[b]	1.11±0.104 6[b]	5.07±1.12[b]	+34.96	+11.17	+28.35	+34.96
2010（04-14 至 09-22）	HJ	185.26[a]±32.95	1 337.87±273.34[a]	1 152.61±243.07[a]	7.16±1.51[a]	1.23±0.05[a]	6.21±0.61[a]	—	—	—	—
	SJ	183.13[a]±54.83	1 387.78±271.11[a]	1 204.64±239.11[a]	7.48±1.49[a]	1.27±0.15[a]	6.97±1.83[a]	-3.67	-2.55	-4.56	-3.67
	HB	175.97[a]±25.14	1 023.42±99.28[b]	847.45±80.18[b]	5.26±0.50[b]	1.09±0.06[b]	4.89±0.68[b]	+36.23	+12.02	+29.47	+36.23

注：同年度同一列右上角字母不同表示差异显著（P<0.05）。HJ 为松浦红镜鲤；SJ 为散鳞镜鲤；HB 为荷包红鲤抗寒品系。

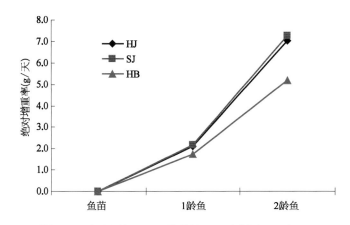

图2-11·松浦红镜鲤(HJ)、散鳞镜鲤(SJ)及荷包红鲤抗寒品系
(HB)1龄、2龄鱼的生长曲线

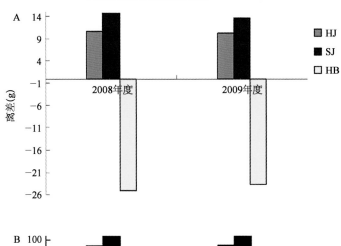

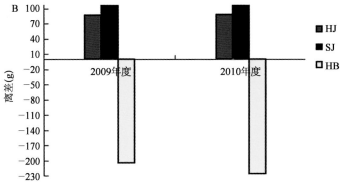

图2-12·松浦红镜鲤、散鳞镜鲤及荷包红鲤抗寒品系生长速度离差图

A. 1龄;B. 2龄
HJ 为松浦红镜鲤;SJ 为散鳞镜鲤;HB 为荷包红鲤抗寒品系

■ (2)饲养成活率

松浦红镜鲤1龄和2龄鱼的平均饲养成活率与散鳞镜鲤相近,都显著高于荷包红鲤

抗寒品系(表2-11)。1龄、2龄鱼的平均饲养成活率为96.17%和95.82%,分别比荷包红鲤抗寒品系高12.93%和12.15%。

表2-11·松浦红镜鲤、散鳞镜鲤及荷包红鲤抗寒品系饲养成活率比较

品 种	年龄(龄)	年 度	饲养成活率(%)	比 较	
				平均成活率(%)	提高(%)
HJ	1	2008	96.08	96.17[a]	—
		2009	96.26		
SJ	1	2008	97.10	97.18[a]	-1.04
		2009	97.26		
HB	1	2008	84.94	85.16[b]	+12.93
		2009	85.38		
HJ	2	2009	95.86	95.82[a]	—
		2010	95.78		
SJ	2	2009	97.66	96.94[a]	-1.16
		2010	96.22		
HB	2	2009	85.98	85.44[b]	+12.15
		2010	84.90		

注：同龄同一列右上角字母不同表示差异显著($P<0.05$)。HJ为松浦红镜鲤;SJ为散鳞镜鲤;HB为荷包红鲤抗寒品系。

(3) 越冬成活率

松浦红镜鲤1龄、2龄鱼的平均越冬成活率为95.24%和97.63%,与散鳞镜鲤相近,分别比荷包红鲤抗寒品系高9.27%和8.55%(表2-12)。

表2-12·松浦红镜鲤、散鳞镜鲤及荷包红鲤抗寒品系越冬成活率比较

品 种	年龄(龄)	年 度	越冬成活率(%)	比 较	
				平均成活率(%)	提高(%)
HJ	1	2008	95.62	95.24[a]	—
		2009	94.86		

续　表

品　种	年龄(龄)	年　度	越冬成活率(%)	比　　较	
				平均成活率(%)	提高(%)
SJ	1	2008	95.86	96.04[a]	-0.83
		2009	96.22		
HB	1	2008	86.94	87.16[b]	+9.27
		2009	87.38		
HJ	2	2009	96.86	97.63[a]	—
		2010	98.40		
SJ	2	2009	98.66	98.24[a]	-0.62
		2010	97.82		
HB	2	2009	88.92	89.94[b]	+8.55
		2010	90.96		

注: 同龄同一列右上角字母不同表示差异显著($P<0.05$)。HJ 为松浦红镜鲤;SJ 为散鳞镜鲤;HB 为荷包红鲤抗寒品系。

▤ (4) 繁殖能力

2008 年 5 月 10 日对 3 龄、4 龄未产卵的松浦红镜鲤雌性亲鱼进行生物学解剖、测定,对所得数据进行统计分析,结果见表 2-13。3 龄、4 龄松浦红镜鲤体重有显著差异,其绝对怀卵量和相对怀卵量均为 4 龄显著高于 3 龄。

表 2-13 · 松浦红镜鲤不同年龄组个体怀卵量

项　目	年龄(龄)	
	3[+]	4[+]
体重(g)	1 388.68±305.79[a]	1 814.50±320.91[b]
绝对怀卵量(粒)	(2.34±0.64[b])×10^5	(3.58±0.59[a])×10^5
相对怀卵量(粒/g)	166.55±11.35[b]	197.85±8.91[a]

注: 同行右上角字母不同表示差异显著($P<0.05$)。

2.3

易 捕 鲤

2.3.1 · 选育背景

在易捕鲤选育之前,国内育成的鲤新品种多以提高生长性能为主要育种目标,目的是增加池塘养殖产量。然而,除了池塘养殖外,一些大中型水库、湖泊的鲤单产量均较低,原因是鲤属底层鱼类,逃网能力强,回捕率低,放养鲤后不易回捕,极大地影响了这些水域的鲤产量。因而,提高鲤的起捕率一直是大水面养殖十分关心的问题。我国的"三北"地区水资源十分丰富,拥有湖泊近 500 万 hm^2,水库约 85 万 hm^2,许多水库不与江河联通,是发展水产养殖的理想水域。如能培育出起捕率高的鲤新品种,将是开发利用这些水域、提高产量和效益的重要措施。有鉴于此,黑龙江水产研究所在国家"九五""十五""十一五""十二五"水产科技攻关项目的连续支持下开展了既适用于池塘养殖又可在大水面增殖的新品种选育工作。石连玉研究员率领团队从 20 世纪 80 年代创造性地利用以浮游生物为食的云南大头鲤作为杂交亲本,通过多种杂交尝试,成功选育出既能在北方成功越冬又遗传了大头鲤在水面中上层活动特性的鲤新种质。到 2011 年选育至 F_6,各项指标均已稳定,已符合新品种的申报条件。新品种于 2014 年通过了全国原良种审定委员会认证(GS-01-002-2014)(海洋与渔业,2016)。

2.3.2 · 技术路线

易捕鲤新品种的选育自 1983 年开始,历经杂交亲本制备、新品系群体选育和新品种选育 3 个阶段。依起捕率高的特点,定名为易捕鲤(石连玉和李池陶,2015)。

第一阶段:杂交亲本制备。① 双交种的制备:利用 1983 年引进的大头鲤亲鱼与黑龙江鲤、荷包红鲤和散鳞镜鲤进行正、反交,以探索亲本间组合的亲和力、苗种成活率和抗寒力。1986 年又与另一杂交组合(黑龙江鲤×散鳞镜鲤)的杂种进行双杂交,获得双交种的后代。② 易捕鲤与双交种杂交后代 F_1 的制备:为了提高双交种的易起捕特性,利用 1996 年从云南引进的大头鲤亲鱼与双交种杂交[大头鲤(♂)×双交种(♀)]获得鱼苗为 F_1。1997 年重复 1 次。

第二阶段:采用群体选育方法。F_1 经饲养,于 1999 年性成熟,进行人工催产,获得的鱼苗为 F_2;2002 年繁殖获得 F_3;2005 年繁殖获得 F_4。在 F_1～F_4 期间采用传统的选育方法,将自交后从子代中分离出来的体型纺锤形、上颌须短或无、尾鳍下叶呈淡橘黄色的个体存留下来,凡形态特征不明显的个体均予以淘汰;同时,结合选择池塘起捕率高、成活率高、生长速度快的个体成为繁殖亲本。

第三阶段:采用群体选育结合现代分子技术的育种方法。2007 年,自 F_4 开始结合现代分子技术进行系统选育,并逐代强化筛选。同时,对每代亲本进行遗传结构分析,结合电子标记、合理配种进行群体扩繁,避免近亲交配,从其后代中选择体质强壮、起捕率高、生长快、无疾病、体纺锤形的个体留种。在 1 龄、2 龄和 3 龄后备亲鱼时期进行选择,以体型纺锤形、上颌须短或无、尾鳍下叶呈淡橘黄色,以及起捕率高、成活率高、生长速度快等为主要选择标准,总选择强度为 5%(15%×45%×75% = 5%)左右,如此连续选育到 2011 年至第六代(F_6)。1 龄、2 龄、后备亲鱼的选育分两次进行,秋季出池时,在 1 m 水深中第一网捕获的鱼中选择体质健壮的大规格且符合标准形态的个体经越冬再选择后作为后备亲鱼。1 龄鱼选择的最小规格为 100 g/尾,选择强度为 15%左右;2 龄鱼的选择规格为 800 g/尾以上,选择强度为 45%左右;后备亲鱼的选育于春季产孵前,体重 1 kg/尾以上,选择强度为 75%左右。然后,专池培育,搭配白鲢以调节水质。繁育亲鱼除外形符合标准外,雌鱼体重 1.5 kg/尾以上,腹部膨大、隆廓明显;雄鱼 1.0 kg/尾以上,性别鉴别不清和不符合标准的个体全部淘汰;雌、雄鱼比为 1∶1,并以电子标记结合遗传距离 D ≥ 0.5 个体组成繁育群体进行人工繁殖,每代繁育群体最少 500 组。

第四阶段:品种性能测定。2011—2013 年对易捕鲤的起捕率、生长速度、成活率等生产性能进行小试和中试。

易捕鲤选育技术路线见图 2 - 13。

2.3.3 · 品种特性

▤ (1) 起捕率高

池塘水深 1 m 二网起捕率与大头鲤无显著差异,1 龄鱼比黑龙江鲤和镜鲤分别高 113.42%和 38.74%,2 龄鱼比黑龙江鲤、镜鲤和松荷鲤分别高 96.73%、56.06%和 71.29%;在大水面上、中、下 3 个水层挂网中,上、中层捕获的易捕鲤达 89.14%,表明其活动水层为中、上层。

▤ (2) 生长快

较黑龙江鲤快,显著快于大头鲤。1 龄、2 龄鱼个体净增重分别比大头鲤快 97.51%和 126.47%,比黑龙江鲤快 9.22%和 22.44%,与松荷鲤无显著差异。

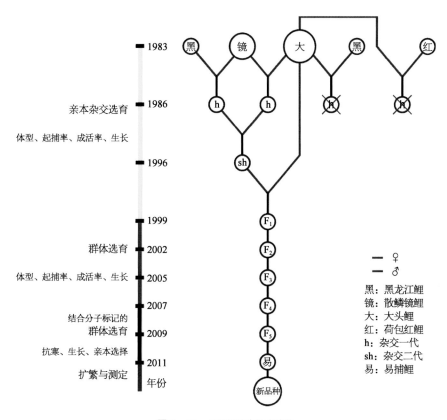

图 2 − 13 · 易捕鲤选育技术路线

■（3）成活率高

饲养成活率与黑龙江鲤、镜鲤、松荷鲤无显著差异。1 龄、2 龄鱼的成活率平均为 95.91% 和 96.93%，分别比大头鲤高 29.72% 和 11.20%；平均越冬成活率为 95.31% 和 97.08%，显著优于无法在北方冰下越冬的大头鲤。

2.3.4 · 形态特征

■（1）外部形态

体型介于大头鲤和黑龙江鲤之间，纺锤形，侧扁，腹部圆，鳃盖后背鳍起点之前为身体最高点，尾柄长而低，头长略低于体高。口较大，端位，呈弧形。上、下颚等长，须短小，上颌须更短或无。体表覆盖较大的圆鳞，除体下部和腹部的鳞片外，其他鳞片的边缘均有暗色环。侧线平直。体色因不同水体略有变化，身体和头背部呈青灰色，腹部银白色，尾鳍下叶颜色明显较黑龙江鲤浅、呈淡橘黄色。易捕鲤的外部形态见图 2 − 14。

图 2 - 14 · 易捕鲤

▤ (2) 可量、可数性状比较

对易捕鲤、大头鲤和黑龙江鲤形态学特征进行测定,结果表明: 易捕鲤左侧第一鳃弓
外侧鳃耙数 24~39,显著高于黑龙江鲤;脊椎骨总数为 36~38,介于大头鲤和黑龙江鲤之
间。易捕鲤全长/体长为 1.21±0.66、体长/头长为 3.99±0.27、体长/头高为 1.08±0.08、
头长/眼径为 4.75±0.48、头长/眼间距为 2.34±0.16、上颌须长/下颌须长为 0.28±0.10、鳃
耙长/鳃丝长为 0.25±0.04,均介于大头鲤和黑龙江鲤之间(表 2 - 14)(杜海清等,2007)。

表 2 - 14 · 易捕鲤、大头鲤和黑龙江鲤主要形态构造特征

项　　目	大 头 鲤	易 捕 鲤	黑龙江鲤
体重(g)	451. 13±66. 26	573. 92±153. 27	494. 87±55. 81
体长(cm)	26. 03±1. 22	27. 00±2. 33	27. 23±1. 17
全长/体长	1. 21±0. 01	1. 21±0. 06	1. 24±0. 01
体长/体高	3. 27±0. 39	2. 97±0. 35	3. 45±0. 18
体长/体厚	5. 64±0. 25	5. 31±0. 35	5. 77±0. 30
体长/头长	3. 92±0. 12	3. 99±0. 27	4. 45±0. 50
头长/头高	1. 07±0. 04	1. 08±0. 08	1. 12±0. 13
头长/吻长	3. 52±0. 38	3. 21±0. 29	3. 64±0. 40
头长/眼径	4. 50±0. 22	4. 75±0. 48	3. 98±0. 64
头长/眼间距	2. 24±0. 07	2. 34±0. 16	2. 38±0. 30
体长/尾柄长	7. 12±0. 35	6. 54±0. 66	8. 15±0. 50
尾柄长/尾柄高	1. 32±0. 09	1. 32±0. 14	1. 02±0. 10

续　表

项　目	大头鲤	易捕鲤	黑龙江鲤
上颌须长/下颌须长	0.02±0.08	0.28±0.10	0.40±0.12
鳃耙长/鳃丝长	0.33±0.07	0.25±0.04	0.22±0.07
鳃耙数	40.27±3.59	33.67±2.53	28.47±2.87
脊椎骨数	35.40±1.35	36.73±2.81	37.42±2.32

2.3.5 · 养殖性能

▦（1）起捕率

池塘水深1 m处二网起捕率测定,经20余次起捕结果统计(石连玉和李池陶,2015;李池陶等,2010),易捕鲤起捕率与大头鲤无显著差异。1龄鱼平均起捕率为93.41%,较黑龙江鲤和松浦镜鲤分别高113.42%和38.74%;2龄鱼平均起捕率为96.49%,较黑龙江鲤、松浦镜鲤和松荷鲤分别高96.73%、56.06%和71.29%。在大水面上、中、下三个水层挂网中,上、中层捕获的易捕鲤达89.14%。为了更为直观地观察易捕鲤的起捕性能,在室内水族箱中进行起捕实验,由于水清鱼能看到捕捞网具,效果不如池塘,但起捕率的趋势与池塘相同。3个水体中易捕鲤的起捕情况见表2-15~表2-18,所有结果都支持其活动水层为中、上层。

表2-15 · 易捕鲤与其他品种起捕率池塘测定情况

年龄（龄）	年度	池号	品　种	起　捕　率			
				放养数(尾)	出池数(尾)	二网捕获数(尾)	起捕率(%)
1		B14	易捕鲤	2 000	1 838	1 654	89.99
		B6	大头鲤	932	567	546	96.30
	2011	B7	黑龙江鲤	640	603	327	54.23
		B15	松浦镜鲤	2 000	1 722	1 103	64.05
		B8	易捕鲤	63	60	53	88.33
		B13	易捕鲤	1 500	1 448	1 293	89.30
		B16	易捕鲤	1 500	1 437	1 375	95.69
	2012	B8	大头鲤	80	58	58	100.00
		B8	松浦镜鲤	85	82	45	54.88
		B8	黑龙江鲤	85	81	35	43.21

续　表

年龄 (龄)	年度	池号	品种	起捕率			
				放养数(尾)	出池数(尾)	二网捕获数(尾)	起捕率(%)
1	2013	B14	易捕鲤	2 000	1 959	1 897	96.84
		B24	易捕鲤	3 000	2 925	2 800	95.73
		B23	易捕鲤	3 000	2 894	2 836	98.00
		B6	大头鲤	2 500	2 212	2 164	97.83
		B7	黑龙江鲤	2 500	2 457	832	33.86
		A8	松浦镜鲤	5 600	5 243	4 354	83.04
2	2012	B46	易捕鲤	1 329	1 265	1 180	93.28
			大头鲤	800	632	603	95.41
			黑龙江鲤	520	508	190	37.40
			松浦镜鲤	1 200	1 146	720	62.83
		B48	易捕鲤	61	60	59	98.33
			大头鲤	100	87	85	97.70
			黑龙江鲤	100	98	44	44.90
			松浦镜鲤	100	97	59	60.82
	2013	B65	易捕鲤	2 000	1 954	1 877	96.06
			大头鲤	1 000	975	968	99.28
			黑龙江鲤	1 000	973	569	58.48
			松荷鲤	5 000	4 909	2 883	58.73
		B66	易捕鲤	1 500	1 447	1 422	98.27
			大头鲤	1 200	1 022	1 012	99.02
			黑龙江鲤	1 300	1 278	708	55.40
			松荷鲤	1 000	979	528	53.93

表 2-16 · 易捕鲤与其他品种池塘起捕率对比结果

年龄 (龄)	平均起捕率(%)					易捕鲤与其他品种比对(%)			
	易捕鲤	大头鲤	黑龙江鲤	松浦镜鲤	松荷鲤	大头鲤	黑龙江鲤	松浦镜鲤	松荷鲤
1	93.41± 4.04	98.04± 1.86	43.77± 10.19	67.33± 14.37	—	-4.73	+113.42	+38.74	—
2	96.49± 2.38	97.85± 1.77	49.04± 9.70	61.83± 1.42	56.33± 3.39	-1.40	+96.73	+56.06	+71.29

表 2 - 17 · 易捕鲤大水面起捕结果

年 度	地 点	上、中层捕获的易捕鲤占比(%)
2011	彰武县大清沟水库	90.78
2012	二龙山水库	87.00
2013	彰武县大清沟水库	89.64
平均值		89.14

表 2 - 18 · 易捕鲤与其他鱼类在室内水族箱中起捕率比例

品 种	上 层				中 层				下 层				上、中层所占比例(%)
	1	2	3	4	1	2	3	4	1	2	3	4	
易捕鲤	4	4	3	2	18	14	21	19	29	9	26	28	50.17
大头鲤	0	2	—	—	2	0	—	—	0	0			100.00
松浦镜鲤	0	0	—	—	1	4	—	—	28	12			14.23
黑龙江鲤	2	0	0	—	1	0	0	—	17	10	11		5.00
鲫	2	5	—	—	7	7	—	—	24	19			32.99
鳙	14	5	—	—	27	11	—	—	34	28			45.52

▤（2）生长对比试验

2011—2013 年在黑龙江水产研究所试验基地进行易捕鲤、大头鲤、黑龙江鲤、松浦镜鲤、松荷鲤 1 龄和 2 龄鱼生长对比试验。1 龄鱼放养密度为 67 500 尾/hm²,2 龄鱼放养密度为 12 000 尾/hm²。

易捕鲤生长速度较黑龙江鲤快,显著快于大头鲤,略慢于松浦镜鲤,与松荷鲤无显著差异。易捕鲤 1 龄鱼养殖期个体平均净增重达 122.36 g,绝对增重率为 2.04 g/天、瞬时增重率为 3.90%/天、相对增重率为 10.41,分别比大头鲤快 97.51%、97.51%、57.74%、196.32%,分别比黑龙江鲤快 9.22%、9.22%、7.01%、28.64%;2 龄鱼养殖期个体平均净增重达 869.32 g,绝对增重率为 7.53 g/天、瞬时增重率为 1.83%/天、相对增重率为7.46,分别比大头鲤快 126.47%、126.47%、21.42%、54.65%,分别比黑龙江鲤快22.44%、22.44%、3.98%、9.59%(表 2 - 19、表 2 - 20)。

表 2 - 19 · 易捕鲤与其他品种生长结果

年龄（龄）	年度	池号	品 种	养殖期（天）	入池规格（g/尾）	出池规格（g/尾）	净增重（g）	绝对增重率（g/天）	瞬时增重率（%/天）	相对增重率
1	2011	B14	易捕鲤	60	10.99	138.61	127.62	2.13	4.22	11.61
		B6	大头鲤	60	9.52	56.16	46.64	0.78	2.96	4.90
		B7	黑龙江鲤	60	22.17	128.02	105.85	1.76	2.92	4.77
		B15	松浦镜鲤	60	25.50	201.86	176.36	2.94	3.45	6.92
	2012	B13	易捕鲤	84	1.65	119.03	117.38	1.40	5.09	71.14
		B16	易捕鲤	84	1.65	124.72	123.07	1.47	5.15	74.59
		B8	易捕鲤	48	20.00	131.22	111.22	2.32	3.92	5.56
		B8	大头鲤	48	20.00	80.92	60.92	1.27	2.91	3.05
		B8	松浦镜鲤	48	20.00	194.54	174.54	3.64	4.74	8.73
		B8	黑龙江鲤	48	20.00	124.16	104.16	2.17	3.80	5.21
	2013	B14	易捕鲤	76	9.13	137.36	128.23	1.69	3.57	14.04
		B24	易捕鲤	98	1.40	121.32	119.92	1.22	4.55	85.66
		B23	易捕鲤	98	1.40	118.95	117.55	1.20	4.53	83.96
		B6	大头鲤	76	31.43	125.48	94.05	1.24	1.82	2.99
		B7	黑龙江鲤	76	3.27	131.11	127.84	1.68	4.86	39.09
		A8	松浦镜鲤	76	15.77	188.61	172.84	2.27	3.27	10.96
2	2012	B46	易捕鲤	100	125.32	1 160.56	1 035.24	10.35	2.23	8.26
			大头鲤	100	52.15	363.58	311.43	3.11	1.94	5.97
			黑龙江鲤	100	120.26	1 089.19	968.93	9.69	2.20	8.06
			松浦镜鲤	100	165.52	1 251.12	1 085.60	10.86	2.02	6.56
		B48	易捕鲤	100	107.38	1 006.50	899.12	8.99	2.24	8.37
			大头鲤	100	99.15	691.00	591.85	5.92	1.94	5.97
			黑龙江鲤	100	100.03	896.82	796.79	7.97	2.19	7.97
			松浦镜鲤	100	140.25	1 153.24	1 012.99	10.13	2.11	7.22
	2013	B65	易捕鲤	143	102.12	777.37	675.25	4.72	1.42	6.61
			大头鲤	143	119.03	582.00	462.97	3.24	1.11	3.89
			黑龙江鲤	143	107.73	725.29	617.56	4.32	1.33	5.73
			松荷鲤	143	121.00	954.86	833.86	5.83	1.44	6.89
		B66	易捕鲤	143	131.22	998.89	867.67	6.07	1.42	6.61

续 表

年龄（龄）	年度	池号	品 种	养殖期（天）	入池规格（g/尾）	出池规格（g/尾）	净增重（g）	绝对增重率（g/天）	瞬时增重率（%/天）	相对增重率
2	2023	B66	大头鲤	143	80.92	395.66	314.74	2.20	1.11	3.89
			黑龙江鲤	143	94.16	633.93	539.77	3.77	1.33	5.73
			松荷鲤	143	121.00	804.27	683.27	4.78	1.32	5.65

表 2-20 · 易捕鲤与其他品种生长速度比较

品 种	项 目	1龄	2龄
易捕鲤	净增重	122.36±9.65	869.32±148.42
	绝对增重率(g/天)	2.04±0.32	7.53±2.59
	瞬时增重率(%/天)	3.90±0.33	1.83±0.47
	相对增重率	10.41±4.37	7.46±0.99
大头鲤	净增重	67.20±24.32	420.25±134.47
	绝对增重率(g/天)	1.09±0.28	3.62±1.60
	瞬时增重率(%/天)	2.56±0.64	1.53±0.48
	相对增重率	3.65±1.09	4.93±1.20
黑龙江	净增重	112.62±13.21	730.76±191.81
	绝对增重率(g/天)	1.87±0.26	6.44±2.86
	瞬时增重率(%/天)	3.86±0.97	1.77±0.50
	相对增重率	16.36±19.69	6.87±1.32
松浦镜鲤	净增重	174.58±1.76	1 049.30±51.34
	绝对增重率(g/天)	2.95±0.68	10.49±0.51
	瞬时增重率(%/天)	3.82±0.80	2.06±0.06
	相对增重率	8.87±2.03	6.89±0.47
松荷鲤	净增重	—	758.57±106.48
	绝对增重率(g/天)	—	5.30±0.74
	瞬时增重率(%/天)	—	1.38±0.08
	相对增重率	—	6.27±0.88

续 表

品 种	项 目	1 龄	2 龄
大头鲤	净增重(%)	97.51±69.85	126.47±92.56
	绝对增重率(%)	97.51±69.85	126.47±92.56
	瞬时增重率(%)	57.74±33.24	21.42±7.48
	相对增重率	196.32±152.31	54.65±17.74
黑龙江鲤	净增重(%)	9.22±10.35	22.44±25.65
	绝对增重率(%)	9.22±10.35	22.44±25.65
	瞬时增重率(%)	7.01±35.72	3.98±2.87
	相对增重率	28.64±105.36	9.59±6.74
松浦镜鲤	净增重(%)	29.91±5.59	26.07±16.58
	绝对增重率(%)	29.91±5.59	48.30±11.60
	瞬时增重率(%)	4.82±20.28	31.23±1.98
	相对增重率	19.92±52.58	3.82±6.55
松荷鲤	净增重(%)	—	3.98±32.53
	绝对增重率(%)	—	3.98±32.53
	瞬时增重率(%)	—	2.71±6.30
	相对增重率	—	6.52±14.95

注：最左侧"易捕鲤与其他品种比值"纵向贯穿表格

▓ (3) 饲养成活率

易捕鲤的平均饲养成活率与黑龙江鲤、松浦镜鲤、松荷鲤无显著差异,显著高于大头鲤(表 2 - 21)。易捕鲤 1 龄、2 龄鱼的平均饲养成活率为 95.91% 和 96.93%,分别比大头鲤高 29.72% 和 11.20%。

表 2 - 21 · 易捕鲤与其他品种饲养成活率(%)比较

年龄(龄)	年度	易捕鲤	大头鲤	黑龙江鲤	松浦镜鲤	松荷鲤	易捕鲤与其他品种比对			
							大头鲤	黑龙江鲤	松浦镜鲤	松荷鲤
1	2011	91.90	60.84	94.22	86.10					
	2012	95.24	72.50	95.294	96.47					

续 表

年龄 （龄）	年度	易捕鲤	大头鲤	黑龙 江鲤	松浦 镜鲤	松荷鲤	易捕鲤与其他品种比对			
							大头鲤	黑龙江鲤	松浦镜鲤	松荷鲤
1	2012	96.53								
	2012	95.80								
	2013	97.95	88.48	98.28	93.63					
	2013	97.50								
	2013	96.47								
	平均值 （%）	95.92± 2.00	73.94± 13.88	95.93± 2.10	92.07± 5.36		—	+29.72	-0.02	+4.18	—
2	2012	95.18	79.00	97.69	95.50					
	2012	98.36	87.00	98.00	97.00					
	2013	97.70	97.50	97.30		98.18				
	2013	96.47	85.17	98.31		97.90				
	平均值 （%）	96.93± 1.40	87.17± 7.69	97.83± 0.43	96.25± 1.06	98.04± 0.20	+11.20	-0.92	+0.70	-1.13

（4）越冬成活率

易捕鲤 1 龄、2 龄鱼的平均越冬成活率为 95.31% 和 97.08%，显著优于无法在北方冰下越冬的大头鲤（表 2-22）。

表 2-22 · 易捕鲤越冬成活率

年　龄 （龄）	年　度	池　号	抗寒性状测定		
			越冬数（尾）	出池数（尾）	越冬成活率（%）
1	2011	8 号	1 200	1 122	93.50
	2012	A21	2 000	1 932	96.60
	2013	B66	3 000	2 875	95.83
平均值（%）					95.31±1.61
2	2012	A21	1 000	954	95.40
	2013	B66	2 000	1 965	98.25
	2013	B65	1 200	1 171	97.58
平均值（%）					97.08±1.49

■（5）繁殖能力

易捕鲤性成熟年龄为雌鱼 3~4 龄、雄鱼 2~3 龄，雌雄比为 1：1。2013 年 5 月 10 日对 3 龄、4 龄未产卵的易捕鲤（♀）亲鱼进行生物学解剖、测定，对所得数据进行统计分析，结果见表 2－23。3 龄、4 龄易捕鲤体重有显著差异，其绝对怀卵量和相对怀卵量均为 4 龄显著高于 3 龄。

表 2－23 · 3 龄、4 龄鱼个体的怀卵量

项 目	年龄（龄）	
	3[+]	4[+]
体重（g）	1 161.7~1 732.8 1 476.3±186.78[b]	1 693.7~3 012.4 1982.83±387.96[a]
绝对怀卵量（粒）	233 340~355 719 281 048.22±36 140.50[b]	422 208~834 636 570 321.55±122 625.07[a]
相对怀卵量（粒/g）	161~263 192.15±28.77[b]	232~388 288.54±41.30[a]

注：同行右上角字母不同表示差异显著（$P<0.05$）。

福 瑞 鲤

2.4.1 · 选育背景

鲤是我国种类繁多、分布广且受人们欢迎的重要淡水经济鱼类，经人工和自然选择后呈现许多形态和遗传变异。21 世纪初，鲤种质混杂和退化逐渐严重，为确保鲤产业可持续发展，极有必要继续开展优质高产、抗逆性强的鲤良种选育工作，选育具有多个优良生长性状且抗逆性强的鲤新品种，以满足鲤产业需求。由于建鲤生产优势显著，并且仍具有选育潜力，中国水产科学研究院淡水渔业研究中心从 2004 年开始了对建鲤进一步改良的遗传项目，为适应全国范围内的鲤养殖需求，引入具有优良肉质、体色和体型等性状的黄河鲤群体，与建鲤进行 2×2 完全双列杂交，建立基础群体，然后运用混合模型估算育种值进行选育，经过连续 5 代选育，获得具有生长速度快、体型好、存活率高等稳定遗

传性状的鲤新品种"福瑞鲤"。该品种于 2010 年通过全国原良种审定委员会认证(GS‐01‐003‐2010)(中国渔业报,2011)。

2.4.2 · 技术路线

在群体选育的基础上,每代设计配对 80~90 个选育家系和 20 个对照家系(实际可生产 60~85 个选育家系和 12~19 个对照家系),各家系的鱼苗早期在不同的网箱中隔离培育,鱼苗的密度逐步由 5 000 尾/667 m² 调整到 100 尾/667 m²,当鱼苗长至 10 g 左右时,每个家系取 50 尾鱼进行 PIT 标记,同时测量每尾鱼的体重、体长、体高和体厚等数据。标记好的鱼在室内水泥池暂养 3~5 天后,全部放入室外的一个 3 000 m² 土池中进行培育。养至成鱼后,起捕并测量每尾鱼的数据。根据 BLUP 法运用软件设计适宜的动物模型,以体重为主要指标,对各个家系中的鲤个体的育种值进行估算。将雌、雄鱼按育种值从高到低排序,选取育种值排名靠前并且亲缘关系较远(近交系数较小)的雌、雄鱼各 90 尾,设计下一代选育系的亲本配对方案,同时选取接近平均育种值且亲缘关系较远的雌、雄鱼各 20 尾作为下一代对照系的亲本(董在杰,2018)。按得到的亲本配对方案建立下一代的家系进行下一代选育。选育技术路线见图 2‐15。

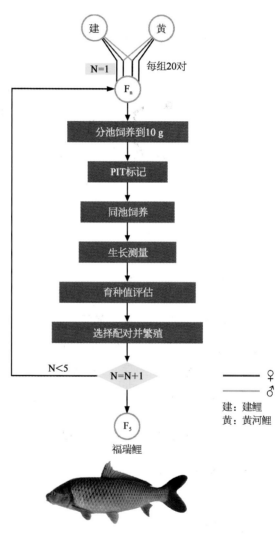

图 2‐15 · 福瑞鲤选育技术路线

2.4.3 · 品种特性

在相同养殖条件下,与普通鲤和建鲤相比,该品种生长速度快,比普通鲤提高 20%以上,比建鲤提高 13.4%。体型较好,体长/体高约 3.65。适宜在全国各地人工可控的淡水水体中养殖。福瑞鲤是农业部"十二五"主推大宗淡水养殖鱼类新品种之一。

2.4.4 · 形态特征

体型为梭形,背较高,体较宽,头较小。口亚下位,呈马蹄形,上颌包着下颌,吻圆钝、能伸缩。全身覆盖较大的圆鳞。体色随栖息环境不同而有所变化,通常背部青灰色,腹部较淡、泛白;臀鳍和尾鳍下叶带有橙红色(赵永锋等,2012)。背鳍:iii – 17~21,臀鳍:iii – 5。体长/体高为 3.65±0.23,体长/头长为 3.77±0.19,尾柄长/尾柄高为 1.00±0.18。福瑞鲤外部形态见图 2 – 16。

图 2 – 16 · 福瑞鲤

2.4.5 · 养殖性能

福瑞鲤生长速度快,体型较好,适宜在全国淡水水域内进行人工养殖(胡凤,2012)。为了检验选育效果,于 2008 年和 2009 年对福瑞鲤和对照系在几个不同地方进行了小规模的生产性养殖对比试验。试验结束时,每个池塘(或网箱)取样 100 尾鱼测量体重。所有数据均采用 SPSS 16.0 软件处理,采用 ANOVA – LSD 方法进行差异性分析。

■（1）在江苏省宜兴市小试试验

2008 年 4 月中旬,在位于江苏省宜兴市的中国水产科学研究院淡水渔业研究中心宜兴屺亭试验基地选取 4 口试验鱼池(1 330 m² 和 3 330 m² 的土池各 2 个),平均水深 1.8 m,分别放养福瑞鲤和 F_5 代对照系。采用单养模式,在福瑞鲤群体中随机挑选 21 000 尾夏花鱼苗作为选育系,按 3 000 尾/667 m² 的密度在 1 口 1 330 m² 的池塘中放 6 000 尾,在 1 口 3 330 m² 的池塘中放 15 000 尾;从 F_5 代对照系群体中随机挑选 21 000 尾夏花鱼苗作为对照,同样按 3 000 尾/667 m² 的密度在 1 口 1 330 m² 的池塘中放 6 000 尾,在 1 口 3 330 m² 的池塘中放 15 000 尾。投喂蛋白含量 28% 的饲料,每日 2 次,投饲率为 4%~5%;每日巡塘 2 次,看水色,看鱼情,记录鱼发病和死亡等情况。在养殖过程中,未发生病害。养殖 6 个月后,存活率为 95.7%。生长对比结果显示,福瑞鲤生长速度比对照系快 24.7%($P<0.01$),福瑞鲤的变异系数为对照系的 83%(表 2 – 24)。

表 2 – 24 · 福瑞鲤和对照系在江苏省宜兴市的生长对比试验情况

品 系	放养时间	收获时间	收获体重(g)	增长率(%)	变异系数(%)
福瑞鲤 1 号	2008 – 04 – 18	2008 – 10 – 30	495.34±92.63[a]	24.7	18.7
对照系	2008 – 04 – 18	2008 – 10 – 30	397.23±88.98[b]		22.4

注: 不同字母表示差异极显著($P<0.01$)。

▪(2)在四川省郫县小试试验

2008 年 5 月上旬,在郫县选取 4 口 3 330 m² 池塘,平均水深 1.6 m。2 口放福瑞鲤,另外 2 口放 F_5 代对照系。采用当地常规的养殖模式,从夏花养成商品规格的成鱼,与草鱼、鲫、鲢、鳙进行混养。各品种的具体放养量见表 2 – 25。投喂正大公司商品饲料(蛋白含量 34%),每日 2 次,投饲率为 4%~5%。每日巡塘 2 次,看水色,看鱼情,记录鱼发病和死亡等情况。养殖初期,4 口池塘均曾发生车轮虫病,后经药物治疗,鱼不再死亡。养殖 6 个月后,存活率为 79.3%。生长对比结果显示,福瑞鲤生长速度比对照系快 20.2%($P<0.01$),福瑞鲤的变异系数为对照系的 71%(表 2 – 26)。

表 2 – 25 · 各池塘放养品种和数量

池号	放养量(尾)					
	福瑞鲤 1 号	对照系	草鱼	鲫	鲢	鳙
1	5 000		4 000	10 000	5 000	1 000
2		5 000	4 000	10 000	5 000	1 000
3	4 200		2 000	20 000	6 000	1 000
4		4 200	2 000	20 000	6 000	1 000

表 2 – 26 · 福瑞鲤和对照系在四川省郫县的生长对比试验情况

品 系	放养时间	收获时间	收获体重(g)	增长率(%)	变异系数(%)
福瑞鲤 1 号	2008 – 05 – 06	2008 – 11 – 24	719.47±124.46[a]	20.2	17.3
对照	2008 – 05 – 06	2008 – 11 – 24	598.58±145.75[b]		24.3

注: 不同字母表示差异极显著($P<0.01$)。

■（3）在山东省东平县小试试验

2009年4月下旬,在东平县选取6口池塘,每口池塘面积为2 670 m²,平均水深为2 m。其中,3口池塘放养福瑞鲤,另外3口放养F₅代对照系。采用单养模式,培育大规格鱼种,池塘放养密度为5 000尾/667 m²。投喂蛋白含量32%的饲料,每日3次,投饲率3.5%~4.0%。每日巡塘2次,看水色,看鱼情,记录鱼发病和死亡等情况。养殖过程中,未发生病害死亡。养殖6个月后,存活率为96.8%。生长对比结果表明,福瑞鲤生长速度比对照系快29.9%(P<0.01),福瑞鲤的变异系数为对照系的81%(表2-27)。

表2-27·福瑞鲤和对照系在山东省东平县的生长对比试验情况

品　系	放养时间	收获时间	收获体重(g)	增长率(%)	变异系数(%)
福瑞鲤1号	2009-04-26	2009-10-18	400.80±82.86[a]	29.9	20.7
对照	2009-04-26	2009-10-18	308.44±79.08[b]		25.6

注:不同字母表示差异极显著(P<0.01)。

■（4）在江苏省铜山县进行的小试试验

2009年5月下旬,在铜山水库中设置网箱5只,网箱大小为5 m×5 m×2.5 m,其中3只网箱放养福瑞鲤,另外2只网箱放养当地原来养殖的建鲤品种作为对照。采用单养模式,每只网箱放养6 000尾。投喂蛋白含量32%的饲料,每日2次,投饲率3.5%~4.0%。每日巡塘2次,看水色,看鱼情,记录鱼发病和死亡等情况。养殖过程中未发生病害,未使用药物,存活率达98.2%。在网箱养殖的条件下,养殖5个多月的结果显示,福瑞鲤的生长速度比对照鱼快39.19%(P<0.01),福瑞鲤的变异系数为对照鱼的84%(表2-28)。结果表明,福瑞鲤进行网箱养殖时与池塘养殖条件下的生长表现一致。

表2-28·福瑞鲤在江苏铜山网箱养殖条件下的生长对比试验情况

品　系	放养时间	收获时间	收获体重(g)	增长率(%)	变异系数(%)
福瑞鲤1号	2009-05-20	2009-10-27	665.70±141.79[a]	39.19	21.3
对照	2009-05-20	2009-10-27	478.26±121.48[b]		25.4

注:不同字母表示差异极显著(P<0.01)。

福瑞鲤 2 号

2.5.1 · 选育背景

福瑞鲤 2 号采用的选育技术与福瑞鲤基本相同,不同之处在于福瑞鲤的原始亲本为建鲤和黄河鲤,而福瑞鲤 2 号的原始亲本除了建鲤和黄河鲤外,还引入了具有抗寒、存活率高等性状的黑龙江野鲤(董在杰,2018)。其以建鲤、黄河鲤和黑龙江野鲤为原始亲本,通过完全双列杂交建立自交、正反交家系(3×3 完全双列杂交)构成选育基础群体,以生长性状和存活率作为主要指标,采用 BLUP 分析获得个体的估算育种值,根据育种值大小和家系背景作为下一代亲本选配的标准,经过连续 5 代选育而成。这使得福瑞鲤 2 号具有更好的抗寒力及越冬存活率,能够适应北方鲤主养区的气候,提高养殖经济效益。

在相同条件下,养殖 16 个月的福瑞鲤 2 号生长速度与同龄普通养殖鲤相比平均提高 22.9%,成活率平均提高 6.5%。福瑞鲤 2 号的生长速度比福瑞鲤提高 10.53%,成活率比福瑞鲤提高 6.18%。福瑞鲤 2 号的体长/体高为 3.63,为深受养殖户和消费者喜爱的长体型。通过良种更新和示范应用,福瑞鲤 2 号新品种已在全国 20 多个省(自治区、直辖市)进行了养殖,助力精准扶贫和乡村振兴,产生了较大的经济和社会效益。

2.5.2 · 技术路线

福瑞鲤 2 号采用的选育技术与福瑞鲤基本相同,即采用基于数量遗传学 BLUP 分析和家系选育相结合的综合选育方法,但在育种基础群体和选育指标上有所不同。具体选育技术路线见图 2-17。

2.5.3 · 品种特性

在相同养殖条件下,养殖 16 个月的福瑞鲤 2 号生长速度与同龄普通养殖鲤相比平均提高 22.9%,成活率平均提高 6.5%。适宜在全国各地人工可控的淡水水体中养殖。

2.5.4 · 形态特征

福瑞鲤 2 号的外部形态与福瑞鲤相似,其体长/体高为 3.63,为深养殖户喜爱的长体形(图 2-18)。

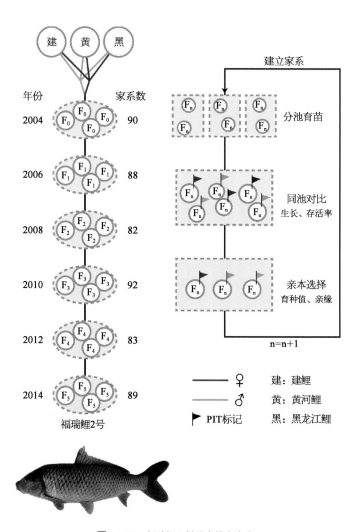

图 2－17·福瑞鲤 2 号选育技术路线

图 2－18·福瑞鲤 2 号

2.5.5 · 养殖性能

福瑞鲤 2 号具有生长速度快、成活率高和体型好等优点。在相同条件下,其生长速度比同龄普通养殖鲤提高 22.87%,比福瑞鲤提高 10.53%。福瑞鲤 2 号存活率比同龄普通养殖鲤提高 6.48%,比福瑞鲤提高 6.18%。福瑞鲤 2 号的原始亲本除了建鲤和黄河鲤外,还引入了黑龙江野鲤,这使得福瑞鲤 2 号具有更好的抗寒力及越冬存活率,提高了适应性,适宜在全国各地人工可控的淡水水体中养殖。

为检验选育效果,于 2015 年和 2016 年对福瑞鲤 2 号和对照系在几个不同地方进行了小规模的生产性养殖对比试验。试验结束时,每个池塘(或网箱)取样 100 尾测量体重。所有数据均采用 SPSS 16.0 软件处理,采用 ANOVA – LSD 方法进行差异性分析。

■ (1) 在广西桂平市网箱养殖对比试验

2015 年 6 月,在桂平市江口镇开展福瑞鲤 2 号河道网箱养殖试验,从江口镇的浔江河段背风向阳处选择一段水流缓慢河汊设置试验网箱,该区域平均水深约 4 m,养殖期平均水温约 25℃,透明度约 1.3 m。设置试验网箱 2 只,规格为 6 m×12 m×2.5 m,箱体为双层设计,内层网片规格 1.5 cm,外层网片规格 3 cm,网箱上部设置规格为 6 m×12 m×1 m 的挡料网,规格 60 目。放养鱼种规格平均为 16 g/尾,密度 200 尾/m³,每只网箱放养 14 400 尾,1 只网箱放福瑞鲤 2 号,另外 1 只放 F₅ 代对照系。投喂蛋白含量为 38%、粒径为 1 mm 的膨化配合饲料,采取少量多投的方式,每天 4 次,驯食期的投喂量为鱼体重的 2%~5%,随摄食情况逐步调整,正常摄食后的日投喂量为鱼体重的 5%~7%。每日坚持巡箱,观察水质、水温变化、水流量及鱼的活动情况。每隔半个月检查网箱是否破损。记录鱼发病和死亡等情况。养殖 3 个半月后,生长对比结果显示福瑞鲤 2 号生长速度比对照系快 24.77%(P<0.01)(表 2 – 29)。

表 2 – 29 · 福瑞鲤 2 号和对照系在广西桂平市的网箱养殖对比试验

品 系	放养时间	收获时间	放养体重(g)	收获体重(g)	增长率(%)
福瑞鲤 2 号	2015 – 08 – 01	2015 – 11 – 15	16.56±3.24	759.28±127.56*	24.77
对照系	2015 – 08 – 01	2015 – 11 – 15	16.22±3.58	608.54±145.72	

注:* 表示差异极显著(P<0.01)。

■ (2) 在云南省元阳县进行的梯田小试试验

元阳县是哈尼梯田的核心区。2015 年 6 月初,在元阳县沙拉托乡阿嘎村小组稻田(4

块稻田,2 块 733 m²、2 块 533 m²)进行试验。该稻田海拔高度 900 m,田块平整、保水,进出水方便,水源充足、无污染。秧苗返青后,分别在试验田中投放规格整齐、体质健壮的福瑞鲤 2 号和对照系鱼种,福瑞鲤 2 号放 1 块 733 m² 稻田和 1 块 533 m² 稻田,对照系同样放 1 块 733 m² 稻田和 1 块 533 m² 稻田,放养密度均为 7 500 尾/hm²。以生态养殖方式开展,以施用肥料为主、饲料投喂为辅。根据水稻和鱼的需求,解决稻、鱼因施肥、打农药等的矛盾,适时调整水位。每天早晚巡田,观察鱼的摄食情况。养殖过程中未发生病害死亡。2015 年 10 月 15 日对养殖试验鱼的生长情况进行测量,生长对比结果表明,福瑞鲤 2 号生长速度比对照系快 26.26%($P<0.01$)(表 2 - 30)。

表 2 - 30 · 福瑞鲤 2 号和对照系在元阳县进行的梯田养殖对比试验

品　系	放养时间	收获时间	收获体重(g)	增长率(%)
福瑞鲤 2 号	2015 - 06 - 01	2015 - 10 - 15	308.76±62.82 *	26.26
对照系	2015 - 06 - 01	2015 - 10 - 15	244.61±78.04	

注: * 表示差异极显著($P<0.01$)。

■ (3) 在贵州凯里进行的小试试验

2016 年 7 月,在贵州省凯里市选取 4 口池塘,每口池塘面积为 1 330 m²,平均水深为 1.8 m。其中,2 口池塘放养福瑞鲤 2 号,另外 2 口放养 F_5 代对照系。采用单养模式,大规格鱼种培育成商品鱼,鱼种平均规格 12 g/尾,池塘放养密度为 3 000 尾/667 m²。投喂蛋白含量 32% 的饲料,每日 3 次,投饲率 3.5%~4.0%。每日巡塘 2 次,看水色,看鱼情,记录鱼发病和死亡等情况。养殖过程中未发生病害死亡。养殖 108 天的生长对比结果表明,福瑞鲤 2 号生长速度比对照系快 27.52%($P<0.01$)、成活率提高 7.41%(表 2 - 31)。

表 2 - 31 · 在贵州省凯里市进行的生长对比试验

品　系	放养时间	收获时间	收获体重(g)	增长率(%)	成活率(%)	成活率增长(%)
福瑞鲤 2 号	2016 - 07 - 10	2016 - 10 - 28	278.47±52.56 *	27.52	94.2	7.41
对照系	2016 - 07 - 10	2016 - 10 - 28	218.37±69.68		87.7	

注: * 表示差异极显著($P<0.01$)。

2.6

建 鲤 2 号

2.6.1 · 选育背景

鲤作为我国最主要的大宗淡水鱼类之一,对鲤的选育自人工养殖开始后即有,但比较系统和全面的育种工作是从 20 世纪 60—70 年代开始的。通过选择育种和杂交育种技术方法取得了实际成效,育成了多个新品种。建鲤是中国水产科学研究院淡水渔业研究中心选育的一个鲤新品种,也是我国养殖鱼类杂交选育成功的第一个品种。它以荷包红鲤和元江鲤为亲本,通过多系杂交、选育和雌核发育技术相结合,再经横交固定而育成的遗传性状稳定的鲤新品种。该品种于 1996 年通过了全国水产原良种审定委员会审定。与其他鲤品种相比,建鲤体型偏长,生长快、易起捕、抗逆性强,可在不同地区、不同养殖模式下进行养殖,被农业部审核为适宜推广的水产优良品种,已在我国多地养殖并取得了巨大的经济效益和社会效益。由于适应性广、性状优良,该品种在我国近 30 个鲤新品种中仍然是目前养殖面积较大的鲤品种之一(中国水产,2021)。

作为人工育成品种,建鲤在大规模育种和推广过程中,由于各地区保种选育水平的差异,生产中出现了种质退化的现象,如生长减慢、规格整齐度差、体型变短、起捕率低等问题,导致养殖户的养殖效益下降,认可度降低。在这一新形势下,迫切需要对建鲤进行更新换代,培育出性状更优良的建鲤新品种。为了保持和提高建鲤优良的经济性状和遗传稳定性,项目组从 2009 年开始,以生长速度为目标性状,结合体型、体色等指标,对本单位保种的建鲤群体开展新品种选育工作。在育种中,选用 13 个与生长密切相关的 SNP 标记辅助,采用表型选择结合分子标记辅助选育技术,富集增重快加性标记,在确保建鲤原有各方面优良性状的基础上,进一步提高建鲤的增重速度、长体型的比例,减少生长速度相对较慢、市场不太欢迎的短体型红体色建鲤所占的比例,并逐步在全国鲤主养殖区推广,提高良种覆盖率,在渔业增效、渔民增收中发挥积极的作用。

2.6.2 · 技术路线

自 2009 年起开始进行选育工作,每 2~3 年选育一代。2009 年,按群体选育方法从建鲤基础群体中挑选生长快、体型好的个体繁育,获得 F_1 代。2012 年,按分子标记辅助选育方法,每代选留富集增重快分子标记数多且体型较好的个体,并以增加后代增重快标记数和避免近亲繁殖为目标选择亲鱼进行配组繁殖下一代。按照这个方法,连续经 10 年的选育,2018 年获得 F_5 代,遗传性征稳定,定名为建鲤 2 号(中国水产,2021)。选育技术路线如图 2-19。

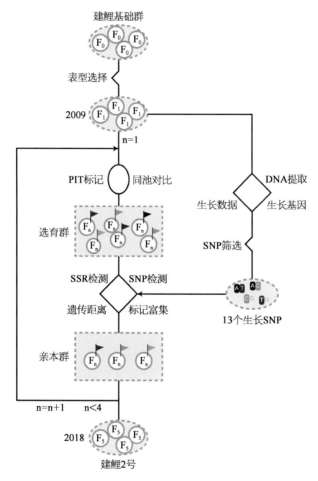

图 2-19·建鲤 2 号选育技术路线

2.6.3 · 品种特性

在相同养殖条件下,与建鲤相比,12 月龄鱼生长速度平均提高 17.7%;体长/体高平均值 3.11,保持了建鲤的长体型。适宜在我国建鲤养殖主产区人工可控的水体中养殖(中国水产,2021)。

2.6.4 · 形态特征

长体型,头较小,口亚下位、呈马蹄形,上颌包着下颌,吻圆钝、能伸缩。全身覆盖较大的圆鳞。体色略泛金黄色,随栖息环境不同而有所变化,通常背部青灰色,腹部较淡、泛白。臀鳍和尾鳍下叶带有橙红色。建鲤 2 号的外部形态见图 2 - 20。

图 2 - 20 · 建鲤 2 号

2.6.5 · 养殖性能

从 2018 年起,陆续在江苏、山东、辽宁等地进行了生产性养殖对比试验,结果显示,建鲤 2 号生长性状良好,同当地建鲤相比,建鲤 2 号具有生长快、体型好、规格整齐度高等特点,取得了显著的经济效益和社会效益。

江苏省东海县老谷丰渔场 2018—2019 年引进建鲤 2 号,鱼种(约 10 g/尾)按 1 000 尾/667 m² 的密度放养,套养少量鲢、鳙。经 7 个月左右的养殖,与当地建鲤相比,建鲤 2 号生长速度快 19.3%~20.1%。

山东省梁山县新农沃渔业有限公司 2018—2019 年引进建鲤 2 号,鱼种(10 g/尾)按 1 000 尾/667 m² 的密度放养,套养少量鲢、鳙。经 7 个月左右的养殖,与当地建鲤相比,建鲤 2 号生长速度快 15.3%~19.8%,总产量提高 17.4%~20.5%,而且建鲤 2 号成鱼规格整齐度优于当地建鲤。

江苏省连云港市赣榆区荣祥良种育苗场 2018—2019 年共引进建鲤 2 号苗种 2 000 万尾,进行鱼种培育和成鱼养殖。养殖面积为 27.3 hm²,新增产值 70.2 万元,新增利润 23.2 万元,培育的鱼种销往胶东半岛多地,深受当地的养殖户和消费者欢迎。

山东省济宁市任城区兴军家庭农场 2018—2019 年引进建鲤 2 号进行商品鱼养殖,养殖面积为 13.3 hm²。该公司采用池塘主养模式,两年累计新增产值 33.1 万元,新增利润 10.8 万元,取得了良好的经济收益。

辽宁省淡水水产科学研究院实验基地 2019 年引进建鲤 2 号苗种,养殖面积为 5.3 hm²,新增产值 11.6 万元,新增利润 4.2 万元。建鲤 2 号具有生长快、体型好、起捕率高、规格整齐等优点。

2018—2019 年,共生产建鲤 2 号苗种(水花)7 000 万尾,累计推广面积 266. 7 hm²。从连续两年中试养殖结果来看,建鲤 2 号具有生长快、体型好的优点,增产效果明显,能产生良好的经济效益。

(撰稿:贾智英、胡雪松)

鲤繁殖技术

3.1

亲 鱼 培 育

亲鱼培育是指在人工饲养条件下,促使亲鱼性腺发育至成熟的过程。亲鱼性腺发育的好坏直接影响催产效果,是鲤人工繁殖成败的关键,因此要切实抓好。

3.1.1 · 生态条件对鱼类性腺发育的影响

鱼类性腺发育与所处的环境关系密切。生态条件通过鱼的感觉器官和神经系统影响鱼的内分泌腺(主要是脑下垂体)的分泌活动,而内分泌腺分泌的激素又控制着性腺的发育。因此,一般情况下,生态条件是鱼类性腺发育的决定因素。

常作用于鱼类性腺发育的生态因素有营养、温度、光照等,且这些因素都是综合、持续地作用于鱼类。

▤ (1) 营养

营养是鱼类性腺发育的物质基础。当卵巢发育到第Ⅲ期以后(即卵母细胞进入大生长期),卵母细胞要沉积大量的营养物质——卵黄,以供胚胎发育的需要。当卵巢长足时,约占鱼体重的20%。因此,亲鱼需要从外界摄取大量的营养物质,特别是蛋白质和脂肪,以供其性腺发育。

亲鱼培育的实践表明,鲤科鱼类在产后的夏、秋季节,卵母细胞处于生长早期,卵巢的发育主要靠外界食物供应蛋白质和脂肪原料。因此,应重视抓好夏、秋季节的亲鱼培育。开春后,亲鱼卵巢进入大生长期,需要更多的蛋白质转化为卵巢的蛋白质,仅体内贮存的蛋白质不足以供应转化所需,必须从外界提供,所以春季培育需投喂含蛋白质高的饲料。但是,应防止单纯给予营养丰富的饲料,而忽视了其他生态条件。否则,亲鱼可能会长得很肥,而性腺发育却受到抑制。可见,营养条件是性腺发育的重要因素,但不是决定因素,必须与其他条件密切配合才能使性腺发育成熟。

▤ (2) 温度

水温是影响鱼类成熟和产卵的重要因素。鱼类是变温动物,通过温度的变化可以改变鱼体的代谢强度,加速或抑制性腺发育和成熟的过程。鲤科鱼类卵母细胞的生长和发育,正是在环境水温下降而身体细胞停止或减低生长率的时候进行的。对温水性鱼类而言,水温越高,卵巢的重量增加越显著,精子的形成速度也越快;冷水性鱼类则恰好相反,水温低,产卵期反而会提前。

温度与鱼类排卵、产卵也有密切的关系。如温度达不到产卵或排精阈值,即使鱼的性腺已发育成熟,也不能完成生殖活动。每一种鱼在某一地区开始产卵的温度是一定的,产卵温度是产卵行为的有力信号。

▪ (3)光照

光照对鱼类的生殖活动具有相当大的影响力,且影响的生理机制也比较复杂。一般认为,光周期、光照强度和光的有效波长对鱼类性腺发育均有影响作用。光照除了影响性腺发育和成熟外,对产卵活动也有很大影响。鱼类一般在黎明前后产卵,如果人为地将昼夜倒置数天之后,产卵活动也可在鱼类"认为"的黎明产卵。这或许是昼夜人工倒置后,脑垂体昼夜分泌周期也随之进行昼夜调整所致。

3.1.2 · 亲鱼的来源与选择

鲤亲鱼应选用人工培育的新品种。要想得到产卵量大、受精率高、出苗率多、质量好的鱼苗,以保持养殖鱼类生长快、肉质好、抗逆性强、经济性状稳定的特性,必须认真挑选合格的亲鱼。挑选亲鱼时,应注意如下几点。

第一,所选用的亲鱼外部形态一定要符合鱼类分类学上的外形特征。这是保证该亲鱼确属良种的最简单方法。

第二,由于温度、光照、食物等生态条件对个体的影响,以及种间差异,会导致鱼类性成熟的年龄和体重有所不同,有时甚至差异很大。

第三,为了杜绝个体小、性早熟的近亲繁殖后代被选作亲鱼等情况的发生,一定要根据国家和行业已颁布的标准选择(表3-1)。

表3-1 · 养殖鲤的成熟年龄和体重

开始用于繁殖的年龄(足龄)		开始用于繁殖的最小体重(kg)		用于人工繁殖的最高年龄(足龄)
雌	雄	雌	雄	
2	1	1.5	1.0	5

注:我国幅员辽阔,南北各地的鱼类成熟年龄和体重并不一样。南方成熟早,个体小;北方成熟晚,个体较大。表中数据是长江流域的标准,各地可根据实际情况酌情增减。

第四,雌雄鉴别。总的来说,鲤两性的外形差异不大。细小的差别,有的终生保持,有的只在繁殖季节才出现,所以雌雄不易分辨。目前主要根据"追星"(也叫珠星,是由表皮特化形成的小突起)、胸鳍和生殖孔的外形特征来鉴别雌雄(表3-2)。

表3-2·鲤亲鱼雌雄鉴别

季 节	性别	体型(同一来源)	腹 部	胸、腹鳍	泄殖孔
非生殖季节	雌	头小而体高	大而较软	—	较大而突出
	雄	头较大而体较狭长	狭长而略硬	—	较小而略向内凹
生殖季节	雌	—	膨大柔软,成熟时稍压即有卵粒流出	胸鳍没有或很少有"追星"	红润而突出
	雄	—	较狭,成熟时轻压有精液流出	胸、腹鳍和鳃盖有"追星"	不红润而略向内凹

第五,亲鱼必须健壮无病,无畸形缺陷,鱼体光滑,体色正常,鳞片、鳍条完整无损。因捕捞、运输等原因造成的擦伤面积应越小越好。

第六,根据生产鱼苗的任务确定亲鱼的数量,以雌雄比1∶(1~1.5)为宜。亲鱼不要留养过多,以节约开支。

3.1.3·亲鱼培育池的条件与清整

亲鱼培育池应选择背风向阳、水源丰富、水质清新、注排水方便的鱼塘,靠近产卵池,环境安静,便于管理,养殖水源符合GB11607—1989规定,养殖用水水质符合NY5051—2001要求。池底平坦,水深为1.5~2.5 m,面积为1 333~3 333 m²。池底可有少许淤泥。

鱼池清整是改善池鱼生活环境和改良池水水质的一项重要措施。每年在人工繁殖生产结束前抓紧时间干池1次,清除过多的淤泥并进行整修,然后用生石灰彻底清塘,以便再次使用。

培育鲤的亲鱼池,开春后应彻底清除岸边和池中杂草,以免存在鱼卵附着物而发生漏产。如注水会带入较多野杂鱼的塘,可通过混养少量肉食性鱼类的方法进行除野。清塘后,培育池可酌施基肥。

3.1.4·亲鱼的培育方法

■(1)放养方式和放养密度

亲鱼培育多采用以1~2种鱼为主养鱼的混养方式。混养时,不宜套养不同种源的鱼种或配养相似食性的鱼类、后备亲鱼,以免因争食而影响主养亲鱼的性腺发育。搭配混养鱼的数量为主养鱼的 20%~30%,且它们的食性和习性与主养鱼不同,能利用种间互利来促进亲鱼性腺正常发育。后备亲鱼、亲鱼池塘放养量每 667 m² 不超过 300 尾,可搭配 100~150 尾鲢、鳙。为防止早产,最好在秋末或立春前雌、雄鱼分塘培育。

■ **(2)亲鱼培育的要点**

① 产后及秋季培育(产后到 11 月中下旬):繁殖后不论雌鱼还是雄鱼,其体力都消耗很大。因此,繁殖结束后,亲鱼经几天在清水水质中暂养后,应立即给予充足和较好的营养,使其迅速恢复体力。如能抓好这个阶段的饲养管理,对亲鱼性腺后阶段的发育甚为有利。越冬前使亲鱼有较多的脂肪贮存对性腺发育很有好处,故入冬前仍要抓紧培育。有些苗种场往往忽视产后和秋季培育,平时放松饲养管理,只在临产前一两个月抓一下,形成"产后松、产前紧"的现象,导致亲鱼成熟率低、催产效果不理想。

② 冬季培育和越冬管理(11 月中下旬至翌年 2 月):在水温 5℃ 以上时,鱼还摄食,应适量投喂饵料和施以肥料,以维持亲鱼体质健壮而不落膘。

③ 春季和产前培育:亲鱼越冬后,体内积累的脂肪大部分转化到性腺,而这时水温已日渐上升,鱼类摄食逐渐旺盛,同时又是性腺迅速发育时期。此时期亲鱼所需的食物在数量和质量上都超过其他季节,故此时的亲鱼培育至关重要。当春季水温回升至 8℃ 以上时,就应少量投喂;当水温达 13℃ 以上时,投喂足量营养全面的饲料可确保其性腺发育良好。

④ 亲鱼整理和放养:亲鱼产卵后,应抓紧做好亲鱼整理和放养工作,这有利于亲鱼的产后恢复和性腺发育。

■ **(3)亲鱼培育**

饲养鲤亲鱼的饲料有豆饼、菜饼、麦芽、米糠、菜叶、螺蛳等,或蛋白质含量在 27% 以上的全价配合饲料,不要长期投喂单一的饲料。日投饵量为鱼体重的 2%~4%。一般日投喂 2 次,上午、下午各投 1 次。为减少饲料用量,可适当施肥。由于鲤亲鱼开春不久就产卵繁殖,所以早春所用饲料的蛋白质含量应高于 30%。同时,它们以Ⅳ期性腺越冬,故秋季培育一定要抓紧、抓好,若越冬期再抓紧保膘,则春季只要适当强化培育即可顺利产卵。全期要求水质清新即可。

■ **(4)日常管理**

亲鱼培育是一项常年、细致的工作,必须专人管理。管理人员要经常巡塘,掌握每个池塘的情况和变化规律。根据亲鱼性腺发育的规律,合理地进行饲养管理。亲鱼的日常管理工作主要有巡塘、喂食、施肥、调节水质及鱼病防治等。

① 巡塘:一般每天清晨和傍晚各 1 次。由于 4—9 月高温季节易泛池,所以夜间也应巡塘,特别是闷热天气和雷雨时更应如此。

② 喂食:投食做到"四定",即定位、定时、定质、定量。要均匀喂食,并根据季节和亲鱼的摄食量灵活掌握投喂量。饲料要求清洁、新鲜。

③ 水质调节:当水色太浓、水质老化、水位下降或鱼严重浮头时,要及时加注新水或更换部分塘水。在亲鱼培育过程中,特别是培育的后期,应常给亲鱼池注水或微流水刺激。

④ 鱼病防治:要特别加强亲鱼的防病工作,一旦亲鱼发病,当年的人工繁殖就会受到影响。鱼病要以预防为主,防、治结合,常年进行,特别在鱼病流行季节(5—9 月)更应予以重视。

3.2

人 工 催 产

亲鱼经过培育后,性腺已发育成熟,但在池塘内仍不能自行产卵,须经过人工注射催产激素后方能产卵繁殖。因此,催产是家鱼人工繁殖的一个重要环节。

3.2.1 · 催产剂的种类和效果

目前用于鱼类繁殖的催产剂主要有绒毛膜促性腺激素(HCG)、鱼类脑垂体(PG)、促黄体素释放激素类似物(LRH-A)等。

▤ (1) 绒毛膜促性腺激素

HCG 是从怀孕 2～4 个月的孕妇尿中提取出来的一种糖蛋白激素,分子量为 36 000 Da 左右。HCG 直接作用于性腺,具有诱导排卵的作用;同时,HCG 也具有促进性腺发育,以及促使雌、雄性激素产生的作用。

HCG 是一种白色粉状物,市场上销售的鱼(兽)用 HCG 一般都封装于安瓿瓶中,以国际单位(IU)计量。HCG 易吸潮而变质,因此要在低温、干燥、避光处保存,临近催产时取出备用。贮存量不宜过多,以当年用完为宜,隔年产品影响催产效果。

■ (2) 鱼类脑垂体

① 鱼脑垂体的位置、结构和作用：鱼脑垂体位于间脑的腹面，与下丘脑相连，近似圆形或椭圆形，乳白色。垂体分为神经部和腺体部，神经部与间脑相连，并深入到腺体部；腺体部分前叶、间叶和后叶三部分（图3-1）。鱼类脑垂体内含多种激素，对鱼类催产最有效的成分是促性腺激素（GtH）。GtH含有两种激素，即促滤泡激素（FSH）和促黄体素（LH）。它们直接作用于性腺，可以促使鱼类性腺发育；促进性腺成熟、排卵、产卵或排精，并控制性腺分泌性激素。一般采用在分类上较接近的鱼类（同属或同科）的脑垂体作为催产剂效果较显著。

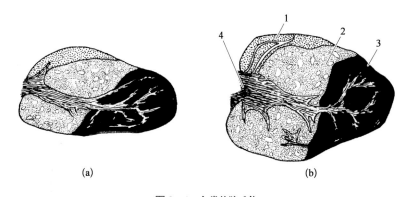

(a)　　　　　　　　(b)

图3-1·鱼类的脑垂体

（a）鲤脑垂体；（b）草鱼脑垂体

1. 前叶；2. 间叶；3. 后叶；4. 神经部

② 脑垂体的摘取和保存：摘取鲤、鲫脑垂体的时间通常以产卵前的冬季或春季为好。脑垂体位于间脑下面的碟骨鞍里，用刀沿眼上缘至鳃盖后缘的头盖骨水平切开（图3-2），除去脂肪，露出鱼脑，用镊子将鱼脑的一端轻轻掀起，在头骨的凹窝内有一个白色、近圆形的垂体，小心地用镊子将垂体外面的被膜挑破，然后用镊子从垂体两边插入并慢慢挑出垂体。应尽量保持垂体完整、不破损。也可将鱼的鳃盖掀起，用自制的"挖耳勺"（即将一段8号铁丝的一端锤扁，略弯曲成铲形）压下鳃弪，并插入鱼头的碟骨缝中将碟骨挑起，便可露出垂体，然后将垂体挖去。此法取垂体速度快，不

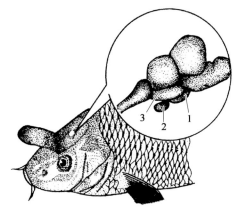

图3-2·脑垂体摘除方法

1. 间脑；2. 下丘脑；3. 脑垂体

会损伤鱼体外形,值得推广。

取出的脑垂体应去除黏附在上的附着物,并浸泡在 20~30 倍体积的丙酮或乙醇中脱水脱脂。过夜后,更换同样体积的丙酮或无水乙醇,再经 24 h 后取出,在阴凉通风处彻底吹干,密封、干燥、4℃下保存。

（3）促黄体素释放激素类似物

LRH－A 是一种人工合成的九肽激素,分子量约 1 167 Da。由于它的分子量小,反复使用不会产生耐药性,并对温度的变化敏感性较低。应用 LRH－A 作催产剂不易造成难产等现象发生,不仅价格比 HCG 和 PG 便宜、操作简便,而且催产效果大大提高,亲鱼死亡率也大大下降。

近年来,我国在 LRH－A 的基础上研制出 LRH－A$_2$ 和 LRH－A$_3$。实践证明,LRH－A$_2$ 对促进 FSH 和 LH 释放的活性分别较 LRH－A 高 12 倍和 16 倍;LRH－A$_3$ 对促进 FSH 和 LH 释放的活性分别较 LRH－A 高 21 倍和 13 倍。故 LRH－A$_2$ 的催产效果显著,而且其使用的剂量仅为 LRH－A 的 1/10;LRH－A$_3$ 对促进亲鱼性腺成熟的作用比 LRH－A 好得多。

（4）地欧酮

地欧酮(DOM)是一种多巴胺抑制剂。研究表明,鱼类下丘脑除了存在促性腺激素释放激素(GnRH)外,还存在相对应的抑制其分泌的激素,即"促性腺激素释放激素抑制激素"(GRIH)。它们对垂体 GtH 的释放和调节起重要的作用。目前研究表明,多巴胺在硬骨鱼类中起着与 GRIH 同样的作用,它既能直接抑制垂体细胞自动分泌,又能抑制下丘脑分泌 GnRH。采用地欧酮就可以抑制或消除 GRIH 对下丘脑促性腺激素释放激素(GnRH)的影响,从而增加脑垂体的分泌,促使性腺发育成熟。生产上,地欧酮不单独使用,主要与 LRH－A 混合使用,以进一步增加其活性。

上述几种激素相互混合使用可提高催产率,效应时间短、稳定,且不易发生半产和难产。

3.2.2 · 催产季节

在最适宜的季节进行催产是人工繁殖取得成功的关键之一。生产上可采取以下判断依据来确定最适催产季节。① 如果当年气温、水温回升快,催产日期可提早些。反之,催产日期相应推迟。② 亲鱼培育工作做得好,亲鱼性腺发育成熟就会早些,催产时期也可早些。通常在计划催产前 1~1.5 个月,对典型的亲鱼培育池进行拉网,检查亲鱼性腺发育情况。根据亲鱼性腺发育情况推断其他培育池亲鱼性腺发育情况,进而确定催产季节和亲鱼催产先后顺序。

鲤产卵季节因地区不同而略有差异,具体见表 3 - 3。繁殖水温为 16~26℃ ,适宜繁殖水温为 18~24℃ 。

表 3 - 3 · 鲤繁殖季节

地 区	繁 殖 期	适 宜 期
珠江流域	3 月上旬至 4 月下旬	3 月上旬至 4 月中旬
长江流域	3 月下旬至 5 月上旬	3 月下旬至 4 月下旬
黄河流域及以北地区	4 月中旬至 6 月中旬	4 月中旬至 5 月中旬

3.2.3 · 催产前的准备

▤ （1）产卵池

要求靠近水源,排灌方便,又近培育池和孵化场地。产卵池面积常以少于 600 m² 为宜,水深 1 m 左右,进、排水方便(忌用肥水作水源),池底淤泥甚少或无,环境安静,避风向阳。鲤产卵池和孵化池大多是兼用池,使用前要彻底清塘,尤其是池边和水中的杂草、敌害生物等必须彻底除尽或杀灭。

▤ （2）工具

① 鱼巢:专供收集黏性鱼卵的人工附着物。制作的材料很多,以纤细多枝、在水中易散开、不易腐烂、无毒害浸出物的材料为好。常用杨柳树根、冬青树须根、棕榈树树皮、水草及稻草、黑麦草等陆草。根须和棕皮含单宁等有害物质,用前需蒸煮,晒干后再用;水、陆草要洗净,严防夹带有害生物进入产卵池,稻草最好先锤软。处理后的材料经整理,用细绳扎成束,每束的大小与 3~4 张棕皮所扎的束相仿。一般每尾 1~2 kg 的亲鱼,每次需配鱼巢 4~5 束。亲鱼常有连续产卵 2~3 天的习性,鱼巢也要悬挂 2~3 次,所以鱼巢用量颇多,必须事前做好充分准备。

② 其他:卵和苗计数用的白碟、量杯等常用工具,催产用的研钵、注射器,以及人工授精所需的受精盆、吸管等。

▤ （3）成熟亲鱼的选择和制定合理的催产计划

成熟雄鱼的体表特征为胸鳍前数根鳍条背面、尾柄背面、腹鳍等部位和鳞片有粗糙感,轻压腹部有乳白色精液流出。成熟雌鱼的体表特征为腹部膨大、柔软、有弹性,卵巢轮廓明显,泄殖孔稍有突出、红润。

鱼类在繁殖季节内成熟、繁殖,无论先后均属正常。由于个体发育的速度差异,整个亲鱼群常会陆续成熟,前后的时间差可达 2 个月左右。为合理利用亲鱼,在繁殖季节常将亲鱼分成 3 批进行人工繁殖。早期,水温低,选用成熟度好的鱼先行催产;中期,绝大多数亲鱼已相当成熟,只要腹部膨大的皆可催产;晚期,由于都是发育差的亲鱼,怀卵量少,凡腹部稍大者皆可催产。这样安排,既可避免因错过繁殖时间而出现性细胞过熟退化,又可保证不同发育程度的亲鱼都能适时催产,把生产计划落实在实处。

■ **(4)催产剂的制备**

鱼类常用催产剂 PG、LRH－A 和 HCG,使用前必须用注射用水(一般用 0.6% 氯化钠溶液,近似于鱼的生理盐水)溶解或制成悬浊液。注射液量控制在每尾亲鱼注射 2~3 ml 为度。若亲鱼个体小,注射液量还可适当减少。应当注意,催产剂不宜过浓或过稀。过浓,注射液稍有浪费会造成剂量不足;过稀,大量的水分进入鱼体,对鱼不利。

配制 HCG 和 LRH－A 注射液时,将其直接溶解于生理盐水中即可。配置脑垂体注射液时,将脑垂体置于干燥的研钵中充分研碎,然后加入注射用水制成悬浊液备用。若进一步离心,弃去沉渣取上清液使用更好,可避免堵塞针头,并可减少异性蛋白所起的副作用。注射器及配制用具使用前要煮沸消毒。

3.2.4 · 催产

■ **(1)雌雄亲鱼配组**

催产时,每尾雌鱼需搭配一定数量的雄鱼。如果采用催产后由雌、雄鱼自由交配产卵的方式,雄鱼要稍多于雌鱼,一般采用 1∶1.5 比较好;若雄鱼较少,雌、雄比例也不应低于 1∶1。如果采用人工授精方式,雄鱼可少于雌鱼,1 尾雄鱼的精液可供 2~3 尾同样大小的雌鱼受精。同时,应注意同一批催产的雌、雄鱼体重应大致相同,以保证繁殖动作的协调。

繁殖用亲鱼应体质健壮,性腺发育良好,体型、体色、鳞被具有典型的品种特征,雌鱼至少 3 龄、体重 1.5 kg 以上,雄鱼 2 龄、体重 1 kg 以上,活力强而无伤。衰老期的鱼尽管个头很大,但精、卵质量差,孵出的鱼苗生产性能退化,故不宜继续做亲鱼。

■ **(2)确定催产剂和注射方式**

成熟度好的亲鱼,只要一次注射就能顺利产卵;成熟度尚欠理想的可用 2 次注射法,即先注射少量的催产剂催熟,然后再行催产。成熟度较差的亲鱼应继续强化培育,不应依赖药物作用,且注入过多的药剂并不一定能起催熟作用;相反,轻则影响亲鱼今后对药物的敏感性,重则会造成药害或死亡。

催产剂的用量除与药物种类、亲鱼的种类和性别有关外,还与催产时间、成熟度、个体大小等有关。早期,因水温稍低,卵巢膜对激素不够敏感,用量需比中期增加 20% ~ 25%。成熟度差的鱼,或增大注射量,或增加注射次数。成熟度好的鱼,可减少用量,雄性亲鱼甚至可不用催产剂。

鲤催产药物和剂量见表 3-4。亲鱼的催产剂可在表 3-4 中任意选一种方法,雄鱼所用的剂量为雌鱼的 1/2。注射液用 0.7% 的生理盐水配制,注射液用量为 0.5 ~ 1 ml/kg。

表 3-4 · 鲤催产药物和剂量

性　别	方　法	药　　物	剂　　量
雌(♀)	1	LRH-A HCG	2~4 μg/kg 500~600 IU/kg
	2	LRH-A 鲤鱼脑垂体	2~4 μg/kg 2~4 mg/kg
	3	鲤鱼脑垂体	4~8 mg/kg
雄(♂)	同上		减半

▪ (3) 效应时间

从末次注射到开始发情所需的时间,叫效应时间。效应时间与药物种类、鱼的种类、水温、注射次数、成熟度等因素有关。一般温度高,时间短;反之,则长。使用 PG 效应时间最短,使用 LRH-A 效应时间最长,而使用 HCG 效应时间介于两者之间。水温与效应时间的关系见表 3-5。

表 3-5 · 水温与效应时间的关系

水温(℃)	1 次注射效应时间(h)	2 次注射效应时间(h)
18~19	17~19	13~15
20~21	16~18	11~13

水温(℃)	1次注射效应时间(h)	2次注射效应时间(h)
22~23	14~16	10~12
24~25	12~14	8~11
26~27	10~12	7~9

▤ (4) 注射方法和时间

采用胸鳍基部或背部肌肉注射,雌鱼1次注射和2次注射均可。采用2次注射时,第一次注射总剂量的1/8~1/6,间隔8~10 h后再注射全部余量。雄鱼1次注射,在雌鱼第二次注射时进行。注射时,把针头向头部方向稍挑起鳞片刺入2 cm左右,然后把注射液徐徐注入。注射完毕迅速拔除针头,把亲鱼放入产卵池中。在注射过程中,当针头刺入后,若亲鱼突然挣扎扭动,应迅速拔出针头,不要强行注射,以免针头弯曲或划开肌肤造成出血、发炎。可待鱼安定后再行注射。

催产时一般控制在早晨或上午产卵,有利于工作进行。为此,须根据水温和催产剂的种类等计算好效应时间,进而确定适当的注射时间。当采用2次注射时,应再增加2次注射的间隔时间。

3.2.5 · 产卵

▤ (1) 自然产卵

选好适宜催产的成熟亲鱼后,考虑雌雄配组,雄鱼数应大于雌鱼数,一般雌、雄比为1∶1.5,以保证较高的受精率。若配组亲鱼的个体大小悬殊(常雌大雄小),会影响受精率,故遇雌大雄小时,应适当增加雄鱼数量予以弥补。

产卵池要求注、排水方便,环境安静,阳光充足,水质清新,面积500~2 000 m²,水深0.7~1 m,用前7~15天彻底清塘,池内和池面无杂草。产卵池中需布置供卵附着的鱼巢,池中鱼巢总数由配组的雌鱼数决定。鱼巢总量决定鱼巢的布置方式,目前以悬吊式使用较普遍。当鱼巢数量少时,可用竹竿等物在产卵池背风处的池边插上一排,每竿悬吊几束鱼巢。当鱼巢用量大、池边不够插放足够的竹竿时,可改用吊架。吊架平行安放,或组成三角形、正方形、长方形、多角形、圆形,具体视池形而定。由于吊架上每隔一段距离就能悬吊几束鱼巢,故可布置大量的鱼巢。悬吊式鱼巢应浮于水面,以提高集卵效果。如用水草作鱼巢材料,可不扎束悬吊,而是用高25~40 cm的稀竹帘围成环形,帘的上端稍高出水面,以竹竿固定帘子的水平与垂直位置,然后把水草铺撒在圈内即成。如鱼巢量适宜、布置较匀、所用鱼巢材料能在水中散开,则鱼卵的附着效果较佳,收集也较简单。鱼巢在亲鱼配组的当天下午布置,以便及时收集鱼卵。如遇亲鱼不产卵的情况发生,需将鱼巢取出,以免浸泡过久而腐烂或附着上淤泥,影响卵的附着和孵化。鲤常连续产卵多次,故鱼巢至少要布置 2 次。集卵后的鱼巢应及时取出送去孵化,防止产后亲鱼及未产亲鱼吞食鱼卵。有时配组数日未见产卵,可采用浅水晒背法或流水刺激法,或两种方法结合来促进亲鱼产卵。浅水晒背法:早晨排出池水,仅留 15~17 cm 的浅水,让鱼背露在阳光下晒 5~7 h,傍晚再注入新水至原水位。流水刺激法:从傍晚起用微流水刺激,下半夜加大水流,促进亲鱼发情产卵。通常上述方法 1 次生效,最多重复 1 次。否则,改用流水与晒背结合方法或注射催产剂促产。如亲鱼未成熟,应继续培育。

■ （2）人工授精

用人工的方法使精、卵相遇并完成受精过程,称为人工授精。常用的人工授精方法有干法、半干法和湿法。

① 干法人工授精:当发现亲鱼发情并进入产卵时刻(用流水产卵方法最好在集卵箱中发现刚产出的鱼卵时),立即捕捞亲鱼检查。若轻压雌鱼腹部卵子能自动流出,则一人用手压住生殖孔将鱼提出水面,擦去鱼体水分,另一人将鱼卵挤入擦干的脸盆中(每一脸盆约可放卵 50 万粒)。用同样方法立即向脸盆内挤入雄鱼精液,用手或羽毛轻轻搅拌 1~2 min,使精、卵充分混合。然后,徐徐加入清水,再轻轻搅拌 1~2 min。静置 1 min 左右,倒去污水。如此重复用清水洗卵 2~3 次后,即可将卵移入孵化器中孵化。

② 半干法授精:将精液挤出或用吸管吸出,用 0.3%~0.5% 生理盐水稀释,然后倒在卵上,按干法人工授精方法进行操作即可。

③ 湿法人工授精:将精、卵挤在盛有清水的盆中,然后再按干法人工授精方法操作。

在接近效应时间时,检查雌鱼并轻压腹部,若鱼卵能顺畅流出,即开始人工授精。鲤通常采用干法人工授精。操作过程中应避免阳光直射。操作人员要配合协调,做到动作轻、快。否则,易造成亲鱼受伤,引起产后亲鱼死亡。

■ （3）自然产卵与人工授精的比较

自然产卵与人工授精都是当前生产中常用的方法,两种方法各有利弊(表 3 - 6),各地可根据实际情况选择适宜的方法。

表3-6·自然产卵与人工授精的比较

自 然 产 卵	人 工 授 精
因自找配偶,能在最适时间自行产卵,故操作简便、卵质好、亲鱼少受伤	人工选配,操作繁多,鱼易受伤,甚至造成死亡,且难掌握适宜的受精时间,卵质受到一定影响
雌、雄比为 x:(x+1),所需雄鱼量多,否则受精率不高	雌、雄比为 x:(x-1),雄鱼需要量少,且受精率常较高
受伤亲鱼难利用	体质差或受伤亲鱼易利用,甚至亲鱼成熟度稍差时,也可能催产成功
鱼卵陆续产出,故集卵时间长。所集卵中杂物多	因挤压采卵,集卵时间短,卵干净
需流水刺激	可在静水下进行
较难按人的主观意志进行杂交	可种间杂交或进行新品种选育
适合进行大规模生产,所需劳力稍少,但设备多,动力消耗也多些	动力消耗少,设备也简单,但因操作多,所需劳力也多

3.3

孵　　化

孵化是指受精卵经胚胎发育至孵出鱼苗为止的全过程。人工孵化就是根据受精卵胚胎发育的生物学特点,人工创造适宜的孵化条件,使胚胎能正常发育而孵出鱼苗。

3.3.1 · 孵化方法

鲤常用孵化方法有池塘孵化、淋水孵化、流水孵化、网箱孵化和脱黏孵化4种。

▓ （1）池塘孵化

池塘孵化是鱼卵孵化的基本方法,也是使用最广泛的方法。从产卵池取出鱼巢,经清水漂洗掉浮泥,用3 mg/L亚甲基蓝溶液浸泡10~15 min后移入孵化池孵化。现大多由夏花培育池兼作孵化池,故孵化池面积为333~1 333 m²,水深1 m左右。孵化池的淤泥应少,孵化前7~15天用生石灰彻底清塘,水深0.5~0.7 m,水质清新,水经过滤后再放入池中,避免敌害残留或侵入。在避风向阳的一边,距池边1~2 m处用竹竿等物缚制孵化架,供放置鱼巢用。一般鱼巢放在水面下10~20 cm处,要随天气、水温变化而升降。池底要铺芦席,铺设面积由所孵鱼卵的种类和池底淤泥量决定。鲤的卵黏性大,孵出的苗常附于巢上,所铺面积比孵化架略大或相当即可。如池底淤泥多,或水源夹带的泥沙多,浮泥会因水的流动、人员的操作而沉积在鱼巢表面,妨碍胚胎和幼苗的呼吸,故铺设面积应更大。一般每 667 m² 水面放卵 60 万~100 万粒。卵应一次放足,以免出苗时间参差不齐。在孵化过程中,如遇恶劣天气,架上可覆盖草帘等物遮风避雨,以尽量保持小环境相对稳定。鱼苗孵出 2~3 天后,游动能力增强,可取出鱼巢。取鱼巢时要轻轻抖动,防止带走鱼苗。

▤(2)淋水孵化

采取间断淋水的方法保持鱼巢湿润,使胚胎得以正常发育,当胚胎发育至出现眼点时,移鱼巢入池出苗。孵化的前段时间可在室内进行,由此减少环境变化的影响,保持水温、气温的恒定,并用 3 mg/L 的亚甲基蓝药液淋卵,能有效抑制水霉的生长,从而提高孵化率。

▤(3)流水孵化

把鱼巢悬吊在流水孵化设备中孵化,或在消除卵的黏性后移入孵化设备孵化。具体方法与流水孵化漂浮性卵相同,只是脱了黏性的卵密度大,耐水流冲击力大,可用较大流速的水孵化。但是,这种卵出苗后适应流水的能力反而减弱,因此,在即将出膜时应将水流流速调小。

▤(4)脱黏孵化

脱黏可采用泥浆脱黏法,即先用黄泥搅成稀泥浆水,然后将受精卵缓慢倒入泥浆水中,搅动泥浆水,使鱼卵均匀地分布在泥浆水中。经 3~5 min 搅拌脱黏后,移入网箱中洗去泥浆,即可放入孵化器中孵化。也可采用滑石粉脱黏法。将 100 g 滑石粉加 20~25 g 食盐放入 10 L 水中,搅拌成混合悬浮液,然后一边向悬浮液中慢慢倒入 1.0~1.5 kg 受精卵,一边用羽毛缓慢搅动。0.5 h 后,将鱼卵用清水洗 1 次。人工授精脱黏后的鱼卵即可在孵化缸和环道进行流水孵化。按每 1 m³ 水体放卵 150 万~200 万粒为宜。孵化纱窗为24 目。

3.3.2 · 催产率、受精率和出苗率的计算

鱼类人工繁殖的目的是提高催产率(或产卵率)、受精卵和出苗率。所有人工繁殖的技术措施均是围绕该"三率"展开的。

在亲鱼产卵后捕出,统计产卵亲鱼数(以全产为单位,将半产雌鱼折算为全产)占催产亲鱼数的比例。通过催产率可了解亲鱼培育水平和催产技术水平。计算公式为:

$$催产率 = \frac{产卵雌鱼数}{催产雌鱼数} \times 100\%$$

当鱼卵发育到原肠胚中期时,用小盆随机取鱼卵百余粒放在白瓷盆中用肉眼检查,统计受精(好卵)卵数和混浊、发白的坏卵(或空心卵)数,然后按下列公式可求出受精率。

$$受精率 = \frac{受精卵数}{总卵数} \times 100\%$$

受精率可衡量鱼催产技术高低,并可初步估算鱼苗生产量。

当鱼苗鳔充气、能主动开口摄食,即开始由体内营养转为混合营养时,鱼苗就可以转入池塘饲养。在移出孵化器时,统计鱼苗数,按下列公式计算出苗率。

$$出苗率 = \frac{出苗数}{受精卵数} \times 100\%$$

出苗率(或称下塘率)不仅可反映生产单位的孵化工作优劣,而且可反映人工繁殖的技术水平。

（撰稿：赵永锋）

鲤苗种培育与成鱼养殖

鱼苗、鱼种的生物学特性

　　鱼苗、鱼种的培育,就是从孵化后 3~4 天的鱼苗养成可供池塘、湖泊、水库、河沟等水体放养的鱼种。一般分两个阶段:鱼苗经 18~22 天培养,养成 3 cm 左右的稚鱼,此时正值夏季,故通称夏花(又称火片、寸片);夏花再经 3~5 个月的饲养,养成 8~20 cm 长的鱼种,此时正值冬季,故通称冬花(又称冬片)。北方鱼种秋季出塘称秋花(又称秋片),经越冬后称春花(又称春片)。苗种培育的关键是提高成活率、生长率和降低成本,为成鱼养殖提供健康、合格的鱼种。

　　鱼苗、鱼种是鱼类个体发育过程中快速生长发育的阶段。在该阶段,随着个体的生长,器官形态结构、生活习性和生理特性都发生一系列的变化。此阶段的食性、生长和生活习性都与成鱼饲养阶段有所不同,鱼体的新陈代谢水平高、生长快,但活动和摄食能力较弱,适应环境、抗御敌害和疾病的能力差。因此,饲养技术要求高。为了提高鱼苗、鱼种饲养阶段的成活率和产量,必须了解它们的生物学特性,以便采取相应的科学饲养管理措施。

4.1.1 · 鱼类的发育阶段

(1) 生命周期

　　鱼类整个生命周期分为胚前、胚胎和胚后 3 个发育阶段。胚前期是指性细胞发生和形成的阶段;胚胎期是指从精、卵结合(受精)到鱼苗孵出的阶段;胚后期是指从孵出的鱼苗到成鱼以至衰老死亡的阶段。

(2) 胚后期分期

　　① 仔鱼期:仔鱼期的主要特征是鱼苗身体具有鳍褶。该期又可分为仔鱼前期和仔鱼后期。仔鱼前期是鱼苗以卵黄为营养的时期,人工繁殖的鱼苗则是从卵膜中刚脱出到下塘前这一阶段,仔鱼全长 0.5~0.9 cm。仔鱼后期是鱼苗的卵黄囊消失,开始摄食,奇鳍褶分化为背、臀和尾 3 个部分并进一步分化为背鳍、臀鳍和尾鳍。此外,腹鳍也出现。此阶段仔鱼全长 0.8~1.7 cm。

② 稚鱼期：鳍褶完全消失，体侧开始出现鳞片以至全身被鳞，全长 1.7~7 cm。乌仔、夏花和 7 cm 的鱼种属于稚鱼期。

③ 幼鱼期：全身被鳞，侧线明显，胸鳍条末端分枝，特色和斑纹与成鱼相似。全长 7.5 cm 以上。

④ 性未成熟期：具有成鱼的形态结构，但性腺未发育成熟。

⑤ 成鱼期：从性腺第一次成熟至衰老死亡属成鱼期。具体的年龄、规格因鱼的种类而异。

鱼苗和鱼种培育期正处于鱼类胚后发育的仔鱼后期、稚鱼期和幼鱼期。这是鱼类一生中生长发育最旺盛的时期，它们的形态结构和生态、生理特性将发生一系列的规律性变化。

4.1.2 · 食性

刚孵出的鱼苗均以卵黄囊中的卵黄为营养。当鱼苗体内鳔充气后，鱼苗一边吸收卵黄一边开始摄取外界食物；当卵黄囊消失后，鱼苗就完全依靠摄取外界食物为营养。但此时鱼苗个体细小，全长仅 0.6~0.9 cm，活动能力弱，其口径小，取食器官（如鳃耙、吻部等）尚待发育完全。因此，所有种类的鱼苗只能依靠吞食方式来获取食物，而且其食谱范围也十分狭窄，只能吞食一些小型浮游生物，其主要食物为轮虫和桡足类的无节幼体。生产上通常将此时摄食的饵料称为"开口饵料"。

随着鱼苗的生长，其个体增大，口径增宽，游泳能力逐步增强，取食器官逐步发育完善，食性逐步转化，食谱范围也逐步扩大。表 4-1 为鲤鱼苗发育至夏花阶段的食性转化。

表 4-1 · 鲤鱼苗发育至夏花阶段的食性转化

鱼苗全长(mm)	食 性
6	轮虫
7~9	轮虫、小型枝角类
10~10.7	小型枝角类、个别轮虫
11~11.5	枝角类、少数摇蚊幼虫
12.3~12.5	枝角类、少数摇蚊幼虫
14~15	枝角类、摇蚊幼虫等底栖动物

续　表

鱼苗全长(mm)	食　　性
15~17	枝角类、摇蚊幼虫等底栖动物
18~23	枝角类、底栖动物
24	枝角类、底栖动物
25	底栖动物、植物碎片

注：引自《鱼类增养殖学》。

4.1.3 · 对水环境的适应

鱼苗体表无鳞片覆盖，整个身体裸露在水中。鱼体幼小、嫩弱、游泳能力差，对敌害生物的抵抗能力弱，极易遭受敌害生物的残食。

鱼苗对不良环境的适应能力差，对水环境的要求比成鱼严格，适应范围小。鱼苗、鱼种的代谢强度较高，故对水体溶氧量的要求高。所以，鱼苗、鱼种池必须保持充足的溶氧量，并投给足量的饲料。如池水溶氧量过低、饲料不足，鱼的生长就会受到抑制甚至导致死亡，这是饲养鱼苗、鱼种过程中必须注意的。

鱼苗、鱼种对水体 pH 要求比成鱼严格，适应范围小，最适 pH 为 7.5~8.5。鱼苗、鱼种对盐度的适应力也比成鱼弱，成鱼可以在盐度 0.5 的水中正常生长和发育，但鱼苗在盐度 0.3 的水中生长便很缓慢，且成活率很低。鱼苗对水中氨的适应能力也比成鱼差。

4.2

鱼 苗 培 育

所谓鱼苗培育，就是将鱼苗养成夏花鱼种。为提高夏花鱼种的成活率，根据鱼苗的生物学特征，务必采取以下措施。

一是创造无敌害生物及水质良好的生活环境。

二是保持数量多、质量好的适口饵料。

三是培育出体质健壮、适合高温运输的夏花鱼种。

为此，需要用专门的鱼池进行精心、细致的培育。这种由鱼苗培育至夏花的鱼池在生产上称为"发塘池"。

4.2.1 · 鱼苗、鱼种的习惯名称

我国各地鱼苗、鱼种的名称很不一致,但大体上可划分为下面两种类型。

■ **(1)以江苏、浙江一带为代表的名称**

一般刚孵出的仔鱼称鱼苗,又称水花、鱼秧、鱼花。鱼苗培育到 3.3~5 cm 的称夏花,又称火片、乌仔。夏花培育到秋天出塘的称秋片或秋仔;到冬季出塘的称冬片或冬花;到第二年春天出塘的叫春片或春花。

■ **(2)以广东、广西为代表的名称**

鱼苗一般称为海花。鱼体从 0.8~1 cm 长到 9.6 cm,分别称为 3 朝、4 朝、5 朝、6 朝、7朝、8 朝、9 朝、10 朝、11 朝、12 朝;10 cm 以上则一律以寸表示。鱼苗、鱼种规格与使用鱼筛(图 4-1、图 4-2)对照见表 4-2。

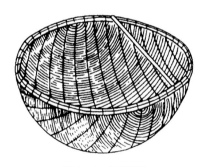

图 4-1 · 盆形鱼筛

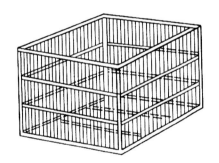

图 4-2 · 方形鱼筛(江苏地区)

表 4-2 · 鱼苗、鱼种规格与使用鱼筛对照

鱼体标准长度(cm)	鱼筛号	筛目密度(mm)	备　　注
0.8~1.0	3 朝	1.4	不足 1.3 cm 鱼用 3 朝
1.3	4 朝	1.8	不足 1.7 cm 鱼用 4 朝
1.7	5 朝	2.0	不足 2.0 cm 鱼用 5 朝
2.0	6 朝	2.5	不足 2.3 cm 鱼用 6 朝
2.3	7 朝	3.2	不足 2.6 cm 鱼用 7 朝
2.6~3.0	8 朝	4.2	不足 3.3 cm 鱼用 8 朝
3.3~4.3	9 朝	5.8	不足 4.6 cm 鱼用 9 朝

续　表

鱼体标准长度(cm)	鱼筛号	筛目密度(mm)	备　注
4.6~5.6	10 朝	7.0	不足 5.9 cm 鱼用 10 朝
5.9~7.6	11 朝	11.1	不足 7.9 cm 鱼用 11 朝
7.9~9.6	12 朝	12.7	不足 10.0 cm 鱼用 12 朝
10.0~11.2	3 寸筛	15.0	不足 12.5 cm 鱼用 3 寸筛
12.5~15.5	4 寸筛	18.0	不足 15.8 cm 鱼用 4 寸筛
15.8~18.8	5 寸筛	21.5	不足 19.1 cm 鱼用 5 寸筛

4.2.2 · 鱼苗的形态特征和计数方法

▨ （1）鲤鱼苗的形态特征

体粗壮而背高。淡褐色,头扁平。鳔卵圆形。青筋灰色,直达尾部。栖息于水的底层,不太活泼(图 4-3)。

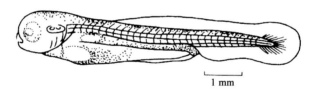

1 mm

图 4-3 · 鲤鱼苗

▨ （2）鱼苗的计数方法

为了统计鱼苗的生产数字,或计算鱼苗的成活率、下塘数和出售数,必须正确计算鱼苗的总数。鱼苗的计数方法具体如下。

① 分格法(或叫开间法、分则法):先将鱼苗密集在捆箱的一端,用小竹竿将捆箱隔成若干格,用鱼碟舀出鱼苗,按顺序放在各格中成若干等份。从中抽 1 份,按上述操作,再分成若干等份,照此方法分下去,直分到每份鱼苗已较少,便于逐尾计数为止。然后取出 1 小份,用小蚌壳(或其他容器)舀鱼苗计算尾数,以这一部分的计算数为基数,推算出整批鱼苗数。

计算举例:第一次分成 10 份;第二次从 10 份中抽 1 份,又分成 8 份;第三次从 8 份中又抽出 1 份,再分成 5 小份;最后从这 5 小份中抽 1 份计数,得鱼苗为 1 000 尾。则鱼苗总数为：

$$10×8×5×1\,000\text{ 尾} = 400\,000\text{ 尾}$$

② 杯量法（又叫抽样法、点水法、大桶套小桶法、样杯法）：本法是常用的方法，在具体使用时又有如下两种形式。

直接抽样法：鱼苗总数不多时可采用本法。将鱼苗密集在捆箱一端，然后用已知容量（预先用鱼苗做过存放和计数试验）的容器（可配置各种大小尺寸）直接舀鱼，记录容器的总杯数，然后根据预先计算出的单个容器的容存数算出总尾数。

计算举例：已知 100 ml 的蒸发皿可放密集的鱼苗 5 万尾，现用此蒸发皿舀鱼，共量得 450 杯，则鱼苗的总数为：

$$450×5\text{ 万尾} = 2\,250\text{ 万尾}$$

在使用上述方法时，首先要注意杯中的含水量要适当、均匀，否则误差较大；其次鱼苗的大小也要注意，否则也会产生误差。不同鱼苗即使同日龄也有个体差异，在计数时都应加以注意。

大碟套小碟法：鱼苗数量较多时可采用本法。具体操作时，先用大盆（或大碟）过数，再用已知计数的小容器测量大盆的容量数，然后求总数。

计算举例：用大盆测得鱼苗数共 15 盆（在密集状态下），然后又测得每大盆合 30 ml 的瓷坩埚 27 杯，已知该瓷坩埚每杯容量为 2.7 万尾鱼苗，则鱼苗总数为：

$$15×27×2.7\text{ 万尾} = 1\,093\text{ 万尾}$$

③ 容积法（又叫量筒法）：计算前先测定每 1 ml（或每 10 ml 或每 100 ml）盛净鱼苗数，然后量取总鱼苗容积（也以密集鱼苗为准），从而推算出鱼苗总数。本法的准确度比抽样法差，主要因受含水量的影响较大。

计算举例：已知每 100 ml 量杯有鱼苗 250 尾，现用 1\,000 ml 的量杯共量得 50 杯，则鱼苗总数为：

$$250\text{ 尾}×(1\,000/100)×50 = 125\,000\text{ 尾}$$

④ 鱼篓直接计数法：本法在湖南地区使用，计数前先测知一个鱼篓能容多少笪斗水量，一笪斗又能装满多少鱼碟水量，然后将已知容器的鱼篓放入鱼苗，徐徐搅拌，使鱼苗均匀分布，取若干鱼碟计数，求出一鱼碟的平均数，然后计算全鱼篓鱼苗数。

计算举例：已知一鱼篓可容 18 个笪斗的水，每个笪斗相当于 25 个鱼碟，每个鱼碟的平均鱼数为 2 万尾，则鱼篓的总鱼苗数为：

$$2 \text{ 万尾} \times 25 \times 18 = 900 \text{ 万尾}$$

4.2.3 · 鱼苗的培育

■ **（1）鱼苗、鱼种池的要求**

池塘要求注排水方便、环境安静、阳光充足、水质清新。面积 2 000～5 000 m²，用前 7～15 天用生石灰彻底清塘。进水必须经 40 目的筛网过滤，与孵化池基本相同。鱼池在使用前要认真检查和整修，并彻底清塘消毒。

■ **（2）鱼苗放养前的准备**

鱼苗池在放养前要进行一些必要的准备工作，包括鱼池的修整、清塘消毒、清除杂草、灌注新水、培育肥水等。

① 鱼池修整：多年用于养鱼的池塘，由于淤泥过多，堤基受波浪冲击，一般有不同程度的崩塌。根据鱼苗培育池所要求的条件，必须进行整塘。所谓整塘，就是将池水排干，清除过多淤泥，将塘底推平，并将塘泥敷贴在池壁上，使其平滑、贴实，填好漏洞和裂缝，清除池底和池边杂草。将多余的塘泥清上池堤，为青饲料种植提供肥料。除新开挖的鱼池外，旧的鱼池每 1～2 年必须修整 1 次。鱼池修整大多在冬季进行，先排干池水，挖除过多的淤泥（留 6.6～10 cm），修补倒塌的池堤，疏通进、出水渠道。

② 清塘消毒：所谓清塘，就是在池塘内施用药物杀灭影响鱼苗生存、生长的各种生物，以保障鱼苗不受敌害、病害的侵袭。清塘消毒每年必须进行 1 次，时间一般在放养鱼苗前 10～15 天进行。清塘应选晴天进行，阴雨天药性不能充分发挥，操作也不方便。

清塘药物及使用方法见表 4－3。一般认为，生石灰和漂白粉清塘效果较好，但具体还需因地制宜选择。如水草多而又常发病的池塘，可先用药物除草，再用漂白粉清塘。用巴豆清塘时，可与其他药物配合使用，以消灭水生昆虫及其幼虫。如预先用 1 mg/L 的 2.5%粉剂敌百虫全池泼洒后再清塘，能收到较好的效果。

除清塘消毒外，在鱼苗放养前最好用密眼网拖 2 次，清除蝌蚪、蛙卵和水生昆虫等，以弥补清塘药物的不足。

有些药物对鱼类有害，不宜用作清塘药物。如滴滴涕是一种稳定性很强的有机氯杀虫剂，能在生物体内长期积累，对鱼类和人类都有致毒作用，应禁止使用；其他如五氯酚钠、毒杀芬等对人体也有害，也应禁止使用。

表 4-3·常见清塘药物及使用方法

药物及清塘方法		用量(kg/667 m²)	使用方法	清塘功效	毒性消失时间
生石灰清塘	干法清塘	60~75	排除塘水,挖几个小坑,倒入生石灰溶化,不待冷却,即全池泼洒。第二天将淤泥和石灰拌匀,填平小坑,3~5天后注入新水	① 能杀灭野杂鱼、蛙卵、蝌蚪、水生昆虫、螺蛳、蚂蟥、蟹、虾、青泥苔及浅根水生植物、致病寄生虫及其他病原体;② 增加钙肥;③ 使水呈微碱性,有利于浮游生物繁殖;④ 疏松池中淤泥结构,改良底泥通气条件;⑤ 释放出被淤泥吸附的氮、磷、钾等;⑥ 澄清池水	7~8天
	带水清塘	125~150(水深1 m)	排除部分水,将生石灰化开成浆液,不待冷却直接泼洒		
茶麸(茶粕)清塘		40~50(水深1 m)	将茶麸捣碎,加水,浸泡1昼夜,连渣一起,均匀泼洒全池	① 能杀灭野鱼、蛙卵、蝌蚪、螺蛳、蚂蟥、部分水生昆虫;② 对细菌无杀灭作用,对寄生虫、水生杂草杀灭效果差;③ 能增加肥度,但助长鱼类不易消化的藻类繁殖	7天后
生石灰、茶麸混合清塘		茶麸37.5,生石灰45(水深1 m)	将浸泡后的茶麸倒入刚溶化的生石灰内,拌匀,全池泼洒	兼有生石灰和茶麸两种清塘方法的功效	7天后
漂白粉清塘	干法清塘	1	先干塘,将漂白粉加水溶化,拌成糊状,然后稀释,全池泼洒	① 效果与生石灰清塘相近;② 药效消失快,肥水效果差	4~5天
	带水清塘	13~13.5(水深1 m)	将漂白粉溶化后稀释,全池泼洒		
生石灰、漂白粉混合清塘		漂白粉6.5,生石灰65~80(水深1 m)	加水溶化,然后稀释全池泼洒	比两种药物单独清塘效果好	7~10天
巴豆清塘		3~4(水深1 m)	将巴豆捣碎,加3%食盐,加水浸泡,密封缸口,经2~3天后,将巴豆连渣倒入容器或船舱,加水泼洒	① 能杀死大部分害鱼;② 对其他敌害和病原体无杀灭作用;③ 有毒,皮肤有破伤时不要接触	10天
鱼藤精或干鱼藤清塘		鱼藤精1.2~1.3(水深1 m)	加水10~15倍,装喷雾器中全池喷洒	① 能杀灭鱼类和部分水生昆虫;② 对浮游生物、致病细菌、寄生虫及其休眠孢子无作用	7天后
		干鱼藤1(水深0.7 m)	先用水泡软,再捶烂浸泡,待乳白色汁液浸出,即可全池泼洒		

清塘一般有干法清塘和带水清塘两种。干法清塘是将池水排到 6.6~10 cm 时泼药,这种方法用药量少,但增加了排水的操作。带水清塘通常是在供水困难或急等放鱼的情况下采用,但用药量较多。

③ 清除杂草:有些鱼苗池(也包括鱼种池)水草丛生,影响水质变肥,也影响拉网操

作。因此,需将池塘的杂草清除,可用人工拔除或用刀割的方法,也可采用除草剂,如扑草净、除草剂一号等进行除草。

④ 灌注新水：鱼苗池在清塘消毒后可注满新水,注水时一定要在进水口用纱网过滤,严防野杂鱼再次混入。第一次注水 40~50 cm,便于升高水温,也容易肥水,有利于浮游生物的繁殖和鱼苗的生长。到夏花分塘后的池水可加深到 1 m 左右,鱼种池则加深到 1.5~2 m。

⑤ 培育肥水：鱼种池施基肥时间比鱼苗池可略早些,肥度也可大些,透明度为 30~35 cm。

初下塘鱼苗的最佳适口饵料为轮虫和无节幼体等小型浮游生物。一般经多次养鱼的池塘,塘泥中贮存着大量的轮虫休眠卵,一般达 100 万~200 万个/m²,但塘泥表面的休眠卵仅占 0.6%,其余 99% 以上的休眠卵被埋在塘泥中,因得不到足够的氧气和受机械压力而不能萌发。因此,当清塘后放水时(一般放水 20~30 cm),必须用铁耙翻动塘泥,使轮虫休眠卵上浮或重新沉积于塘泥表层,以促进轮虫休眠卵萌发。生产实践证明,放水时翻动塘泥,7 天后池水轮虫数量明显增加,并出现高峰期。在水温 20~25℃时,用生石灰清塘后鱼苗培育池水中生物的出现顺序见表 4-4。

表 4-4·生石灰清塘后浮游生物变化模式(未放养鱼苗)

项 目	清 塘 后 天 数				
	1~3	4~7	7~10	10~15	>15
pH	>11	>9~10	9 左右	<9	<9
浮游植物	开始出现	第一个高峰	被轮虫滤食,数量减少	被枝角类滤食,数量减少	第二个高峰
轮虫	零星出现	迅速繁殖	高峰期	显著减少	少
枝角类	无	无	零星出现	高峰期	显著减少
桡足类	无	少量无节幼体	较多无节幼体	较多无节幼体	较多成体

从生物学角度看,鱼苗下塘时间为清塘后 7~10 天,因此时下塘正值轮虫高峰期。但生产上无法根据清塘日期来要求鱼苗适时下塘,加上依靠池塘天然培养的轮虫数量不多,仅 250~1 000 个/L,这些轮虫在鱼苗下塘后 2~3 天就会被鱼苗吃完。因此,在生产上采用先清塘,然后根据鱼苗下塘时间施用有机肥料,人为制造轮虫高峰期。施有机肥料后,轮虫高峰期的生物量比天然生产力高 4~10 倍,达 8 000 个/L 以上,鱼苗下塘后轮虫

高峰期可维持 5~7 天。为做到鱼苗在轮虫高峰期下塘,关键要掌握施肥的时间。如用腐熟的粪肥,可在鱼苗下塘前 5~7 天(依水温而定)全池泼洒 150~300 kg/667 m²;如用绿肥堆肥或沤肥,可在鱼苗下塘前 10~14 天投放 200~400 kg/667 m²。绿肥应堆放在池塘四角,浸没于水中并经常翻动,以促使其腐烂。

如施肥过晚,池水轮虫数量尚少,鱼苗下塘后因缺乏大量适口饵料,必然生长不好;如施肥过早,轮虫高峰期已过,大型枝角类大量出现,鱼苗非但不能摄食,反而出现枝角类与鱼苗争溶氧、争空间、争饵料的情况,鱼苗因缺乏适口饵料而大大影响成活率。这种现象俗称"虫盖鱼"。发生这种现象时,应全池泼洒 0.2~0.5 g/m³ 的晶体敌百虫,将枝角类杀灭。

为确保施有机肥后轮虫大量繁殖,在生产中往往先泼洒 0.2~0.5 g/m³ 的晶体敌百虫杀灭大型浮游动物,然后再施有机肥料。如鱼苗未能按期到达,应在鱼苗下塘前 2~3 天再用 0.2~0.5 g/m³ 的晶体敌百虫全池泼洒 1 次,并适量增施一些有机肥料。

(3) 鱼苗培育技术

① 暂养鱼苗,调节温差,饱食下塘:塑料袋充氧运输的鱼苗,鱼体内往往含有较多的二氧化碳,特别是长途运输的鱼苗,血液中二氧化碳浓度很高,可使鱼苗处于麻醉甚至昏迷状态(肉眼观察,可见袋内鱼苗大多沉底打团)。如将这种鱼苗直接下塘,成活率极低。因此,凡是经运输来的鱼苗,必须先放在鱼苗箱中暂养。暂养前,先将鱼苗袋放入池内,当袋内外水温一致后(一般约需 15 min)再开袋放入池内的鱼苗箱中暂养。暂养时,应经常在箱外划动池水,以增加箱内水的溶氧量。一般经 0.5~1 h 暂养,鱼苗血液中过多的二氧化碳均已排出,鱼苗集群在网箱内逆水游动。

鱼苗经暂养后,需泼洒鸭蛋黄水。待鱼苗饱食后,即肉眼可见鱼体内有一条白线时,方可下塘。鸭蛋需在沸水中煮 1 h 以上,越老越好,以蛋白起泡者为佳。取蛋黄掰成数块,用双层纱布包裹后,在脸盆内漂洗(不能用手捏出)出蛋黄水,淋洒于鱼苗箱内。一般 1 个蛋黄可供 10 万尾鱼苗摄食。

在鱼苗下塘时,面临适应新环境和尽快获得适口饵料两大问题。在下塘前投喂鸭蛋黄,使鱼苗饱食后下塘,实际上是保证鱼苗的第一次摄食,其目的是加强鱼苗下塘后的觅食能力和提高鱼苗对不良环境的适应能力。

鱼苗下塘的安全水温不能低于 13.5℃。如夜间水温较低,鱼苗到达目的地已是傍晚,应将鱼苗放在室内容器内暂养(每 100 L 水放鱼苗 8 万~10 万尾),并使水温保持 20℃。投 1 次鸭蛋黄后,由专人值班,每 1 h 换 1 次水(水温必须相同),或充气增氧,以防鱼苗浮头。待第二天上午 9:00 以后水温回升时,再投 1 次鸭蛋黄,并调节池塘水温温差后下塘。

② 鱼苗放养:鱼苗的放养密度为 15 万~20 万尾/667 m²(池塘孵化的要估算鱼卵数

和出苗数）。每个池塘放养的鱼苗应该是同批繁殖的。在放养前，最好在池中插一个小网箱，放入少量鱼苗试水，证实池水无毒性时再放鱼苗。

③ 鱼苗培育阶段的饲养管理：鱼苗除了靠摄食肥水培养的天然饵料生物外，还必须人工喂食。主要是泼洒豆浆，每天上、下午各泼洒 1 次。投喂量通常以水体面积计算，一般每天用黄豆 3~4 kg/667 m²，可磨成豆浆 100 kg 左右，当天磨当天喂。1 周后增加到每天用黄豆 4~5 kg/667 m²，并在池边增喂豆饼糊。

随着鱼体的增长，要分次加注新水，以增加鱼体活动空间和池水的溶氧量，使鱼池水深逐渐由 0.5~0.7 m 增加到 1~1.2 m。

每天早、晚坚持巡塘，严防泛塘和逃鱼，并注意鱼苗活动是否正常、有无病害发生，及时捞除蛙卵和杂物等。

④ 拉网和分塘：鱼苗经过一个阶段的培育，当鱼体长成 3.3~5 cm 的夏花时，即可分塘。分塘前一定要经过拉网锻炼，使鱼种密集在一起，因受到挤压刺激而分泌大量黏液、排出粪便，以适应密集环境及运输中减少水质污染的程度，体质也因锻炼而加强，以利于经受分塘和运输的操作，提高运输和放养成活率。在锻炼时还可顺便检查鱼苗的生长和体质情况，估算出乌仔或夏花的出塘率，以便做好分配计划。

选择晴天的上午 9：00 左右拉网。第一次拉网只需将夏花鱼种围集在网中，检查鱼的体质后，随即放回池内。在第一次拉网时，鱼体十分嫩弱，操作必须特别小心，拉网赶鱼速度宜慢不宜快，在收拢网片时，需防止鱼种贴网。隔 1 天进行第二次拉网，将鱼种围集后，与此同时，在其边上装置好谷池（为一长形网箱，用于夏花鱼种囤养锻炼、筛鱼清野和分养），将皮条网上纲与谷池上口相并压入水中，在谷池内轻轻划水，使鱼群逆水游入池内。鱼群进入谷池后，稍停，将鱼群逐渐赶集于谷池的一端，以便清除另一端网箱底部的粪便和污物，不让黏液和污物堵塞网孔。然后，放入鱼筛，筛边紧贴谷池网片，筛口朝向鱼种，并在鱼筛外轻轻划水，使鱼种穿筛而过，将蝌蚪、野杂鱼等筛出。接着再清除余下一端箱底污物并清洗网箱。

经这样操作后，可保持池内水质清新，箱内外水流通畅，溶氧较高。鱼种约经 2 h 密集后放回池内。第二次拉网应尽可能将池内鱼种捕尽。因此，拉网后应再重复拉一网，将剩余鱼种放入另一个较小的谷池内锻炼。第二次拉网后再隔 1 天进行第三次拉网锻炼，其操作同第二次拉网。如鱼种自养自用，第二次拉网锻炼后就可以分养。如需进行长途运输，在第三次拉网后，将鱼种放入水质清新的池塘网箱中经一夜“吊养”后方可装运。吊养时，夜间需有人看管，以防止发生缺氧死鱼事故。

⑤ 出塘过数和成活率的计算：夏花出塘过数的方法，各地习惯不一，一般采取抽样计数法。先用小海斗（捞海）或量杯量取夏花，在计量过程中抽出有代表性的 1 海斗或 1

杯计数,然后按下列公式计算。

$$总尾数=捞海数(杯数)\times 每海斗(杯)尾数$$

根据放养数和出塘总数即可计算成活率。

$$成活率=\frac{夏花出塘数}{下塘鱼苗数}\times 100\%$$

提高鱼苗育成夏花的成活率和质量的关键,除细心操作、防止发生死亡事故外,最根本的是保证鱼苗下塘后就能获得丰富、适口的饲料。因此,必须做到放养密度合理、肥水下塘、分期注水和及时拉网分塘。

1 龄鱼种培育

夏花经过 3~5 个月的饲养,体长达到 10 cm 以上,称为 1 龄鱼种或仔口鱼种。培育 1 龄鱼种的鱼池条件和发花塘基本相同,但面积要稍大一些,一般以 5~8 hm² 为宜。面积过大,饲养管理、拉网操作均不方便。水深一般 1.5~2 m,高产塘水深可达 2.5 m。在夏花放养前必须和鱼苗池一样用药物消毒清塘。清塘后适当施基肥,培肥水质。施基肥的数量和鱼苗池相同,但应视池塘条件和放养鱼类而有所增减,一般施发酵后的畜(禽)粪肥 150~300 kg/667 m²。培养红虫,以保证夏花下塘后就有充分的天然饵料。

4.3.1 · 夏花放养

(1)适时放养

一般在 6—7 月放养,养成冬片或春片鱼种。也可以采用混养方式,以鲤夏花为主,混养草鱼、鲢、鳙等鱼种。

(2)放养密度

在生活环境和饲养条件相同的情况下,放养密度取决于出塘规格,出塘规格又取决于成鱼池放养的需要。主养鲤一般放养密度约为 1 万尾/667 m²;混养放养鲤夏花 6 000~6 700 尾/667 m²,草鱼、鲢、鳙夏花 3 000~4 000 尾/667 m²。具体放养密度根据下列几方面因素来决定。

① 池塘面积大、水较深、排灌水条件好或有增氧机、水质肥沃、饲料充足时,放养密度可以大些。

② 夏花分塘时间早(在 7 月初之前),放养密度可以大些。

③ 要求鱼种出塘规格大,放养密度应小些。

4.3.2 · 以颗粒饲料为主的饲养方法

以鲤为主体鱼,专池培养大规格鱼种的关键技术如下。

(1) 投以高质量的鲤配合饲料

饲料的粗蛋白质含量要达到 35%~39%,并添加蛋氨酸、赖氨酸、无机盐、维生素合剂等,加工成颗粒饲料。除夏花下塘前施一些有机肥作基肥外,一般不再施肥,不投粉状、糊状饲料。

(2) 训练鲤上浮集中吃食

此为颗粒饲料饲养鲤的关键技术,其方法是在池边上风向阳处向池内搭一跳板作为固定的投饵点,夏花鲤下塘第二天开始投喂。每次投喂前人在跳板上先敲铁桶,然后每隔 10 min 撒一小把饵料。无论吃食与否,如此坚持数天,每天投喂 4 次,一般在 7 天内能使鲤集中上浮吃食。为了节约颗粒饲料,训练时也可以用米糠、次面粉等漂浮饵料投喂。通过训练,使鲤形成上浮争食的条件反射,不仅能最大程度减少颗粒饲料的散失,而且能促使鲤鱼种白天基本上在池边的上层活动。由于上层水温高、溶氧充足,能刺激鱼的食欲和提高饵料的消化吸收能力,促进鱼种生长。

(3) 增加每天投饵次数,延长每次投饵时间

夏花放养后,每天投喂 2~4 次,7 月中旬后每天投喂 4~5 次,投饵时间集中在9: 00—16: 00 时。此时,水温和溶氧均较高,鱼类食欲旺盛。每次投饵时间必须达 20~30 min,因此投饵都采用小把撒开,投饵频率缓慢。一般投到绝大部分鲤吃饱游走为止。9 月下旬后投喂次数可减少,10 月起每天投喂 1~2 次即可。

(4) 根据鱼类生长情况配备适口的颗粒饲料

在驯化阶段用直径 0.5 mm 粒料,1 周后用 0.8 mm 粒料,7 月份用 1.5 mm 粒料,8 月份用 2.5 mm 粒料,9 月份用 3 mm 粒料。

(5) 根据水温和鱼体重量及时调整投饵量

每隔10天检查1次生长情况。可在喂食时用网捞出数十尾鱼种计数称重,求出平均重,然后计算出全池鱼种总重量。参照日投饵率可以算出该池当天的投饵数量(表4-5)。

表4-5·鲤鱼种的日投饵率(%)

水温(℃)	体　重(g)				
	1~5	6~10	11~30	31~50	51~100
15~20	4~7	3~6	2~4	2~3	1.5~2.5
21~25	6~8	5~7	4~6	3~5	2.5~4
26~30	8~10	7~9	6~8	5~7	4~5

上述投饵方法是将"四定"投饵原则更加科学化,以提高投饵效果、降低饵料系数。

① 定时:投饵必须定时进行,以养成鱼按时吃食的习惯,提高饵料利用率;同时,选择水温较适宜、溶氧较高的时间投饵,可以提高鱼的摄食量,有利于鱼类生长。鲤是无胃鱼,因此少量多次投饵是符合其摄食习性的。但投饵次数过多,生产上也较难做到。因此,通常天然饵料每天投1次,精饲料每天上、下午各投1次,颗粒饲料应适当增加投饵次数。

② 定位:投饵必须有固定的位置,使鱼类集中在一定的地点吃食。这样不但可减少饲料浪费,而且也便于检查鱼的摄食情况,便于清除残饵和进行食场消毒,保证鱼类吃食卫生。在发病季节还便于进行药物消毒,预防鱼病发生。投喂草类可用竹竿搭成三角形或方形框架,将草投在框内。投喂商品饲料可在水面以下35 cm处用芦席或带有边框的木盘搭成面积1~2 m² 的食台,将饲料投在食台上让鱼类摄食。通常每3 000~4 000尾鱼设食台1个。喂养鲤时,不能将颗粒饲料投在边坡上,因鲤善于挖掘,觅食时容易损坏边坡而造成池坡崩塌。

③ 定质:饲料必须新鲜,不可腐败变质。草类必须鲜嫩、无根、无泥、鱼喜食。有条件的可考虑配制配合饲料,以提高饲料的营养价值;或制成颗粒饲料等形式,以减少饲料营养成分在水中的损失。饲料的大小应比鱼的口裂小,以增加饲料的适口性。

④ 定量:投饵应掌握适当的数量,不可过多或忽多忽少,使鱼吃食均匀,以提高鱼对饵料的消化吸收率,减少疾病,有利于生长。每天的投饵量应根据水温、天气、水质和鱼的吃食情况灵活掌握。水温25~32℃时,饵料可多投;水温过高或过低时,应减少投饵甚至暂停投喂。水质较瘦,水中有机物耗氧量少,可多投饵;水质肥,水中有机物耗氧量大,应控制投饵量。每天16:00—17:00检查吃食情况,如当天投喂的饲料全部吃完,第二

天可适当增加或保持原投饲量;如当天投喂的饲料没吃完,第二天应减少投饲量。一般以投喂的精料 2~3 h 吃完、青料 4~5 h 吃完为适度。到 10 月份,大多数鱼种已长到 12~13 cm,这时天气转冷、水温降低,是保膘期,投饲量可逐渐减少。

全年投饲量可根据一般饲料系数和预计产量来计算。

$$全年投饲量 = 饲料系数 \times 预计产量(kg)$$

求出全年投饲量后,再根据一般分月投饲百分比,并参照当时情况决定当天投饲量(表 4-6)。

表 4-6 · 鲤各月份投饲比例(%)

月 份								合 计
6	7	8	9	10	11	12	第二年 1—3	
2	10	22	26	20	10	6	4	100

4.3.3 · 日常管理

每天早上巡塘 1 次,观察水色和鱼的动态,特别是浮头情况。如池鱼浮头时间过久,应及时注水。还要注意水质变化,了解施肥、投饲的效果。下午可结合投饲或检查吃食情况巡视鱼塘。

经常清扫食台、食场,一般 2~3 天清塘 1 次;每半月用漂白粉消毒 1 次,用量为 0.3~0.5 kg/667 m²;经常清除池边杂草和池中草渣、腐败污物,保持池塘环境卫生。施放大草的塘,每天翻动草堆 1 次,加速大草分解和肥料扩散至池水中。

做好防洪、防逃、防治鱼病工作,以及防止水鸟的危害。

搞好水质管理是日常管理的中心环节。青鱼、草鱼性喜清水,鲢、鳙喜肥水并含有丰富的天然饵料才能生长迅速。因此,对水质的掌握就增加了难度,水质既要清又要浓,也就是渔农所说的要“浓得清爽”,做到“肥、活、嫩、爽”。

所谓“肥”就是浮游生物多,易消化种类多。“活”就是水色不死滞,随光照和时间不同而常有变化,这是浮游植物处于繁殖盛期的表现。“嫩”就是水色鲜嫩不老,也是易消化浮游植物较多、细胞未衰老的反映,如果蓝藻等难消化种类大量繁殖,水色呈灰蓝或暗绿色。浮游植物细胞衰老或水中腐殖质过多均会降低水的鲜嫩度。“爽”就是水质清爽,水面无浮膜,混浊度较小,透明度以保持 25~30 cm 为佳。如水色深绿甚至发乌黑,在下风面有黑锅灰似的水,则应加注新水或调换部分池水。要保持良好的水质,就必须加强日常管理,每天早晚观察水色、浮头和鱼的觅食情况。一般采取以下措施调节水质。

① 合理投饲、施肥:这是控制水质最有效的方法。做到"三看":一看天,应掌握晴天多投,阴天少投,天气恶变及阵雨时不投;二看水,清爽多投,肥浓少投,恶变不投;三看鱼,鱼活动正常、食欲旺盛、不浮头应多投,反之则应少投。千万不能有余食和一次性大量施肥。

② 定期注水:夏花放养后,由于大量投饲、施肥,水质将逐渐转浓。要经常加水,一般每半个月加1次,每次加水15 cm左右,以更新水质、保持水质清新,也有利于满足鱼体增长对水体空间扩大的要求,使鱼有一个良好的生活环境。平时还要根据水质具体变化和鱼的浮头情况适当注水。一般来说,水质浓、鱼浮头时酌情注水是有利无害的,可以保持水质优良、增进鱼的食欲、促进浮游生物繁殖和减少鱼病的发生。

4.3.4 · 并塘越冬

秋末冬初,水温降至10℃以下,鱼的摄食量大大减少。为了便于来年放养和出售,这时便可将鱼种捕捞出塘,按种类、规格分别集中蓄养在池水较深的池塘内越冬(可用鱼筛分开不同规格)。

在长江流域一带,鱼种并塘越冬的方法是在并塘前7天左右停止投饲,选天气晴朗的日子拉网出塘。因冬季水温较低,鱼不太活动,所以不要像夏花出塘时那样进行拉网锻炼。出塘后经过鱼筛分类、分规格和计数后并塘蓄养,群众习惯叫"囤塘"。并塘时拉网操作要细致,以免碰伤鱼体而导致在越冬期间发生水霉病。蓄养塘面积为2~3 hm²,水深2 m以上,向阳背风,少淤泥。鱼种规格为10~13 cm,可放养75万~90万尾/hm²。并塘池在冬季仍要加强管理,适当施放一些肥料,晴天中午较暖和时可少量投饲。越冬池应严防水鸟危害。并塘越冬不仅有保膘增强鱼种体质及提高成活率的作用,而且还能略有增产。

为了减少操作麻烦和利于成鱼和2龄鱼池提早放养,减少损失,提早开食,延长生长期,有些渔场取消了并塘越冬阶段,采取1龄鱼种出塘后随即有计划地放入成鱼池或2龄鱼种池。

4.4

苗 种 运 输

4.4.1 · 苗种运输的准备工作

做好运输前的准备,是提高苗种运输成活率的基本保证。主要工作有以下几方面。

■ **（1）制定运鱼计划**

在苗种运输前要制定详尽的计划,包括运输路线、运输容器、交通工具、人员组织以及中途换水等事项,并根据不同的鱼种采用相应的运输方法。运输时要做到快装、快运、快卸,尽量缩短运输时间。

■ **（2）准备好运输工具**

主要是交通工具、装运工具和操作工具。在运输前要检查是否完整齐全,如有损坏或不足,要修补或增添。运输工具详见图4-4~图4-8和表4-7。

■ **（3）确定沿途换水地点**

调查了解运输途中各站的水源和水质情况,联系并确定好沿途的换水地点。

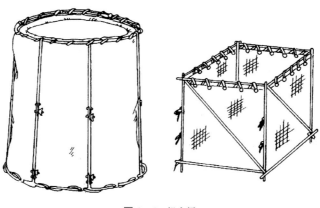

图4-4·帆布桶

图4-5·出水

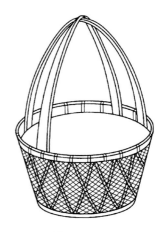

图4-6·担篓

图 4-7 · 笆斗　　　　　　　图 4-8 · 吸筒

表 4-7 · 运输鱼苗、鱼种工具

工 具 名 称		最低需要量	用 途	备 注
装运工具	活鱼船	1 条		在几种装运工具中,可根据交通情况、苗种数量来确定一种及需要的数量
	鱼篓	1 个	苗种运输工具	
	帆布桶	1 个		
	尼龙袋	1 个		
	塑料桶	1 个		
操作工具	水桶(或担篓)	2 副	挑鱼用	如运输苗种数量大,应相应增加数量
	网箱	1 个	暂养苗种	
	吸桶	1 个	吸脚用	
	出水	1 个	换水用	
	笆斗	1 个	换水用	
	捞子	2 把	抄鱼用	
	脚盆	2 个	拣鱼种过数用	
	小凉帘	根据水门多少	活水船进出水口用	
	小水车	1 个	活水船停船用	

▦ (4)缩短运输时间

根据路途远近和运输量大小,组织和安排具有一定管理技术的运输管理人员,以利做好起运和装卸的衔接工作,以及途中的管理工作,做到"人等鱼到",尽量缩短运输时间。

(5)做好运输前的苗种处理

鱼苗从孵化工具中取出后,应先放到网箱中暂养,使其能适应静水和波动,并在暂养期间换箱 1~2 次,使鱼苗得到锻炼;同时,借换箱的机会除去死苗、污物,这对提高途中运输成活率有较好的作用。鱼种起运前要拉网锻炼 2~3 次。

4.4.2 · 苗种运输方法

根据交通条件选择适宜的运输方法,具体的运输工具和方法有以下几种。

(1)塑料袋充氧运输

鱼苗种塑料袋规格为 70 cm×40 cm,装水 10~12.5 kg,每袋可装运鱼苗 8 万~10 万尾或乌仔 5 000~7 000 尾、夏花 1 200~1 500 尾,或装运 5~7 cm 的鱼种 600~800 尾、7~8 cm 的鱼种 300~500 尾,可保证在 24 h 内成活率达 90%左右。

(2)帆布桶运输

一般 0.4~0.5 m³ 的水可装鱼苗 15 万~20 万尾或乌仔 2 万~3 万尾、夏花鱼种 1.4 万~1.8 万尾、5~7 cm 的鱼种 1 万~1.2 万尾、6~10 cm 的鱼种 0.3 万~0.7 万尾。

(3)塑料桶运输

塑料桶上装有进出水口及注排气孔,使用时装水 1/3~1/2。容积为 25 L 的塑料桶可装鱼苗 8 万~10 万尾。如运载时间在 20 h 内,成活率可达 95%以上。

4.4.3 · 严格把握运输方法

苗种运输讲究 16 字原则:快而有效、轻而平稳、妥善计划、尽量稀运。在运输的各个环节中应把握以下技术。

(1)合理装鱼

用塑料袋装苗种要求动作轻快,讲究方法,尽量减少对苗种的伤害。通常要注意以下几个环节。

① 选袋:选取 70 cm×40 cm 或 90 cm×50 cm 的塑料袋。检查是否漏气。将袋口敞

开,由上往下一甩,并迅速捏紧袋口,使空气留在袋中呈鼓胀状态,然后用另一只手压袋,看有无漏气处。也可充气后将袋浸没在水中,看有无气泡冒出。

② 注水:注水要适中,每袋注水 1/4 ~ 1/3,以塑料袋躺放时苗种能自由游动为好。注水时,可在装水塑料袋外再套一只塑料袋,以防万一。

③ 放鱼:按计算好的装鱼量,将苗种轻快地装入袋中,苗种宜带水一批批地装。

④ 充氧:把塑料袋压瘪,排尽其中的空气,然后缓慢充氧,至塑料袋鼓起略有弹性为宜。

⑤ 扎口:扎口要紧,防止水与氧外流。先扎内袋口,再扎外袋口。

⑥ 装箱:扎紧袋口后,把塑料袋装入纸板箱或泡沫箱中,也可将塑料袋装入编织袋中,置于阴凉处,防止暴晒和雨淋。

（2）防治病害

做好防疫检疫工作,有疫病的苗种不能外运,以避免疫病传播。苗种在运输过程中难免受伤,尤其体表的黏液是苗种体表的保护层,一旦受损脱落,常会使苗种感染病菌,在运输后不久发病死亡。一般情况下,可在每只运鱼袋中放入食盐 2 ~ 3 g,有较好的防病效果。

（3）酌情换水

运输途中要经常观察鱼的动态,调整充气量,每 5 ~ 8 h 换水 1 次。操作要细致,先排老水约 1/3 后加注新水,一旦发现鱼缺氧要及时充氧。若运输中塑料袋内鱼类排泄物过多,需要换水、充氧。换水时注意所换水水温与原袋中水温基本一致。换水时切忌将新水猛冲加入,以免冲击鱼体造成受伤,换水量为 1/3 ~ 1/2。若换水困难,则可采取击水、淋水或气泵送气等方式补充溶氧,还可施用增氧灵等增氧药物。

鲤 主 养 模 式

4.5.1 · 环境条件

（1）产地环境要求

① 产地要求:养殖地应是生态环境良好,无或不直接受工业"三废"及农业、城镇生

活、医疗废弃物污染的水(地)域。

② 水质要求:水源充足,水质清新,排灌方便。水源水质符合 GB11607—1989 的规定,不得使养殖水体带有异色、异臭、异味,大肠杆菌、重金属、有机农药、石油类等有毒有害物质不得超过《渔业水质标准》和《无公害食品 淡水养殖用水水质》的要求。

池塘水色呈现豆绿色或黄褐色,透明度≥20 cm。池塘水质必须达到或符合的主要化学因子指标:有机物耗氧量为 10~30 mg/L、总氮为 0.50~4.50 mg/L、总磷为 0.05~0.55 mg/L、有效磷大于 0.015 mg/L、溶氧大于 4 mg/L、酸碱度(pH)为 7~9、盐度为 0.5~4。池塘水质符合的主要生物因子指标:浮游植物生物量为 20~100 mg/L、浮游动物生物量为 5~25 mg/L。

(2)池塘条件

池塘面积以 0.2~1 hm² 为宜,水深在 2.0~2.5 m,池底淤泥厚度≤20 cm。池塘应适当配备一定的机械设备,一般要求 0.5~1 hm² 的池塘应配备 3.0 kW 的叶轮式增氧机 1~2 台或 1.5 kW 的叶轮式增氧机 2 台,每口塘应配备潜水泵 1 台。电源正常,最好自配发电机,以防突然断电。

最好每年进行池塘清淤改良。池塘清淤一般在冬、春季节进行,先排干池水,进行人工或机械(泥浆泵)清淤,然后冻土晒塘。在养殖生产过程中,如条件允许,可借助潜走式水下清淤机进行带水清淤。

4.5.2 · 鱼种放养

(1)鱼种质量要求

鱼种来源于经国家批准的苗种繁育场,并经检疫合格。外观:体型正常,鳍条、鳞被完整,体表光滑,体质健壮,游动活泼。可数指标:畸形率和损伤率小于 1%。规格整齐。检疫合格指标:不带传染性疾病和寄生虫。

(2)鱼种放养前的准备

① 鱼池消毒:在进水放鱼前 10 天必须彻底清塘消毒,以消灭池底的有害病菌和寄生虫卵等。消毒有干池清塘和带水清塘两种方法。

干池清塘法:先放干池水,清除池底过多的淤泥,暴晒 3~5 天。在池角挖坑,一般用生石灰 100~150 g/m²,以少量水化成浆后全池泼洒,然后耙一遍。隔日注水至 1.0~1.5 m,7 天后即可放鱼苗。

带水清塘法：常采用生石灰清塘或漂白粉清塘。生石灰清塘就是先放水 30 cm 深，按照 300~500 g/m² 的生石灰用量，首先在池边溶化成浆，然后均匀泼洒。10 天后加入新水 1.0~1.5 m，再放入鱼苗。漂白粉清塘一般是先放水 30 cm，以有效氯为 30% 的漂白粉计算，用量为 20~40 g/m²，加水溶解后，立即全池泼洒。10 天后加水至 1.0~1.5 m，即可放鱼。

② 施基肥：鱼池使用消毒药物 2~3 天后可根据池塘底泥的厚度适当施放有机肥料作基肥，一般施用腐熟的有机肥 200~300 kg/667 m²，以保证鱼种下塘后有大型浮游动物、摇蚊幼虫等适口的天然生物饵料。

■（3）鱼种放养

① 混养搭配：在我国南方地区，由于生长期较长，鲤当年养殖可达食用规格。主养鲤的池塘，一般混养搭配鲢、鳙及少量的肉食性鱼类。一般放鲤夏花 2 000 尾/667 m² 左右、规格为 250 g/尾的鲢 150 尾、规格为 300 g/尾的鳙 50 尾，还可搭养鲢、鳙夏花。为摄食池塘中野杂鱼和瘦小病鱼，可放养规格为 50 g/尾的鲶 15~20 尾/667 m²。

在我国北方地区，由于鱼类生长期较短，鲤夏花要养殖两年才能达到食用规格，因此需要投放大规格的鲤鱼种，每 667 m² 池塘放平均规格为 100 g/尾的鲤鱼种 600~700 尾、规格为 40 g/尾的鲢 150 尾、规格为 50 g/尾的鳙 30 尾，还可搭配些鲢、鳙夏花。

② 鱼种消毒：放养前鱼种应进行消毒，常用的消毒方法有：1% 食盐加 1% 小苏打水溶液或 3% 食盐水溶液，浸浴 5~8 min；20~30 mg/L 聚维酮碘（含有效碘 1%）浸浴 10~20 min；5~10 mg/L 高锰酸钾浸浴 5~10 min。操作时水温的温差应控制在 3℃以内。

4.5.3 · 饲养管理

■（1）投喂

整个养殖过程以优质全价颗粒饲料为主，夏季定期搭配绿叶蔬菜等植物性饲料。颗粒饲料的粗蛋白含量为 30%~32%，粒径为 2.5~5 mm。6 月份前，采用粗蛋白含量为 32%、粒径为 2.5~3 mm 的颗粒饲料；中、后期投喂粗蛋白含量为 30%、粒径为 4~5 mm 的颗粒饲料。鱼种投放第二天开始驯食，先把少量饲料倒入投饵机，将投饵机设置为小量投料状态，投饵间隔为 10 s/次，每次投料 1 h，日驯食 5 次，3 天即可驯食成功，然后转入正常投喂。坚持"五定"投饵原则，即定时、定量、定位、定质、定人。日投饵 4 次，分别为 8：00、11：00、14：00、17：00。高温季节适当调整投饵时间，避开高温时段。进入仲秋，改为日投饵3次。投饵率为：6月底前2%~3%、7—9月4%、寒露后2%~3%。每周调整1次投饵量，每月测量1次鱼体规格并估算存塘鱼量，为科学投饵提供依据。另外，根据天气、水质等情况灵活调整投饵量，减少饲料浪费和水质污染。每次投喂以鱼吃八成饱为宜，即投喂40 min有80%的鱼离开食场，便可停喂。7月份，每隔几天投喂1次新鲜蔬菜叶，以补充维生素的不足，促进鱼体鲜艳。

▤ （2）水质调控

① 水位调节：鱼种投放时水位保持在1 m，这时便于水温上升，促使鱼体更好地摄食，延长生长时间。6月上旬保持水位在1.2~1.3 m，7—9月确保水位在1.5~2.0 m，以利于水温调节，使鱼类生长在最适温度范围内。

② 注、换水：正常情况每周注水1次，每次注水30 cm，高温季节每3~5天注水1次。6月份前每15天换水1次，换掉底层老水，每次换掉池水的1/3。换水后同时注入相同量的新鲜河水，以确保水体透明度在30 cm左右。平时密切注意水体透明度和水色变化并随时注、换水，以保持水质肥、活、嫩、爽。

③ 开动增氧机：6月中旬就要开启增氧机，以改善水体溶氧状况。7—9月，晴天中午都要开机2 h；凌晨1:00—2:00也要开机，确保早晨不出现浮头现象；阴雨天气及闷热天气要随时开机，严防泛池事故发生。

④ 泼洒水质改良剂：池水水质的恶化通常是由池底有机物沉积过多引起的。换水只能改善池水，但不能改善底质和消除产生有害物质的根源。很多养殖池塘由于受水源条件和水源水质的限制，基本上不换水，因此，要保持水质优良与稳定，必须同时改良水质和底质。目前，水产养殖生产上较常用的微生态制剂有芽孢杆菌、光合细菌、硝化细菌、EM菌等。在水产养殖过程中，应根据水产动物的生长状况、水质状况、底质状况等有目的、有针对性地科学使用。

▤ （3）日常管理

每天巡视池塘，要做到责任到人、专人巡塘，每天早晨巡塘1次，观察水色、水质和鱼群动态；下午巡塘1次，检查鱼摄食及鱼病等情况，并根据天气决定加水或增加开增氧机的时间。结合巡塘，经常清除池边杂草和池中腐败污物，保持池塘环境卫生，防止病原菌滋生。日常管理主要是清除杂物，及时将池塘四周杂草清除，每日捞取水中污物，保持水体清洁；同时，做好池塘日记，将每天的天气状况、鱼摄食、投饵、施药等情况进行详细记录，便于总结经验。

◼ （4）病害防治

在饲养过程中坚持以预防为主、防治结合的原则,早预防、早发现、早治疗。预防工作做得越好,鱼病就越少。预防工作主要包括鱼种放养前彻底清塘消毒;鱼种入池前应检疫、消毒;饲养过程中应注意环境的清洁、卫生;拉网操作要细心,避免鱼体受伤等。

发现鱼病应及时检查确诊,对症下药。药物的使用应符合 NY 5071—2002 的要求。

◼ （5）停饲期

为了保证鲤的品质,便于长途运输,在成鱼上市前应有适当的停饲时间。水温在16℃以下时,应为 7 天以上;水温在 16~25℃时,应为 3 天以上;水温在 25℃以上时,应为2 天以上。

4.6

鲤生态养殖模式

4.6.1 · 应用鱼菜共生技术调水的池塘主养鲤技术

鱼菜共生技术(也称生物浮床技术)是一种比较新的水体原位修复和控制技术。将水生植物种植于池塘中,通过植物的吸收、吸附作用和物种竞争相克的原理,将水中氮、磷等转化成植物所需的能量储存于植物体中,实现水环境的改善,从而使养鱼不(少)换水而无水质忧患,产生种菜不施肥而"苗壮成长"的生态共生效应,让鱼、植物、微生物三者之间达到一种和谐的生态平衡关系,属于可持续循环型低碳渔业。这里所说的菜并不单单指吃的蔬菜,还应包括观赏花卉、饲草等。栽培蔬菜种类应选择根系发达、处理能力强的蔬菜瓜果植株,利用其发达的根系与庞大的吸收表面积进行水质的净化处理。一般选择的品种有空心菜、水芹菜、丝瓜、水白菜、青菜、生菜等。推荐选择空心菜,因为其生长旺盛、产量大、净水效果好。

种植、养殖的面积及其比例关系到物种间的生态平衡关系。覆盖率太小起不到净化水质的效果,覆盖率太大除了影响光照、阻碍浮游植物进行光合作用、降低溶氧、影响鱼类生长外,还增大了投入成本。研究表明,8%~15%覆盖率的浮床较适合池塘鲤的养殖。

案例:每 667 m² 放规格 180 g/尾的福瑞鲤 2 400 尾、规格 120 g/尾的鲢 550 尾、规格120 g/尾的鳙 200 尾。利用 PVC 管、网片组合成生物浮床,框架规格为 2 m×1 m 或 2 m×

2 m。6 月初开始扦插水蕹菜、千屈菜、美人蕉(株高 20 cm),其株距 30 cm、行距 20 cm。养殖期间投喂配合颗粒饲料,每 20 天左右换水 1 次,换水量为高度 15 cm 左右。设置水蕹菜浮床,7 月中旬后旺盛生长,1 m² 浮床每天可以采摘 0.5 kg,采摘期可持续 50 天。至 9 月底结束,共计 120 天。鲤平均个体重可达 900~1 000 g,鲢平均个体重达 500 g 左右,鳙平均个体重达 700 g 左右。相比于常规养殖,鱼菜共生中鲤饲料系数降低 0.1,主养鲤成活率达 96%,其他混养鱼成活率也有不同程度的提高,经济效益显著。

4.6.2 · 鲤池塘"生物絮团"生态养殖技术

在养殖水体零换水基础上,当水体氨氮含量高时,通过人为添加碳源调节水体碳氮比(C/N),促进水体中的异养细菌大量繁殖,利用细菌同化无机氮,将水体中的氨氮等有害氮源转化成菌体蛋白,并通过细菌将水体中的有机质絮状物凝成颗粒物质,形成"生物絮团",最终被养殖动物摄食,起到调控水质、促进营养物质循环再利用、提高养殖动物成活率的作用。该技术是一项节水、减排、健康、高效的池塘生态养殖技术。

案例:在黑龙江选择单口面积 667 m² 的池塘进行养殖试验,在零换水基础上采用生物絮团与微孔增氧技术相结合的方法,且在整个过程中未使用药物。结果表明,本方法整体取得了较好的水质调控效果,且在高寒地区每 667 m² 池塘产量达到了 1 100 kg 以上。与传统养殖模式相比,本养殖模式中鱼的成活率及效益明显提高,且饲料系数明显降低。

本养殖模式中,用于水质调控(添加碳源和用于清塘的生石灰)的费用占总体养殖成本的 1.02%~4.04%,抽样平均为 2.29%;用于电力(微孔增氧和抽水注水耗能)的费用占总养殖成本的 2.03%~3.35%,抽样平均为 2.91%。在其他成本(饲料、鱼种、人工、池塘及折旧)不变的前提下,如果按照传统的养殖模式进行养殖,其用于水质调控(水体消毒、杀虫及降氨氮药物)的费用则占总养殖成本的 2.78%~4.39%,抽样平均为 3.88%,较本模式高 1.59%;用于电力(池塘表面动力增氧的抽、注水)的费用占总养殖成本的 4.82%~7.63%,抽样平均为 6.73%,较本模式高 3.82%;养殖过程中的用水量较本养殖模式每 667 m² 高 3.3 吨。本养殖模式下的养殖成本与传统养殖模式相比明显降低。因此,与传统养殖模式相比,本养殖模式能够产生较好的经济效益、生态效益和社会效益。

4.6.3 · 运用底排污净化改良水质的鲤健康养殖技术

养殖池塘底排污系统构建及管理技术是在池塘底部的最低处修建一个或多个集污口,在池边修建排污井,用地下管道连接集污口和排污井形成一个连通器。排污时,拔出排污井中的插管,由池塘内外水位差产生的水压将池塘底部的废弃物压到排污井中自主排出养殖池塘。排出的污水进入固液分离池,利用微生物制剂降解、净化、沉淀,固体有机沉淀物作为有机肥用于种植农作物、蔬菜等,上清液作为农业用水直接排放出去,或进入池塘循环再利用,形成一个良性循环系统。

底排污池塘对底层污水和养殖沉积物的排出率可达 80%,同时减少了用于清淤的 80% 以上能耗和劳动力;水体净化处理后通过抽提进入养殖池循环利用,可节水 60%;底排污池塘与传统池塘相比,池塘底排污系统可以为鱼创造良好的生活环境,可使平均产量提高 20%、饲料利用率提高 3%~5%、成本降低 15%~20%,实现节能减排、低碳高效和养殖水体良性循环,能够推动渔业转方式调结构、实现产业转型升级。

案例:在山西地区选择两口池塘,1 号塘为底排污模式试验塘,2 号塘为传统养殖模式对照塘,面积各 6 670 m²,水深 1.5~2 m,各配两台 3 kW 叶轮式增氧机、1 台 1.5 kW 涌浪机、2 台水车式增氧机、1 台自动投饵机。放养鲤鱼苗 2 250 kg,鱼苗平均规格 150 g/尾,搭配适量草鱼、鲢、鳙。试验塘与对照塘投喂相同配方的颗粒饲料。晴天中午开启涌浪式增氧机 1~2 h,22:00 后开启叶轮式增氧机,根据水质情况适量加注新水和换水。底排污试验塘每 2~3 天排污 1 次,每次排污 10~15 min,污水排入沉淀池。

共养殖 154 天,两个池塘投喂了相同重量的配合饲料(18.7 吨)。1 号底排污池塘产出鲤 17 607 kg,饵料系数为 1.21;2 号对照塘产出了鲤 14 583 kg,饵料系数为 1.51。安装了底排污系统的池塘产量明显高于对照塘,养殖中后期水体氨氮、亚硝酸盐含量显著低于对照塘,溶氧始终高于对照塘。这说明对传统养殖池塘进行底排污改造,不仅能改良水质,还能提高养殖对象的产量。

4.6.4 · 池塘工程化循环水养殖模式

本模式俗称"跑道养鱼"。采取在池塘中建设流水槽等设施(约占池塘总面积 2%),进行高密度、集约化养殖,池塘 98% 左右的面积进行水质净化,使养殖用水得以长期循环利用,达到环境友好、可持续、健康发展的目的。在养殖流水槽中采用气推、气提等形式,保证了池水昼夜的高溶氧、长流水环境,从根本上保障了养殖产品的优质高产,其总产量达到或超过原来整个池塘的养殖产量。

该模式的养殖用水循环利用,管理操作实现智能化、机械化,便于规范化管理,有利于水产品质量监管,减少了人力的投入。该模式营造了一个相对独立的优良养殖水域环境,不对外界环境造成污染,外界对其影响小,可减少用药量,也方便捕捞。在净化区域投放滤食性鱼类,种植水稻、莲藕等,一方面净化水质,保障养殖水产品的品质;另一方面可获得一定数量的其他产品,增加产值,提高效益。这是环境友好型渔业。

案例:22 m×5 m×2 m 的标准化流水槽中放养规格 100 g/尾的福瑞鲤 21 000 尾。采用水产养殖超大容量智能投饲系统投喂,采用低压风送原理,送料速度快、距离远且饲料破碎率小,可预防养殖水产品规格不一。在流水槽前后端安装水温、溶氧、pH、氨氮、亚硝酸盐等监测探头,实现自动监测和物联网智能精准管控,并通过对历史数据分析,制定养殖品种环境控制生长模型,推动养殖决策由经验为主转向数据为主,实现信息化、智能化、精准化管理。养殖 150 天,鲤产量 16 065 kg,产值 18.96 万元,成本 15.71 万元,利润达 3.24 万元。按每个流水槽配套 6 670 m² 净化外塘计算,加上外塘滤食性鱼类产值,每667 m² 池塘平均利润达到 4 131 元。

4.6.5 · 稻田养殖技术

稻田养鱼指利用稻田的浅水环境辅以人工措施,既种稻又养鱼,达到稻鱼共生互利,使稻田生态系统从结构和功能上都得到合理改造,发挥稻田的最大“负载力”。在稻田养殖生态系统中,物质就地进行良性循环,能量朝着稻、鱼(虾、蟹、鳖、鳅)双方都有利的方向流动,形成了稻鱼互利共生的生态系统。稻田中的鱼对田间害虫和野草的控制卓有成效,并且鱼的粪便等为水稻提供了养分,从而促进了水稻增产。水稻产量能够稳定在500 kg/667 m² 以上,平均单位面积增产达 5%~15%。稻田中的杂草和害虫又为鱼提供了食物,同时水稻的生长净化了水质,从而促进了养殖鱼的增收。稻田养鱼实现了“以渔促稻、提质增效、生态环保、保渔增收”的发展目标。

稻田养鱼的类型,按水稻种植类型和鱼的关系可划分为稻鱼共作、稻鱼轮作、稻鱼连作;按稻田养鱼工程类型可划分为平田式、垄稻沟鱼式(半旱式)、田凼式(田池式)、宽沟式稻田养鱼。

平田式稻田养鱼要求加高加固田埂,田埂高 50~70 cm,顶宽 50 cm 左右。田内开挖鱼沟,沟深 30~50 cm,沟的上口宽 30~50 cm。中央沟与环沟相通,环沟相对的两端与进、排水口相接,整个沟的开挖面积占田面的 10%。稻鱼共作养成鱼时,鱼的设计单产为30 kg/667 m² 左右;若在第一季种稻养鱼后、第二季只养鱼而不种稻时,鱼的设计产量为80~100 kg/667 m²。

垄稻沟鱼式稻田养鱼是在稻田的四周开挖 1 圈主沟,沟宽 50~100 cm、深 70~80 cm。垄上种稻,一般每垄栽种 1 行水稻,垄之间挖垄沟,沟宽小于主沟。若稻田面积较大,可在稻田中央再挖 1 条主沟。总开沟面积占田面面积的 10% 左右,设计养鱼产量为 80~100 kg/667 m²。

田凼式或田池式稻田养鱼的特点是稻田内按田面面积的一定比例开挖一个鱼凼。鱼凼的开挖面积一般为田面面积的 8%,深 2~2.5 m。鱼凼一般设在田中央或背阴处,但不能设在进、排水口及田的死角处。鱼凼的形式以椭圆锅底形或长方形为好,一般按每

667 m^2 开 50 m^2 的凼。养鱼设计产量为 50~60 kg/667 m^2。

宽沟稻田养鱼是根据流水养鱼原理而设计出的一种稻田养鱼方式。此种方法是在稻田的进水口一端距进水口 1 m 处开挖深 1~1.5 m、宽 4~6 m 的宽沟,田的中央设"十"字形中央沟,沟的宽、深均为 50 cm。养鱼设计产量在 50 kg/667 m^2 以上,但不应超过 80 kg/667 m^2。

鲤可作为单一品种在稻田中饲养,也可以主养,适当搭配些鲢、鳙,一般不搭配草鱼。鲤鱼种的放养规格:双季稻田连作饲养时,可为 50 g/尾左右;单季稻田并作饲养时,由于饲养期较短,所以放养规格应大一些,可为 75~100 g/尾,放养密度为 200~350 尾/667 m^2。稻田插秧后 1 周即可放养。为了提早放养,也可先把鱼种放入事先挖好的鱼溜内,待水稻插上秧并返青后再增加稻田水位,使鱼从鱼溜内游出,进入稻田中生活、生长。

(撰稿:赵永锋)

5

鲤营养与饲料

概　述

相对于其他品种,鲤的营养需要研究较早。20 世纪 70 年代日本就开始鲤营养需要的研究。近年来,我国针对建鲤和松浦镜鲤等开展了系列营养需要的研究。目前,鲤幼鱼阶段不同营养素营养需求基本阐述清楚,成鱼阶段主要营养素需要量也已经探明。

鲤是我国淡水主要养殖品种,2021 年产量 289.67 万吨。目前鲤饵料系数为 1.4～1.6,按此计算我国年需鲤饲料 405.54～463.47 万吨。鲤饲料技术已非常成熟,作为杂食性鱼类,鱼粉基本不添加或添加量很少。棉粕、菜粕等原料在鲤饲料中大量使用。

营 养 需 求

5.2.1 · 蛋白质和氨基酸的需要量

（1）蛋白质

蛋白质是维持动物生命活动所必需的营养素,也是构成动物体的主要物质。鱼体干物质中 65%～75% 为蛋白质,蛋白质缺乏将严重影响其生长性能。鲤蛋白质需要量研究较多(表 5-1),按规格大小不同,需要量也不同。

表 5-1 · 鲤蛋白质需要量

品　种	鱼体重（g）	饲料类型	饲养天数（天）	指　标	蛋白质需要量（%）	参考文献
普通鲤	10	豆粕、棉粕、菜粕、鱼粉	56	酶活性	31	孙金辉等,2017
建鲤	10	鱼粉、豆粕、棉粕、菜粕	56	生长性能	33	李贵锋等,2012

续 表

品 种	鱼体重 (g)	饲料类型	饲养天数 (天)	指 标	蛋白质需要量(%)	参考文献
黄河鲤(♂)×建鲤(♀)	11.5	鱼粉和大豆分离蛋白	56	增重率 蛋白质效率 和 FCR	37.0~42.3	殷海成等,2012
建鲤	16.7	鱼粉	45	增重率 胰蛋白酶 糜蛋白酶 氮沉积	34.1 35.1 33 33.8	刘勇,2008
普通鲤	75.39	鱼粉	63	增重率	30~32	伍代勇,2011
松浦镜鲤	246	豆粕、鱼粉	82	增重率、饲料效率	26	Fan 等,2020

小规格鲤(10 g)：刘勇(2008)对建鲤研究表明,饲料可消化能水平为 14.4 MJ/kg 时,以增重率为指标,蛋白质需要量为 34.1%。李贵锋等(2012)也得到基本相同的结果：能量水平为 14.5 MJ/kg 时,蛋白质需要量为 33%。

中规格鲤(50 g)：伍代勇(2010)配制 3 个蛋白质水平(28%、30%、32%)和 3 个脂肪水平(3%、6%、9%)的饲料,对(75.39±0.18)g 鲤研究表明,饲料蛋白质和脂肪增加均能改善鲤生长性能和饲料利用率,最适蛋白质水平为 30%~32%、脂肪为 9%。

大规格鲤(250 g)：Fan 等(2020)研究大规格松浦镜鲤蛋白质需要量,以增重率为指标,其蛋白质需要量为 26%。

(2) 氨基酸

大多数鱼类必需的 10 种氨基酸对于鲤也是必需的。除胱氨酸和酪氨酸外,其他 8 种必需氨基酸需要量近年来都进行了新的研究(表 5-2)。

表 5-2 · 鲤氨基酸需要量

氨基酸	品 种	体重 (g/尾)	蛋白含量 (%)	指 标	需要量 占日粮 (%)	占日粮蛋白 (%)	参考文献
精氨酸	建鲤	6.33	34.0	特定生长率	1.80	5.5	Chen 等,2011
	松浦镜鲤	6.84	33.42	增重	1.85	5.5	李晋南等,2021
组氨酸	建鲤	8.76	32.8	增重	0.78	2.38	赵波,2011

续　表

氨基酸	品　种	体重 (g/尾)	蛋白含量 (%)	指　标	需　要　量		参考文献
					占日粮 (%)	占日粮蛋白 (%)	
异亮氨酸	建鲤	6.9	33.58	特定生长率	1.29	3.84	Zhao 等，2012
亮氨酸	建鲤	7.88	34.26	增重	1.29	3.77	伍曦，2011
赖氨酸	建鲤	7.89	32.0	增重	1.88	5.86	赵春蓉，2005
蛋氨酸	建鲤	9.90	35	增重率	1.17	3.34	王光花，2007
	建鲤	12	35	增重率 特异性免疫	1.16 1.24	3.31 3.54	帅柯，2006
胱氨酸	普通鲤	62	33	日增加量	—	0.9	Ogino，1980
苯丙氨酸	建鲤	7.53	33.65	增重率	1.19	3.54	曾婷，2011
酪氨酸	普通鲤	62	33	日增加量		2.3	Ogino，1980
苏氨酸	建鲤	20	31.67	增重率	1.62	5.07	Feng 等，2013
缬氨酸	建鲤	9.67	32.79	特定生长率	1.37	4.0	董敏，2011
色氨酸	建鲤	10	31.76	特定生长率	0.35	1.09	唐凌，2009

精氨酸作为功能性氨基酸在机体的各种生理活动中起重要作用,如促进蛋白质代谢、提高机体免疫力、促进激素分泌、提高繁殖力等,其还是多种活性物质的前体。Hoseini 等(2019)发现,蛋白质缺乏(4.1%蛋白质)和过量(8.1%蛋白质)都影响鲤生长和健康,导致皮质醇和葡萄糖升高、细胞因子基因表达下调。适宜水平的蛋白质(5.3%蛋白质)可抑制应激造成的皮质醇和溶菌酶升高,减轻应激诱导的白介素-1(IL-1)和白介素-8(IL-8)基因下调。饲料中 1.8%~2.4%的精氨酸可满足松浦镜鲤需要,促进松浦镜鲤的肠道发育(李晋南等,2021)。

甘氨酸是鱼类中的一种非必需氨基酸,但在胶原蛋白、弹性蛋白的合成和抗氧化系统的调节中具有重要的生理作用。甘氨酸是谷胱甘肽(GSH)结构的关键元素,是一种重要的抗氧化分子,因此可以保护鱼类免受自由基的影响。饲料中添加 0.25%~1.0%甘氨酸不影响鲤的生长,但能抑制运输过程中的高氨血症、应激反应和氧化应激。推荐的甘氨酸添加量为 0.5%(Hoseini 等,2022)。

谷氨酸是非必需、功能性氨基酸。谷氨酸可以转化为谷氨酰胺,对于鱼类,这种转化对氨的稳态至关重要。在低磷饲料中添加谷氨酸可提高生产性能和肠道抗氧化能力,下调肠道促炎因子肿瘤坏死因子-α(TNF-α)、IL-1β 和 IL-8 基因表达。添加 1%~2%谷氨酸可提高镜鲤的免疫力(Li 等,2020)。

5.2.2 · 脂类和必需脂肪酸的需要量

▤ （1）脂肪

作为能量的主要来源,其需要量受饲料蛋白质和糖类水平的影响。对脂肪需要量的下限是必须满足必需脂肪酸(EFA)的需求。从满足 EFA 需求的角度出发,饲料中脂肪的添加量也受其来源的影响。当饲料脂肪添加水平超过了脂肪需求的上限时,则会造成多余脂肪在腹腔、肝脏或其他组织沉积。对不同规格鲤的研究表明,5%~8%脂肪含量对于鲤饲料比较适宜(表 5-3)。

表 5-3 · 鲤脂肪需要量

品　种	体重(g)	原　料	脂肪需要量(%)	指　标	参 考 文 献
松浦镜鲤	5.5	鱼油	5~8	增重	许治冲等,2012
普通鲤	15	豆油	8	增重	Poleksić,2014
普通鲤	22.65	葵花油	5	增重	Sabzi 等,2017
普通鲤	105	豆油	4.4	增重	单世涛,2011
普通鲤	201	亚麻籽油	6.31	增重、必需脂肪酸	Župan 等,2016
松浦镜鲤	247	豆油	5.95~7.04	增重、饲料利用	Fan 等,2021

在饲料中添加适量的脂肪可达到节约蛋白质的作用。Manjappa(2002)研究了脂肪对蛋白质的节约作用。鲤幼鱼(2.13~2.21 g)饲喂低蛋白(24%粗蛋白),分别添加 0~9%鱼油(脂肪含量 6.85%~13.01%)饲料,以 5%体重饲喂 120 天,结果显示,添加 6%鱼油(脂肪含量 11.42%)组生长性能最好,饲料效率和蛋白质效率随脂肪含量提高而改善。

▤ （2）脂肪酸

关于必需脂肪酸,鱼可以分为 3 种类型:第一种类型需要 n-6 脂肪酸,第二种类型需要 n-6 和 n-3 脂肪酸,第 3 种类型需要 n-3 脂肪酸。鲤属于第二种类型,即同时需要 n-6 和 n-3 脂肪酸。Takeuchi 和 Watanabe(1977)在 0.5 g 幼鱼试验证明了这一点。试验前饲喂无脂肪饲料 6 周,发现此时鱼体仍含有较高含量的 n-6 脂肪酸和 22:6(n-3),这是鲤不易产生 EFA 缺乏的原因。试验发现,同时提供 1%的 18:2(n-6)和 18:3(n-3)生产性能高于单独提供 2% 或者 0.5% 这些脂肪混合物或者 1% 的 18∶3(n-3),说明鲤需要 18∶2(n-6) 和 18∶3(n-3) 各 1%。周继术等(2018)研究表明,在 6% 与 12% 脂肪水平下添加 1.5% 二十二碳六烯酸(DHA)对鱼的生长和健康有负面影响,可能与 DHA 添加量偏高有关;同时发现,提高饲料脂肪水平有减轻过高 DHA 所带来的不利影响。

脂肪酸的比例会影响繁殖及其在组织中的沉积。Ma 等(2020)研究表明,亚麻酸/亚油酸(LNA/LA)比例影响生产性能和卵巢发育,用 3.67% 花生油和 4.33% 紫苏子油(LNA/LA 为 1.09)增重率最高,与添加 8% 鱼油无差异;LNA/LA 为 1.53 时生殖腺指数最高;随着 LNA/LA 比例增大,卵巢 $StAR$、$17\beta-HSD$ 和 $Cyp19a1a$ 基因表达上调,血浆雌二醇(E2)水平提高,肝脏 LNA 含量和卵巢 LNA、LA 含量提高。用豆油、亚麻油和猪油配成亚油酸/亚麻酸(PUFA;LA+LNA,2%)为 0.53、1.04、2.09、3.95 和 6.82 时,结果表明,脂肪酸沉积具有组织特异性,受到饲料脂肪酸的影响。肌肉、肝胰腺、肠道、腹膜内脂肪及肾脏和脾脏的脂肪酸组成反映了饲料脂肪酸组成。对于肌肉,脂肪酸组成 LA/LNA 为 2.09 最佳(Tian 等,2015)。

■（3）磷脂

仔稚鱼自身体内磷脂合成能力不足,在饲料中添加磷脂可促进仔稚鱼和早期幼鱼的生长,提高仔稚鱼的成活率并降低畸形率,同时可提高抗应激能力(表 5-4)。基于单一磷脂的研究表明,磷脂功效的次序为:磷脂酰胆碱>磷脂酰肌醇>磷脂酰乙醇胺>磷脂酰丝氨酸。其中,磷脂酰胆碱对生长更为重要,而磷脂酰肌醇对存活及预防畸形更为重要。当鲤仔鱼采食人工饲料代替磷脂含量丰富的活饵时,饵料中应注意补充足够的磷脂(Geurden 等,1995)。添加磷脂可提高中性脂肪的吸收。当磷脂缺乏时,前肠上皮细胞脂肪小泡增多、小肠黏膜上皮细胞高度增加、肝细胞体积下降。

表 5-4·鲤磷脂需要量

阶　段	添加形式	最适需要量(%)	评价标准	参考文献
仔稚鱼	鸡蛋卵磷脂	2	生长率、存活率	Geurden 等,1995
仔稚鱼	混合多种磷脂源	2	生长率、存活率	Geurden 等,1995
仔稚鱼	大豆磷脂酰胆碱、大豆磷脂酰肌醇、鸡蛋卵磷脂(EL)	2	生长率、存活率、畸形率(不包括 EL)	Geurden 等,1997
幼鱼(13 g)	大豆卵磷脂	3	增重、溶菌酶	Adel 等,2017

5.2.3 · 糖类的需要量

糖类不是鱼类所必需的营养物质,鱼类可利用氨基酸等非糖前体经由糖异生途径有效合成葡萄糖。因此,摄食不含糖类的饲料,鱼类也能正常存活并生长。由于淀粉类原料比蛋白源和脂肪源更加便宜,因此,在鱼饲料中添加淀粉有助于降低成本。Guo 等(2021)研究 0~40%淀粉对普通鲤和转生长激素基因鲤的影响发现,普通鲤在 20%淀粉时特定生长率和蛋白质效率最高,20%~40%淀粉时特定生长率差异不显著;转基因鲤在10%淀粉时特定生长率和蛋白质效率最高,超过 30%淀粉时则显著降低;随着饲粮淀粉含量的增加,两种鱼的体脂和肝糖原含量均有所增加,表明较高的淀粉水平可促进糖酵解、脂肪合成和抑制糖异生。Qin 等(2018)发现,鲤葡萄糖吸收主要发生在肠道近端和中段,提高日粮葡萄糖和氯化钠浓度可以促进肠道葡萄糖吸收。对于鲤最佳的糖类添加量为 30%~40%(Wilson,1991)。

5.2.4 · 矿物质的需要量

鱼类除了从饲料中获得矿物元素外,还可以从其生活的水体中吸收某些矿物质。水生动物可通过鳃吸收多种矿物质来满足其代谢的需要。同时,水体中矿物元素含量及组成对鱼类机体的渗透压调节、离子调节和酸碱平衡产生影响。一些矿物元素可以由水中吸收(如钙)或者在饲料中含量足够(如钾),饲料中一般不需要补充。鱼类饲料中需要补充的矿物元素主要有磷、镁、铜、铁、锌、锰和硒。此外,钴作为维生素 B_{12} 的组成部分,可改善葡萄糖的利用,并能促进氨基酸合成蛋白质,具有重要的营养作用,也要考虑补充。鲤的矿物元素需要量见表 5 - 5。

表 5 - 5 · **鲤矿物元素需要量**

矿物元素	品种	体重(g)	原料	需要量	指标	参考文献
钙(%)	鲤	4.5	$C_6H_{10}CaO_6$	不需要	增重、鱼体钙、骨骼矿物质含量	Ogino 和 Takeda,1976
	鲤	4.5		0.6~0.7		Ogino 和 Takeda,1976
磷(%)	建鲤	7.17	NaH_2PO_4	0.52	特定生长率	谢南彬,2010
		6.49~6.68		0.66		Yoon 等,2017
	鲤	80	NaH_2PO_4	0.555 0.762 1.32	增重 骨矿化 鱼体含量	Nwanna 等,2010

矿物元素	品种	体重(g)	原料	需要量	指 标	参考文献
钙:磷	鲤			没关系		Ogino 和 Takeda,1976
镁(%)	鲤	8.5	$MgSO_4$	0.4~0.5	增重、骨骼镁含量	Ogino,1980
		26	$Mg(C_2H_3O_2)_2$	0.6	增重、肾镁含量	Dabrowska 和 Dabrowski,1990
铁(mg/kg)	建鲤	11	富马酸亚铁	147.4	血清铁	凌娟,2009
			$FeCl_3 \cdot 6H_2O$	150	血液指标、肝胰脏铁浓度	Sakamoto 和 Yone,1978
铜(mg/kg)	鲤	1.9	$CuCl_2$	3	鱼体铜、骨骼铜含量	Ogino 和 Yang,1980
		3.02	纳米铜	2.19~2.56	抗氧化、增重	Dawood 等,2022
锰(mg/kg)	鲤	1.9	$MnSO_4 \cdot H_2O$	12~13	增重、畸形率	Ogino 和 Yang,1980
		4	$MnSO_4 \cdot H_2O$	12~13	增重	Satoh 等,1987
		2	$MnSO_4 \cdot H_2O$	13~15	增重	Satoh 等,1992
锌(mg/kg)	建鲤	2	$ZnSO_4 \cdot H_2O$	15	增重、骨骼锌	Ogino 和 Yang,1979
		15	乳酸锌	48.69	增重百分率	谭丽娜,2009
硒(mg/kg)	鲤	10	Na_2SeO_3	0.517 0.480	增重 免疫	金明昌,2007
		10	纳米硒	1	增重、抗氧化	Ashouri 等,2015
		7.68	纳米硒	2	增重、FCR	Hussain 等,2019
钴(%)	鲤	1	$CoCl_2 \cdot 6H_2O$	0.05	增重	Ashouri 等,2015
铬(mg/kg)	鲤	15	$CrCl_3 \cdot 6H_2O$	0.51	增重	Arafat,2012
		40.95	蛋氨酸铬	0.4~0.8	非特异性免疫	尹帅 等,2017

■ (1) 钙和磷

钙和磷主要是骨骼、外骨骼、鳞片和牙齿的结构成分。此外,钙还参与血液凝固、肌肉功能、神经冲动传导、渗透压调节,以及作为酶促反应的调节因子。磷是体内核酸、磷脂、辅酶、脱氧核糖核酸和核糖核酸等多种有机磷酸盐的主要成分;无机磷酸盐也是维持细胞内液和细胞外液的重要缓冲剂。

鱼能有效地通过鳃、皮肤等从水中吸收相当数量的钙,饲料中不必补充钙盐(Ogino 和 Takeda,1976)。在水中无钙的情况下,鲤饲料中的钙应保持在 0.7% 以上(麦康森,2011)。

与钙相反,天然水体中磷的浓度通常很低,鱼对其利用率非常有限,在鱼饲料中添加磷非常关键。含磷 0.52%~0.66% 可满足鲤生长需要(谢南彬,2010;Yoon 等,2017),满足鲤骨骼矿化的需要量为 0.76%(Nwanna 等,2010)。

饲料中钙磷比对鱼类生长有明显的影响,这是因为钙和磷的吸收相互影响。但是,由于鲤可从水中吸收钙,饲料中钙磷比例不需要考虑(Ogino 和 Takeda,1976)。

■ (2) 钠、钾、氯

钠、钾、氯在酸碱平衡和渗透压调节中发挥重要作用。除调节渗透压外,钾参与维持神经和肌肉的兴奋性,也与糖代谢有关。钠参与糖和氨基酸的主动转运。鱼类很难出现钠和氯的缺乏症,因为在水体和饲料中含量充足。但是,饲料中若添加过多的钠、钾、氯(大大超过鱼体的处理能力),鱼类可能出现水肿等中毒症状。

■ (3) 镁

鱼体内镁大部分贮存于骨骼(鲤占 60%),其余 40% 的镁分布在各器官、肌肉组织和细胞外液。镁的主要功能是作为磷酸化酶、磷酸转移酶、脱羧酶和酰基转移酶等的辅基和激活剂。镁也是细胞膜的重要构成成分,心肌、骨骼肌和神经组织的活动有赖钙、镁离子间维持适当的平衡。饲料中缺乏镁时,出现生长缓慢、肌肉软弱、痉挛惊厥、白内障、骨骼变形、食欲减退、死亡率高等症状。淡水中镁的含量为 1~3 mg/L,所以饲料中需添加镁。以增重和肾镁含量为指标,镁的需要量为 0.4%~0.6%(Ogino 等,1980;Dabrowska 和 Dabrowski,1990)。

■ (4) 铁

铁是血红蛋白、肌红蛋白、细胞色素以及许多酶系统生成和发挥正常功能所必需的一种微量元素。铁摄入不足时,会产生贫血症。铁摄入过量会产生铁中毒,导致生长停滞、厌食、腹泻、死亡率增加。鱼对铁的需要量随铁的化学状态不同而异。以富马酸亚铁和六水三氯化铁($FeCl_3 \cdot 6H_2O$)为铁源,鲤对铁的需要量为 150 mg/kg(凌娟,2009;Sakamoto 和 Yone,1978)。

■ (5) 铜

铜参与铁的吸收及新陈代谢,在造血过程中发挥重要作用;同时,铜也是许多铜依赖酶的重要组成成分,如赖氨酰氧化酶、细胞色素 C 氧化酶、铁氧化酶、酪氨酰酶和超氧化物歧化酶等,具有影响体表色素形成、骨骼发育和生殖系统及神经系统的功能。

铜缺乏会导致骨骼有机基质中胶原蛋白不能正常成熟(交联),引起骨骼脆性增加和骨畸形。饲料中高水平的铜(>500 mg/kg)会造成养殖动物中毒,与养殖水体中铜过量的危害相似。鲤对铜的需要量很低,3 mg/kg即可满足需要(Ogino和Yang,1980;Dawood等,2022)。

(6)锰

锰作为一些酶系统的辅助因子而发挥作用。这些酶系统包括尿素合成(由氨合成)、氨基酸代谢、脂肪酸代谢和葡萄糖氧化等系统。鱼类缺锰会导致生产性能降低、骨骼畸形、胚胎死亡率增高和孵化率低下。以增重为指标,鲤对锰的需要量为12~15 mg/kg(Ogina和Yang,1980;Satoh等,1987、1992)。

(7)锌

锌是许多酶的辅助因子,也是众多金属酶的组成成分,包括碳酸酐酶、羧肽酶A和B、乙醇脱氢酶、谷氨酸脱氢酶、乳酸脱氢酶、碱性磷酸酶、超氧化物歧化酶、核糖核酸酶和DNA聚合酶等(National Research Council,2011)。缺锌时,鱼生长缓慢、食欲减退、死亡率增高,血清中锌和碱性磷酸酶含量下降,皮肤及鳍腐烂,躯体变短。鲤对锌的需要量为15~48.69 mg/kg(Ogrino和Yang,1979;谭丽娜,2009)。

(8)硒

硒是谷胱甘肽过氧化物酶的组成成分,其功能和维生素E具有协同作用,可防止细胞线粒体的脂类过氧化,保护细胞膜不受脂类代谢产物的破坏。硒缺乏会抑制血浆中的谷胱甘肽过氧化物酶的活性,导致死亡率增加。硒和维生素E同时缺乏会导致肌肉营养不良和退化。硒的毒性较大,慢性硒中毒已在多种鱼类中得到证实。在饲料中硒添加量超过13 mg/kg则引起鱼类中毒,死亡率升高(麦康森,2011)。以亚硒酸钠为硒源,以增重和免疫为指标,硒的需要量为0.52 mg/kg和0.48 mg/kg(金明昌,2007);以纳米硒为硒源,以增重和饲料系数(FCR)为指标,鲤对硒的需要量为1 mg/kg和2 mg/kg(Ashouri等,2015;Hussain等,2019)。美国食品和药品监督管理局(FDA)允许在所有动物(包括水生动物)的饲料中添加亚硒酸钠和硒酸钠,添加上限为0.3 mg/kg(National Research Council,2011)。

(9)碘

碘广泛分布于鱼类的各种组织中,但其中一半以上集中于甲状腺内。碘和酪氨酸结合成一碘酪氨酸和二碘酪氨酸,而后转变成甲状腺素,为甲状腺球蛋白的组成部分。脊椎动物碘缺乏的典型症状是甲状腺细胞增生(甲状腺肿大),偶尔鱼类也会出现类似情况。鲤对碘的需要量未见报道。对大多数动物 1~5 mg/kg 碘可满足需要(麦康森,2011)。

■ (10) 钴

钴主要作为维生素 B_{12} 的组成成分,还是某些酶的激活因子,可促进鲤生长和血红素形成。如果缺钴,肠道中维生素 B_{12} 合成严重降低,缺钴还容易发生骨骼异常和短躯症。鲤对钴的需要量约为 0.1 mg/kg(National Research Council,2011)。添加 0.05%六水氯化钴($CoCl_2 \cdot 6H_2O$)可促进鲤的增重(Ashouri 等,2015)。

■ (11) 铬

铬是动物和人所必需的矿物元素。在饲料中铬以两种形式存在,即无机 Cr^{3+} 和生物分子的一部分。三价铬有助于脂肪和糖类的正常代谢以及维持血液中胆固醇的稳定,其生物功能与胰岛素有关。到目前为止,三价铬对鱼的影响没有显示缺乏症和过剩症。以六水氯化铬($CrCl_3 \cdot 6H_2O$)为来源、以增重为指标,铬的需要量为 0.51 mg/kg(Arafat,2012);以蛋氨酸铬为来源、以免疫为指标,铬的需要量为 0.4~0.8 mg/kg(尹帅等,2017)。

5.2.5 · 维生素的需要量

维生素是一组需要量较低的有机物质,但对生长、代谢、免疫和繁殖是必需的。维生素在配合饲料中是必需的成分,不能满足需要会影响生产性能。鲤维生素的需要量(表5-6)受多种因素的影响,如鱼体规格、水温和日粮组成。此外,维生素在加工和贮存阶段也常被破坏,如采用膨化技术加工浮性料时会破坏一些维生素,故饲料中维生素的添加量要高于鱼类实际需要量的 2~5 倍。

表 5-6 · 鲤维生素需要量

维生素	体重(g)	品 种	需要量	指 标	参考文献
维生素A(IU/kg)	6	建鲤	37 100	生长	冯仁勇,2006
			39 000~40 000	非特异性	
			41 500~42 667	特异性免疫	
	11	建鲤	39 693	生长	杨奇慧,2003
			46 677	非特异性	
			49 977	特异性免疫	

续　表

维生素	体重(g)	品　种	需要量	指　标	参考文献
维生素 D (IU/kg)	2.4	镜鲤	317.0 403.9 708.3	增重率 维生素 D 代谢物浓度 全鱼钙磷含量	张桐,2011
维生素 E (mg/kg)	7.8	普通鲤	100	增重、缺乏症	Watanabe 等,1970
		建鲤	643 644 774	生长 非特异性 特异性免疫	张琼,2004
维生素 K (mg/kg)	8.93	建鲤	3.15	增重百分比	元江,2013
	2.58	镜鲤	9.92	未羧化骨钙素	王洋,2011
硫胺素 (mg/kg)	8.2	建鲤	1.02 1.12	增重 中肠 AKP 活性	黄慧华,2009
核黄素 (mg/kg)	23	建鲤	5 5.7	增重 Na^+、K^+ - ATP 酶	李伟,2008
吡哆醇 (mg/kg)	11	建鲤	6.07 4.88 4.67	生长 非特异性免疫 特异性免疫	何伟,2008
泛酸 (mg/kg)	12.95	建鲤	23.02 28.95 47.15	生长 消化 非特异性免疫	文泽平,2008
烟酸 (mg/kg)	13.95	建鲤	31.12 35.88 37.86	增重 肠糜蛋白酶活性 总抗体效价	向阳,2008
	28	鲤	98	增重	Maryam 等,2020
生物素 (mg/kg)	7.72	普通鲤	1	增重、缺乏症	Ogino 等,1970
		建鲤	0.15	特定生长率	赵姝,2011
叶酸 (mg/kg)			NR		Aoe 等,1967
维生素 B_{12} (mg/kg)		普通鲤	NR		Kashiwada 等,1970
维生素 C (mg/kg)	12	建鲤	40.9 45.1	增重、摄食	刘扬,2009
胆碱 (mg/kg)	7.94	普通鲤	1 500	增重、肝脏脂肪含量	Ogino 等,1970
		建鲤	566	特定生长率	Wu 等,2011

续　表

维生素	体重(g)	品　种	需要量	指　　标	参考文献
肌醇 (mg/kg)	22	建鲤	518.0 532.35 545.2	增重 肝胰脏糜蛋白酶 血清 IgM 含量	姜维丹,2008
L-肉碱 (mg/kg)	65	黄河鲤	100	增重	郭黛健等,2011
	22.65	鲤	0 1 000	增重 降低体脂、减少氧化	Sabzi 等,2017

◉ (1) 维生素 A

维生素 A 存在的形式有维生素 A 乙醇、维生素 A 乙醛及维生素 A 酸 3 种,分别为视黄醇、视黄醛和视黄酸。维生素 A 不溶于水,在胃中几乎不能被吸收,被胆盐乳化后被小肠黏膜吸收。维生素 A 的主要生理功能是参与动物眼睛光敏物质视紫红质的再生,维持正常的视觉功能;维生素 A 还参与细胞分化过程,作为胚胎发育的关键因子对繁殖过程具有重要的作用;维生素 A 参与上皮细胞的发育过程,能促进胚胎干细胞发育成为具有完全功能的上皮细胞层;当机体受到病原体和外源蛋白质刺激时,也参与免疫细胞的分化(麦康森,2011)。维生素 A 缺乏时,鱼类会出现眼球水肿突出、晶体移位、视网膜退化、贫血、鳃盖扭曲、眼和鳍出血、厌食、体色发白、生长不良、死亡率上升等症状。以生长和免疫为指标,建鲤的维生素 A 需要量为 37 100 ~ 49 977 IU/kg(冯仁勇,2006;杨奇慧,2003)。

◉ (2) 维生素 D

维生素 D 包括约 10 种具有活性的甾醇复合物,其中最重要的是麦角钙化醇(维生素 D_2)与胆钙化醇(维生素 D_3)。维生素 D 的主要生理功能是通过增强肠道对钙、磷的吸收和通过增强肾脏对钙、磷的重吸收维持体内血钙、血磷浓度的稳定,参与体内矿物质平衡的调节。维生素 D 在骨骼、皮肤和血细胞的分化、胰岛素和催乳素分泌、肌肉功能、免疫和应激反应,以及黑色素合成方面发挥着重要作用。饲料中过高的维生素 D 水平可能引起高血钙而使生长减慢及钙在软组织的异常沉积,如导致心脏、肾脏和其他软组织发生不可逆的钙化。鱼类饲料以维生素 D_3 的形式添加。以全鱼钙含量为指标,鲤维生素 D 的需要量为 708.3 IU/kg(张桐,2011)。

◉ (3) 维生素 E

有 8 种具有维生素 E 活性的生育酚和三烯生育酚都称为维生素 E。α-生育酚是维生素 E 活性最高的分子。维生素 E 在小肠中被吸收,吸收前需要胆汁与脂类,吸收后被转运并贮存在脂肪组织、肝和肌肉中。维生素 E 对热稳定,但遇氧、铁、铜及紫外线时被破坏。维生素 E 的生理学功能是作为对自由基的清除剂而防止自由基或氧化剂对生物膜中的不饱和脂肪酸、膜的含巯基蛋白质成分以及细胞骨架和细胞核的损伤。维生素 E 对正常免疫,特别是 T 淋巴细胞的功能有重要作用。维生素 E 能够保护细胞膜,使之增加对溶血性物质的抵抗力。同时,还参与调节组织呼吸和氧化磷酸化过程。维生素 E 缺乏症常表现为细胞膜脂质过氧化增高而导致线粒体能量产生下降、DNA 的氧化和突变,以及膜功能的改变,并伴随血液白细胞、巨噬细胞的增加,动物繁殖力下降。以增重为指标,鲤维生素 E 需要量为 100～643 IU/kg(Watanabe 等,1970;张琼,2004);以免疫为指标,维生素 E 需要量为 644～774 IU/kg(张琼,2004)。

■ (4) 维生素 K

维生素 K 有 2 种天然形式: 维生素 K_1(叶绿醌)和维生素 K_2(甲基萘醌)。具有维生素 K 活性的合成物中最常用的维生素 K 是甲萘醌,也称维生素 K_3。甲萘醌在体内可转化为维生素 K_2,比 K_1 或 K_2 活力高 2～3 倍。维生素 K 的主要生物学功能是参与凝血反应,其缺乏症主要导致动物血液中凝血因子的生物合成不能正常进行,导致动物凝血能力减弱,或延长凝血时间。许多蛋白质的生理作用依赖维生素 K 的存在,这些维生素 K 依赖性蛋白质广泛存在于骨骼、肾脏、脾脏、皮肤等器官组织,在机体代谢中发挥重要作用。维生素 K 在小肠被吸收。维生素 K_1、K_2 仅在肝脏中少量贮存,与其他脂溶性维生素不同的是,过量后会被排出体外。许多动物肠道中细菌可以合成维生素 K,因此饲料中不需要额外添加。但是,鱼类肠道中还没有发现合成维生素 K 的微生物。以增重和未羧化骨钙素为指标,鲤维生素 K 的需要量为 3.15～9.92 mg/kg(元江,2013;王洋,2011)。

■ (5) 硫胺素

硫胺素也称维生素 B_1。硫胺素溶于水,在酸溶液中较稳定,但是能够自身氧化及遇紫外线分解。在体内,维生素 B_1 以辅酶(硫胺素焦硫酸)形式参与丙酮酸和 α-葡萄糖酮酸的氧化脱羧反应,以及戊糖支路中转酮醇酶的催化反应;硫氨素的非辅酶作用包括维持神经组织和心肌的正常功能。此外,硫胺素还能促进肠胃蠕动、增加摄食。在肠道内的游离硫胺素可以直接被吸收。硫氨酸缺乏造成应激反应过度等神经障碍,以及皮下出血和鳍充血等症状。以增重和肠道碱性磷酸酶为指标,鲤硫胺素需要量为 1.02～1.12 mg/kg(黄慧华,2009)。

■ （6）核黄素

核黄素也称维生素 B_2。核黄素在小肠内被吸收。核黄素在中性和酸性溶液中稳定，但遇光易分解。核黄素在体内以游离核黄素、黄素单核苷酸（FMN）和黄素腺嘌呤二核苷酸（FAD）3 种形式存在。FMN 和 FAD 是体内多种氧化还原酶的辅酶，催化多种氧化还原反应。核黄素参与脂肪酸、氨基酸及碳水化合物的代谢，还通过参与谷胱甘肽氧化还原反应而具有预防生物膜过氧化损伤的作用；此外，对维护皮肤、黏膜和视觉的正常功能具有重要作用。核黄素缺乏，鱼类的共同症状为食欲不振和生长缓慢，鲤还表现为全身不同部位出血、精神紧张和畏光。以增重、Na^+、K^+ - ATP 酶为指标，鲤核黄素需要量为 5 ~ 5.7 mg/kg（李伟，2008）。

■ （7）吡哆醇

也称维生素 B_6。吡哆醇以 3 种容易相互转化的形式存在，即吡哆醇、磷酸吡哆醛和磷酸吡哆胺。吡哆醇在小肠被吸收，易溶于水，对热稳定，但易受氧化及紫外线的破坏。维生素 B_6 与蛋白质代谢有着密切的关系，在催化氨基酸的分解与合成中发挥重要的作用，并与糖类、脂肪酸代谢及产生能量的柠檬酸循环关系也很密切。磷酸吡哆醛是色氨酸合成神经递质 5 -羟色胺所必需的物质。维生素 B_6 缺乏，鱼类表现为贫血、厌食、体色变黑、神经紊乱、失去平衡、高度躁动不安和惊厥、生长缓慢和高死亡率等。以免疫和增重为指标，鲤维生素 B_6 需要量为 4.67 ~ 6.07 mg/kg（何伟，2008）。

■ （8）泛酸

泛酸也称维生素 B_3。泛酸在小肠中容易被吸收并转运到机体各组织中。泛酸是辅酶 A、酰基辅酶 A 和酰基载体蛋白的组成部分。细胞内合成脂肪酸依赖辅酶 A 和酰基载体蛋白，泛酸在三羧酸循环、乙酰胆碱合成，以及蛋白质、脂肪和碳水化合物代谢方面都是必需的。泛酸缺乏，鱼类表现为生长迟缓、厌食、反应迟钝、贫血，建鲤还表现眼球突出、体表和鳍出血。泛酸钙是维生素 B_3 的商品形式，能溶于水并且对氧化剂和还原剂均较为稳定。以增重和免疫为指标，鲤泛酸需要量为 23.02 ~ 47.15 mg/kg（文泽平，2008）。

■ （9）烟酸

烟酸又名尼克酸，是烟酸和具有烟酰胺生物活性的衍生物的通称。烟酸在小肠容易被吸收并转运到肝脏，在其内转化为烟酰胺腺嘌呤二核苷酸（NAD）。烟酸在组织中以

NAD 或 NAD 磷酸(NADP)的形式存在。细胞呼吸必须依赖这些辅酶系统。此外,烟酸还具有降血脂的功能。烟酸能提高肠绒毛高度和消化酶活性,通过提高蛋白质和脂肪沉积提高鲤生长性能,烟酸作为底物提高 NADP⁺合成(Maryam 等,2020)。尼克酸和烟酰胺可溶于水,对光、氧及热较稳定。鱼类一般缺乏将色氨酸转化为烟酰胺的能力,需要在饲料中添加烟酸。鲤摄食缺乏烟酸的饲料 2~6 周后,出现皮肤和鳍破损、死亡率高、贫血和颌骨畸形等症状。以增重和免疫为指标,鲤烟酸需要量为 31.12~98 mg/kg(Maryam 等, 2020;向阳,2008)。

☰ (10) 生物素

生物素是一种双环含硫化合物。生物素在小肠中吸收。有些鱼类小肠中的微生物能合成生物素,但是合成能力有限,需要在饲料中添加以满足需要。生物素在一些羧化或脱羧代谢反应中作为二氧化碳的中间载体。乙酰辅酶 A 羧化酶、丙酮酸羧化酶和丙酰辅酶 A 羧化酶发挥酶活性需要生物素。长链脂肪酸和嘌呤合成需要生物素。生物素在蛋白质合成、氨基酸脱羧、嘌呤合成、亮氨酸和色氨酸分解代谢中起重要作用。投喂生物素缺乏的饲料 8~12 周,鲤出现生长抑制。通常以 D-生物素干粉形式通过多维预混料加入饲料中。以增重为指标,鲤生物素需要量为 0.15~1 mg/kg(Ogino 等,1970;赵姝, 2011)。

☰ (11) 叶酸

叶酸经叶酸还原酶催化加氢成为四氢叶酸才有生物活性,是机体"一碳基团"(如—CH₃、—CH₂OH 和—CH₂—)转移酶系统的辅酶。叶酸是生产红细胞的重要物质,与动物巨细胞性贫血有重要关系。叶酸也是维持免疫系统正常功能的必需物质。叶酸在小肠内通过主动运输及扩散来吸收。叶酸对光、热不稳定。摄食缺乏叶酸的饲料,鲤没有出现缺乏症,可能与动物肠道细菌能合成叶酸有关。因此,鲤饲料中不需要添加叶酸(Aoe 等,1967)。

☰ (12) 维生素 B_{12}

维生素 B_{12} 也称氰钴胺素,是含有一个钴原子的大分子(分子量 1 355)。维生素 B_{12} 在小肠内被吸收。维生素 B_{12} 对热稳定,但遇光、强酸强碱易被破坏。维生素 B_{12} 的重要功能是对血液形成及髓磷脂(一种神经系统的磷脂)的合成是必需的,对碳水化合物及脂类的正常代谢也是需要的,并且是传递甲基的辅酶。红细胞的正常发育、脂肪酸代谢、同型半胱氨酸甲基化生成蛋氨酸,以及四氢叶酸的正常循环再生都需要维生素 B_{12} 的参与。

鲤肠道微生物合成维生素 B_{12} 似乎可以满足需要,因此,鲤饲料中不需要添加维生素 B_{12}（Kashiwada 等,1970）。

（13）维生素 C

也称抗坏血酸。在水产动物细胞氧化、胶原蛋白形成、铁离子的吸收和转运、机体免疫、抗体形成等方面都起着重要作用。在动植物体内由葡萄糖和其他单糖合成。由于鱼类缺乏 L-古洛糖酸内酯氧化酶而不能将葡萄糖转化为抗坏血酸,因此,饲料中需要添加维生素 C,以满足鱼类生长和发育的需要。体内维生素 C 有 2 种形式:抗坏血酸和脱氢抗坏血酸。大多数维生素 C 以抗坏血酸的形式存在,可被氧化成为脱氧抗坏血酸。维生素 C 在小肠内被吸收。维生素 C 具有酸性和强还原性,极易被氧化剂破坏。维生素 C 对于许多物质的羟化反应都有重要作用,而羟化作用是体内许多重要化合物的合成和分解的必经步骤,如胶原蛋白的生成、类固醇的合成与转变。维生素 C 参与包括生长、繁殖、应激反应、伤口愈合和免疫反应等众多生理过程。维生素 C 缺乏时,鲤出现脊柱侧凸和脊柱前凸等症状;鱼苗表现维生素 C 缺乏症状,如尾鳍腐烂和鳃弓畸形等。在鱼类饲料中一般不添加晶体维生素 C,多使用包被的维生素 C 或稳定的维生素 C 多聚磷酸酯。以增重和摄食为指标,鲤维生素 C 需要量为 $40.9\sim45.1$ mg/kg（刘扬,2009）。

（14）胆碱

胆碱是 β-羟乙基三甲胺的羟化物。胆碱作为卵磷脂的构成成分参与生物膜的构建,是重要的细胞结构物质。胆碱有 3 个不稳定甲基,起着甲基供体的作用。胆碱的衍生物乙酰胆碱是重要的神经递质,在神经冲动的传递中具有重要作用。胆碱可以促进肝脂肪以卵磷脂形式输送,或提高脂肪酸本身在肝脏内的氧化作用,故具有防止脂肪肝的作用。胆碱可以在肝中合成,但合成速度不一定能满足需要。胆碱较为典型的缺乏症是肝胰脏出现脂肪浸润、脂肪肝。在鱼类中会出现肝脏变黄、肠壁变薄、眼球突出、贫血等症状。胆碱是鱼类必需的,和其他营养物质互作。日粮中蛋氨酸和甜菜碱影响胆碱的需要量,磷脂也是胆碱的来源。在鱼类饲料中,一般以 20%～60%氯化胆碱干粉的形式添加。氯化胆碱可影响多维预混料中其他维生素的稳定性。以增重和肝脏脂肪含量为指标,鲤胆碱需要量为 $566\sim1\,500$ mg/kg（Ogino 等,1970;Wu 等,2011）。

（15）肌醇

肌醇以磷脂酰肌醇的形式参与生物膜的构成。水生动物对肌醇具有特殊需要,其缺乏症主要表现为食欲下降、胃排空缓慢、生长率下降、贫血、水肿、皮肤和鳍条溃烂、胆碱酯酶和某些转氨酶活力下降、肝脏中性脂肪大量沉积等症状。鲤肠道似乎可以合成肌醇,但合成的量不足以维持幼鱼的正常生长。以增重和血清 IgM 含量为指标,鲤肌醇需要量为 518.0~545.2 mg/kg(姜维丹,2008)。

(16) 肉碱

肉碱也称肉毒碱,有 L 型和 D 型 2 个旋光异构体,其中 D 型肉碱不具有生理活性。L-肉碱普遍存在动物的心脏、骨骼肌等组织中,在动物脂肪代谢中起着重要作用,其主要功能是脂肪酸的跨膜载体,以酰基肉碱的形式将长链脂肪酸从线粒体膜外转运到膜内,促进脂肪酸的 β-氧化,并降低血清胆固醇及甘油三酯的含量。以增重为指标,鲤肉碱需要量为 0~100 mg/kg;以降低体脂、减少氧化为指标,鲤肉碱需要量为 1 000 mg/kg(郭黛健等,2011;Sabzi 等,2017)。

5.2.6 · 鱼类的能量需求

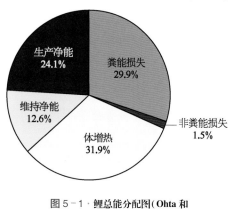

图 5-1 · 鲤总能分配图(Ohta 和 Watanabe,1996)

对于最大生长摄入的总能分配(100%)为:29.9%粪能损失,1.5%非粪能损失,31.9%体增热,36.7%净能(包括 12.6%维持净能,24.1% 生产净能)(Ohta 和 Watanabe,1996)(图 5-1)。在投喂率分别为体重的 1.83%、3.60% 和 5.17% 时,用于最大生长的消化能分别为 285 kJ/(kg·天)、548 kJ/(kg·天)和 721 kJ/(kg·天)(Ohta 和 Watanabe,1996)。基于测定的消化能,对于最大生长适合的消化能/蛋白比的范围是 97~116(Takeuchi 等,1979)。

5.3

饲 料 选 择

2018 年发布的《鲤配合饲料国家标准》(GB/T 36782—2018)将养殖鲤的生长阶段分为鱼苗、鱼种和成鱼 3 个阶段,对应的配合饲料产品分为鱼苗配合饲料、鱼种配合饲料和成鱼配合饲料。表 5-7 列出了 3 个阶段配合饲料中主要营养物质的需求情况。

表 5 - 7 · 鲤不同生长阶段配合饲料中主要营养物质的需求量

阶　段	粗蛋白(%) ≥	粗脂肪(%) ≥	粗灰分(%) ≤	总磷(%)	赖氨酸(%) ≥
鱼苗(<10 g)配合饲料	32.0	5.5			1.6
鱼种(10~150 g)配合饲料	30.0	5.0	15.0	0.9~1.8	1.5
成鱼(≥150 g)配合饲料	28.0	4.0		0.8~1.7	1.4

5.4

饲 料 配 制

5.4.1 · 原料选择

■ (1) 蛋白源

由于目前优质的动植物蛋白源(如鱼粉和豆粕)的价格持续走高,且产量难以满足日益增长的水产养殖需求,致使水产动物养殖成本升高、利润空间缩小,不利于行业的持续健康发展。鱼粉作为水产饲料的重要蛋白源,我国的年产量约 50 万吨,进口量达到 140 万吨以上,价格一直居高不下,并受到海洋渔业资源的限制。作为第二饲料蛋白源的豆粕也十分紧张,我国每年产大豆 1 500 万吨,大豆进口依存度超过 80%,年进口量超过 1 亿吨。因此,寻找适宜途径有效节约水产动物配合饲料中鱼粉和豆粕等高值蛋白使用量,提高鱼类对饲料中蛋白质的利用能力势在必行(冷向军,2020)。节约水产动物饲料中鱼粉、豆粕使用量的一个重要途径就是利用新型动物蛋白源、植物蛋白源等进行替代(艾春香和陶青燕,2013)。

动物器官和肌肉组织中蛋白质含量高,既有存在于羽毛、毛发和蹄中的不可溶性蛋白,又有存在于血清和血浆中的可溶性蛋白。肉骨粉、禽副产品粉、血粉、羽毛粉、昆虫干等均是常见的动物性蛋白源。与植物性蛋白源相比,动物性蛋白源在营养组成上与鱼粉相似,且不含抗营养因子及碳水化合物,因此是水产饲料的潜在鱼粉替代源。王成等(2004)单独用肉骨粉替代鱼粉对鲤的研究发现,肉骨粉替代量为 12% 鱼粉用量的 1/3 时,对生长性能无显著影响;随肉骨粉替代量增加,鲤的增重率、肥满度逐渐下降,饲料系数升高。

对建鲤的研究发现,在鱼粉含量为10%的饲料中,用蚕蛹粉替代50%的鱼粉对鱼体生长性能没有显著影响;而替代比例为60%或更高时,鱼体生长性能下降,还会引起肝脏超氧化物歧化酶活性下降、丙二醛含量上升及血清谷丙转氨酶活性上升,导致抗氧化能力下降和肝脏损伤(Ji等,2015)。对镜鲤的研究同样表明,在鱼粉含量为10%的饲料中,酶解脱脂蚕蛹蛋白适宜的替代比例为50%(Ji等,2015)。Li等(2017)在利用脱脂黑水虻替代鱼粉的研究中发现,在鱼粉含量为10%的建鲤日粮中,脱脂黑水虻可以替代50%的鱼粉蛋白,而不会对建鲤生长性能、消化酶活性、血清生化指标和健康状况产生负面影响,且可以降低肝脏脂质蓄积;当替代75%以上的鱼粉蛋白时,会引起建鲤幼鱼应激,并对鱼体肠道健康产生不利影响。

植物蛋白源是一类广泛应用于水产养殖中的鱼粉替代蛋白源,但植物蛋白源在水产饲料中替代鱼粉仍存在较多的问题,如会影响鱼类的肌肉品质。对鲤的研究发现,在鱼粉含量为20%的饲料中,使用玉米黄粉替代5%鱼粉时,鲤生长性能及鱼肉品质最好;但替代鱼粉高于5%时,鲤生长性能及鱼肉品质下降(辛欣等,2014)。吴莉芳等(2011)发现,鲤幼鱼的配合饲料中用去皮豆粕替代20%鱼粉蛋白时,对其生长、饲料利用及体成分影响不显著;而用全脂豆粉替代20%鱼粉蛋白时,将影响鲤的生长及饲料利用,并使鲤肌肉中蛋白质含量下降。此外,大量研究表明,用植物蛋白源替代鱼粉或豆粕后,易导致水产动物生长性能降低、肠道损伤、抗病力下降等问题,但通过发酵、酶解及膨化等加工工艺可改善传统蛋白原料抗营养因子多、氨基酸组成不平衡等弊端。李云兰等(2015)研究发现,在豆粕含量为39%的基础饲料中,用发酵豆粕替代50%或100%豆粕对鲤的生长性能没有明显的促进作用,但蛋白质效率有不同程度提高;当替代水平为100%时,发酵豆粕能显著提高鲤后肠的皱襞高度,减少普通豆粕中抗营养因子对鲤肠道结构的损伤,有利于维持肠道功能的正常。邢秀苹等(2015)发现,与豆粕相比,膨化大豆粉替代约60%的鱼粉能够更好地促进鲤的生长及饲料利用率,并显著提高鲤的肌肉蛋白含量。

(2)脂肪源

饲料中的脂肪是鱼类主要的能量来源。选择恰当的脂肪源可以节约蛋白质,降低饲料成本,减少环境污染。鱼油一直被作为水产饲料的优质且主要的脂肪源。近年来,鱼油价格逐年上涨及全球鱼油供应量下降,又因其资源、价格以及含有二噁英和多氯联苯类不安全物质等问题,严重限制了其在水产饲料中的应用,迫使饲料企业及科研人员去寻找鱼油替代品。

全球植物油产量是鱼油产量的100多倍,且分布广泛。因此,植物油成为替代鱼油的首选。潘瑜等(2012)研究了鱼油、豆油、菜籽油、亚麻籽油及猪油作为单一脂肪源对鲤的影响,结果表明,鱼油的促生长效果要优于亚麻籽油、菜籽油和豆油;而猪油不适宜作为鲤单一的脂肪源,会损害肝、胰脏健康,进而阻碍鱼体生长。刘燕等(2016)通过添加等量豆油、鸡油、玉米油、棕榈油、菜籽油和棉籽油作为脂肪源,得出添加玉米油饲料组的相对增重率、特定生长率和蛋白效率较高,饲料系数最低,津新鲤生长效果最佳,说明玉米油作为单一脂肪源可以提高饲料营养物质的利用率。潘瑜等(2014)发现,在鱼油含量为1.5%的饲料中,用亚麻籽油替代25%鱼油时,鲤的生长效果最好,而完全替代鱼油会阻碍鲤的生长,对肝脏健康产生负面影响。詹瑰然等(2018)在对橡胶籽油替代鱼油研究中同样发现,在鱼油含量为6.4%的饲料中,用橡胶籽油替代25%鱼油对鲤的生长性能和饲料利用率等均无不良影响,但当替代比例超过50%时会抑制鲤生长,并危及肝、胰脏的健康,推荐鲤饲料中橡胶籽油适宜添加量为1.6%~3.2%。

同时,鲤饲料中豆油的替代原料也被广泛研究,尤其是富含脂肪的昆虫类脂肪原料。在豆油含量为2.5%的饲料中,使用黑水虻油完全替代豆油,未显著影响建鲤的增重和肌肉内总脂肪含量,但降低了腹腔脂肪积累并增加肌肉内二十二碳六烯酸(DHA,22:6n-3)的含量(Li等,2016)。在豆油含量为3.0%的饲料中,使用蚕蛹油完全替代豆油对建鲤的增重率未产生显著影响,其中替代比例为50%~75%时,不仅鱼体增重率显著提高、肝脏内脂肪含量显著下降,而且组织内n-3多不饱和脂肪酸含量也显著增加(Chen等,2017)。

(3) 糖源

糖类可以作为一种廉价的能源物质添加到鱼类的配合饲料中,不仅有助于饲料颗粒成形,而且有利于节约饲料蛋白质、降低饲料成本及鱼体氮排放的减少。相较于脂肪对蛋白质的节约效应,糖类对饲料蛋白质并没有显示出更好的节约效果,主要原因在于鱼类为先天性糖尿病体质(Polakof等,2011)。

首先,糖的复杂程度决定着鱼类对饲料糖相对利用率的高低,进而影响鱼体生长及饲料利用情况。关于鱼类糖利用能力如何被其复杂程度所影响,目前存在两种观点:一是早年的研究发现,鱼类对低分子糖类利用率高于高分子糖类。如Buhler等(1961)用含20%不同种类糖类的饲料饲喂大鳞大麻哈鱼发现,低分子糖类组(葡萄糖、蔗糖及果糖)生长效果更好。李晋南等(2018)研究发现,相较于50%葡萄糖组,50%淀粉组能显著提高松浦镜鲤肝脏糖酵解关键酶(葡萄糖激酶)的基因表达,抑制糖异生关键酶(葡萄糖-6-磷酸酶和磷酸烯醇式丙酮酸激酶)的基因表达,这可能是鲤利用淀粉的能力好于葡萄糖,且能耐受饲料中高水平淀粉的根本原因。而第二种观点则与前述观点相反,原因可能是相较于高分子糖类,低分子糖类被运输至肠道吸收位点的速度更快,但体内与糖代谢相关的代谢酶及激素并未充分响应,致使游离葡萄糖的利用率降低(Pieper 等,1980)。

其次,不同淀粉源的直/支链淀粉比差异是影响淀粉营养价值及鱼类消化淀粉能力的关键因素(Gaylord 等,2009)。孙金辉等(2019)研究揭示,与小麦淀粉相比,木薯淀粉在相对较高的糖/蛋白质比(10%/30%、20%/28%)条件下能够提升肠道淀粉酶活性,促进肝脏糖代谢,更好地实现蛋白质节约效应,主要原因是由于木薯淀粉的直/支链淀粉比达到 20:80,其中更易于被酶水解的支链淀粉含量较多(杨晓惠,2011)。此外,不同加工方式的淀粉颗粒大小和组成均存在差异,从而决定了鱼类消化淀粉的难易程度(Cousin 等,1996)。Furuichi 和 Yone(1982)用糊化淀粉、糊精两种淀粉源饲喂鲤发现,糊化淀粉组鲤生长最好,糊精组次之,而真鲷的生长与淀粉加工方式无关。范泽等(2018)对预糊化木薯淀粉、原木薯淀粉和木薯醋酸酯淀粉 3 种不同类型木薯淀粉进行了对比研究,结果表明,预糊化木薯淀粉组的增重率、特定生长率及蛋白质效率最高,饲料系数最低,显著提升了肠道淀粉酶及肝脏 6-磷酸果糖-1-激酶活性,抑制了肝脏糖异生关键酶活性,揭示鲤对预糊化木薯淀粉的利用效果优于原木薯淀粉及木薯醋酸酯淀粉。

▓（4）添加剂

饲料添加剂是在配合饲料中为满足特殊营养需要补充的少量或微量营养性(维生素、矿物质及氨基酸)或非营养性添加剂(黏合剂、诱食剂、着色剂、抗氧化剂及防腐剂等)。此外,由于大量的植物蛋白源或其他新型蛋白源替代日益短缺的鱼粉及豆粕,易导致水产动物生长性能降低、肠道损伤、抗病力下降等问题,因此一些具有促生长和免疫增强作用的功能性添加剂(天然植物及其提取物、益生菌、发酵物及益生元)逐步应用于鲤饲料中。表 5-8 总结了近年来鲤饲料中功能性添加剂的添加剂量及作用效果。

表 5-8·功能性添加剂的添加剂量及作用效果

添加剂种类及名称		添加剂量	作 用 效 果	文 献
天然植物及其提取物	丝兰提取物	400 mg/kg	① 提高末重及增重率; ② 提高总抗氧化能力,降低 MDA 及血氨含量; ③ 提高 *SOD*、*CAT*、*GPx*、*Nrf2*、紧密连接蛋白 *ZO-1*、*Claudin-11*、*IL-10*、*TGF-β* 基因表达量,降低 *IL-6*、*IL-1β*、*TNF-α* 基因表达量	Wang 等,2022
	苦瓜提取物	5 g/kg	① 提高血浆 SOD、CAT 活性; ② 降低头肾、脾脏、肠道 *IL-1β*、*IL-8* 基因表达量,提高 *IL-6*、*IL-10* 基因表达量; ③ 降低肠道内容物厚壁菌门、链球菌科丰度	Qin 等,2022

添加剂种类及名称	添加剂量	作 用 效 果	文 献
栗树叶提取物	1 g/kg、2 g/kg	① 提高 CAT、SOD、GPx 活性及 GSH 含量,降低 MDA; ② 提高溶菌酶活性、杀菌活性	Paray 等,2020
青蒿素叶提取物	1 g/kg、2 g/kg	① 提高 CAT、SOD 活性及基因表达量; ② 降低 MDA	Jahazi 等,2020
银杏叶提取物	10 g/kg	① 提高增重率、特定生长率,降低饲料系数; ② 提高红细胞、白细胞数量、血红蛋白、总蛋白、球蛋白含量; ③ 提高 GPx、SOD、铁调素的基因表达量,降低 $IL-8$、$TNF-\alpha$、$TGF-\beta$、一氧化氮合酶、精氨酸酶的基因表达量; ④ 提高嗜水气单胞菌攻毒后成活率	Bao 等,2019
黄芪提取物	1 g/kg	① 提高增重率、特定生长率,降低饲料系数; ② 提高肠道绒毛高度; ③ 改善肠道菌群结构	Shi 等,2022
姜黄素	15 g/kg	① 提高末重、增重率、特定生长率,降低饲料系数; ② 提高红细胞数量、血红蛋白及总蛋白含量; ③ 提高溶菌酶活性及补体 C3 含量; ④ 提高 SOD、GPx 活性,降低 MDA 含量	Giri 等,2021
白藜芦醇	160 mg/kg	① 降低饲料系数; ② 提高中肠淀粉酶、脂肪酶、蛋白酶活性; ③ 提高 SOD、CAT 活性,降低 MDA 含量; ④ 提高碱性磷酸酶、酸性磷酸酶活性	李开放等,2019
光果甘草	20 g/kg	① 提高末重、增重率、特定生长率,降低饲料系数; ② 提高脂肪酶活性、高密度脂蛋白含量,降低低密度脂蛋白、甘油三酯、胆固醇含量; ③ 提高 GPx、CAT 活性,降低 MDA 含量	Adineh 等,2020
花红	5 g/kg	① 提高增重率、特定生长率; ② 提高肠道 CAT、溶菌酶活性,降低 MDA 含量; ③ 提高头肾 $IL-10$、$TGF-\beta$、$NF-\kappa B$ 基因表达量,降低 $IL-6$、$IL-1\beta$ 基因表达量; ④ 提高嗜水气单胞菌攻毒后成活率; ⑤ 提高肠道内容物乙酸、丁酸含量及乳酸菌、双歧杆菌丰度,降低气单胞菌属、志贺氏菌属、链球菌属丰度	Meng 等,2022
黄连根	25 g/kg	① 提高髓过氧物酶、溶菌酶活性及补体 C3 含量; ② 提高 $IL-1\beta$、$TNF-\alpha$、溶菌酶、补体 C3 基因表达量,降低 $IL-10$ 基因表达量; ③ 提高嗜水气单胞菌攻毒后成活率	Zhou 等,2016
杜仲叶	60 g/kg	① 降低肌肉水分、粗脂肪含量,提高粗蛋白含量; ② 提高肌肉苏氨酸、丝氨酸含量; ③ 提高血浆 GPx 活性,降低 MDA 含量	李海洁等,2021

天然植物及其提取物

添加剂种类及名称	添加剂量	作　用　效　果	文　献
戊糖片乳球菌	1×10^8 CFU/g	① 提高末重、增重率、特定生长率; ② 提高胰蛋白酶、糜蛋白酶、淀粉酶活性; ③ 提高血浆溶菌酶、蛋白酶及抗菌活性	Ahmadifar 等,2020
丁酸梭菌	1×10^7 CFU/g	① 提高 CAT、溶菌酶活性; ② 提高肠道绒毛高度、丁酸、丙酸含量; ③ 提高肠道 $IL-10$、$TLR-2$、$MyD-88$、$ZO-1$、$Occludin$ 基因表达; ④ 提高拟杆菌门相对丰度,降低拟杆菌门、变形菌门相对丰度;提高菌群多样性 Shannon 指数,降低 Simpson 指数	Meng 等,2021
复合乳酸乳球菌	5×10^8 CFU/g	① 提高末重、增重率、特定生长率,降低饲料系数; ② 提高肠道钠/葡萄糖共转运载体 1、葡萄糖运载蛋白 2 的基因表达量; ③ 降低肝脏葡萄糖激酶、丙酮酸激酶基因表达量,提高磷酸烯醇式丙酮酸羧化酶、葡萄糖-6-磷酸酶基因表达量	Feng 等,2022
植物乳杆菌+鼠李糖杆菌	1×10^8 CFU/g	① 提高肠道脂肪酶、胰蛋白酶、糜蛋白酶、蛋白酶、淀粉酶、碱性磷酸酶活性; ② 提高肠道绒毛宽度、绒毛厚度、杯状细胞数量、免疫球蛋白含量	Mohammadian 等,2022
棉子糖	1 g/kg、2 g/kg	① 提高体表黏液、血浆溶菌酶活性; ② 提高肠道溶菌酶、$IL-1\beta$ 基因表达量	Karimi 等,2020
低聚木糖	10 g/kg、20 g/kg	① 提高末重、特定生长率、蛋白质沉积率,降低饲料系数; ② 提高全鱼粗蛋白含量、降低粗脂肪含量; ③ 降低血浆甘油三酯、总胆固醇、低密度脂蛋白含量; ④ 提高过氧化物酶体增殖物激活受体-α、酰辅酶 A 氧化酶、肉毒碱棕榈酰转移酶 1 基因表达量、降低脂蛋白脂肪酶基因表达量	Abasubong 等,2018
小麦多糖	4 g/kg 1 g/kg 2 g/kg	① 提高末重、增重率,降低全鱼粗脂肪含量; ② 提高全鱼粗蛋白、粗脂肪含量、肠道双歧杆菌丰度; ③ 提高肝脏、肠道淀粉酶、蛋白酶活性及肠道双歧杆菌丰度	Wang 等,2020
灭活植物乳杆菌	100 mg/kg	① 提高末重、增重率、特定生长率,降低饲料系数; ② 提高绒毛宽度、绒毛高度、隐窝深度、杯状细胞数量; ③ 提高 CAT、GPx、SOD、$IL-1\beta$、$TNF-\alpha$、$IL-10$ 基因表达量	Yassine 等,2021
索氏鲸杆菌培养物	3 g/kg	① 降低血浆脂多糖含量; ② 提高肠道 SOD 活性,$Occludin$、$ZO-1$、铁调素基因表达量; ③ 降低谷丙转氨酶活性、固醇调节元件结合蛋白 1c、过氧化物酶体增殖物激活受体-γ 基因表达量,提高过氧化物酶体增殖物激活受体-α、肉毒碱棕榈酰转移酶 1 基因表达量	Xie 等,2022

益生菌、发酵物及益生元

5.4.2 · 饲料加工

配合饲料颗粒的含粉率、水中稳定性（溶失率）、混合均匀度（变异系数CV）是配合饲料重要的加工质量指标。程译锋（2008）分别对鲤硬颗粒饲料和膨化饲料的蛋白质体外消化率、淀粉糊化度、维生素C（晶体维生素C）活性保留率和有害微生物数量在加工过程中的变化进行系统研究，表5-9列出了硬颗粒饲料及膨化饲料的适宜加工条件。史德华和叶元土（2019）通过采集、汇总并分析我国鲤饲料生产、鲤养殖的主要区域2010—2016年的鲤饲料数据，总结并提出了鲤配合饲料加工质量指标标准（表5-10）。

表5-9 · 鲤硬颗粒饲料及膨化饲料的适宜加工条件

类 型	过筛孔径	调质后水分	制粒条件	膨化度	淀粉糊化度	蛋白质体外消化率	维生素C活性保留率
硬颗粒饲料	0.3 mm	16%~18%	80~90℃	—	48%~50%	82%~84%	36%~40%
膨化饲料	0.3 mm	26%~30%	喂料速度 30~60 r/min，螺杆转速150~250 r/min，机筒温度120~135℃	1.6%~1.9%	90%~92%	90%~92%	25%~45%

表5-10 · 碎粒饲料、硬颗粒饲料、膨化饲料加工质量指标标准

项 目	碎粒饲料	硬颗粒饲料	膨化饲料
水分含量	≤10.5%	≤11.5%	≤11.0%
含粉率	≤5.0%	≤1.0%	≤0.5%
溶失率	≤30%（浸泡时间5 min）	≤20%（浸泡时间5 min）	≤10%（浸泡时间20 min）
混合均匀度（变异系数CV）		<7%	

5.5
饲 料 投 喂

5.5.1 · 摄食节律

在自然条件下，鱼类为适应温度、光照、饵料等环境因素变化而表现出一种特定的摄

食规律。鱼类的摄食节律显著影响其生长性能,根据鱼类的摄食节律制定适宜的投喂时间,可显著提高饲料效率、降低养殖成本及减轻水质污染。陈松波(2004)通过观察不同温度、光照条件下鲤的摄食节律,研究了鲤的昼夜摄食节律变化趋势。研究表明,在水温为6~34℃时,无论是鲤成鱼还是幼鱼的摄食强度在一昼夜中均会出现多个高峰,在日间8:00—11:00时和夜间19:00—23:00时出现最高峰,在11:00—19:00时和2:00—8:00时还存在小的峰值,在这些高峰之间摄食强度会出现一些明显的低落阶段,但在低落阶段中,鲤并未停食而是摄食较少。需要注意的是,在水温低于12℃时,鲤摄食强度明显下降,摄食次数减少,泳动频率、呼吸频率也都随之下降,说明温度影响鲤的摄食量。因此,养殖实践中应尽量按照不同温度条件下鲤的摄食习性和摄食高峰期来投喂饲料,投喂时间在黎明后、上午8:00—9:00、下午14:00和日落时分为4次投喂较为适宜。这样的投喂安排更接近鲤的自然摄食习惯,可以提高摄食量及饲料效率。此外,陈松波还利用日光灯模拟自然条件下的光照后发现,每天光照最强的时候(12:00—14:00)并不是鱼类摄食强度最高时,实际上在天全黑的时候(20:00—23:00)鲤仍会继续大量摄食并出现高峰。因此,探索光照度与鲤的摄食强度之间的规律性关系,进而查清最佳摄食光照度,对确定投饵时间(室外)和控制光照强度(室内)具有实践参考意义。

5.5.2 · 投喂率

投喂率指投入水体中的饲料量占鱼体重的百分数。由于投入水体中未被鱼摄食的饲料不能回收,通常将投喂率等同于摄食率。鱼类的生长率与摄食水平,一般认为有直线相关型和减速增长型两种类型。因此,投喂管理上就有一个最佳投喂率的问题。研究特定鱼类不同投喂率对生产性能的影响的主要目标是确定该阶段特定鱼类的最佳投喂量,以期获得最佳的饲料利用效率。很多试验证明,相同配方的饲料,不同的投喂方式(如不同投喂率)对养殖效果有很大的影响。罗琳等(2011)采用配方相同的膨化饲料和硬颗粒饲料饲养鲤(初重55.440 g±0.09 g),日投喂率分别为2%、3%、4%,每天投喂6次,结果表明,加工工艺和投喂率两者的交叉作用对特定生长率和摄食率有显著影响,建议鲤在每天投喂6次的条件下的最佳投喂模式为日投喂4%的膨化饲料。育成期饲料投喂量占鱼类整个生命周期投喂总量的80%以上,对养殖效益起决定性作用。李云兰等(2017)采用自动投喂机的方式研究不同投喂率对育成期鲤饲料利用的影响,结果发现,饱食投喂组和85%饱食投喂组育成期鲤的饲料系数分别为1.771和1.696,两者均显著高于70%饱食投喂组(1.537)。此外,鱼类生长需适宜的水温范围,在此范围内鱼类可以快速生长,因此水温是影响水产养殖的主要因素,对饲料投入量有重要影响。杨龙和邢为国(2021)指出,水温在18℃和20℃、饲喂水平为4%时,可以显著提高鲤的生长性能和形态学指标;水温为22℃时,最适饲喂水平为3%。投喂率、水温及鱼体大小是协同影响鱼类生长的3个重要因素。确定鲤的最佳投喂率是鲤饲养管理成功与否的关键。不同水温、体重条件下,鲤最适投喂率(Miyatake,1997)见表5-11。

表5-11·不同水温、体重条件下鲤的最适投喂率(%)

水温(℃)	体重(g)										
	2~5	5~10	10~20	20~30	30~40	40~50	50~100	100~200	200~400	400~600	600~800	800~1 000
15	4.5	3.7	3.2	2.8	2.5	2.3	2.0	1.7	1.5	1.3	1.1	0.9
16	4.8	4.0	3.4	3.0	2.7	2.4	2.1	1.8	1.6	1.4	1.1	0.9
17	5.2	4.3	3.7	3.2	2.9	2.6	2.2	1.9	1.7	1.5	1.2	1.0
18	5.6	4.7	4.0	3.4	3.1	2.8	2.3	2.0	1.8	1.6	1.3	1.0
19	6.0	5.1	4.3	3.7	3.4	3.0	2.5	2.2	1.9	1.7	1.3	1.1
20	6.5	5.5	4.6	4.0	3.7	3.2	2.7	2.4	2.2	1.8	1.4	1.2
21	7.0	6.0	4.9	4.3	4.0	3.4	2.9	2.6	2.1	1.9	1.5	1.3
22	7.6	6.5	5.3	4.6	4.3	3.7	3.1	2.8	2.3	2.0	1.6	1.4
23	8.2	7.0	5.7	4.9	4.6	4	3.4	3.0	2.5	2.1	1.7	1.5
24	8.8	7.5	6.1	5.3	4.9	4.3	3.7	3.2	2.7	2.3	1.8	1.6
25	9.5	8.0	6.5	5.7	5.2	4.6	4.0	3.4	2.9	2.5	2.0	1.7
26	10.2	8.5	6.9	6.1	5.5	4.9	4.3	3.7	3.1	2.7	2.2	1.8
27	10.9	9.0	7.4	6.5	5.8	5.2	4.6	4.0	3.3	2.9	2.4	1.9
28	11.6	9.5	7.9	6.9	6.2	5.6	4.9	4.3	3.6	3.1	2.6	2.1
29	12.3	10.1	8.4	7.4	6.6	6.0	5.2	4.6	3.9	3.3	2.8	2.1
30	13.1	10.7	8.9	7.9	7.0	6.4	5.7	4.9	4.2	3.5	3.0	2.2

5.5.3 · 投喂频率

投喂频率即每天给鱼类投喂食物的次数。控制投喂频率可以改善鱼类的生理状态,提高其对不利环境及病害的抵抗力。邓志武(2015)指出,当水温为23.0~28.2℃时,投喂频率从1次增加到4次可不同程度地提高福瑞鲤幼鱼的摄食与生长指标、饲料转化效率(3次的摄食率略有下降),以及缩小鱼体大小分化差异(规格趋于一致),且最适的投喂频率为 4 次。但对黄河鲤的研究发现,在水温 30~32.5℃时,黄河鲤幼鱼的适宜投喂频率为 2 次。已有研究表明,随着投喂频率的适当增加(直到 12 次),鲤这类无胃鱼类能够最大限度地消化吸收饲料中的营养物质(村井武四等,1992),这主要是由于鱼体摄食速度可以在增加投喂频率的同时得到有效控制,从而延缓鱼体对饲料营养物质的吸收速度。Murai 等(1983)发现鲤对葡萄糖和麦芽糖的利用率随着投喂频率的增加呈现升高趋势,而对高分子糖类则呈下降趋势,说明在低投喂频率下,鱼体有足够的时间分泌胰岛素和糖代谢酶来充分吸收以较慢速度进入到体内的 α-淀粉;而在高投喂频率下,节律性投喂可以使所投喂的葡萄糖及糊精吸收过程与上次投喂引起的糖代谢酶活性升高几乎同步,加之低分子糖较高的消化率,从而提高单糖的利用效率(刘恩生,1994)。孙金辉等(2016)研究发现,鲤的饲料糖水平应随着投喂频率的变化而做出适应性调整,从降低饲料成本及改善鱼体生长性能、消化能力和肝功能的角度出发,在固定日投喂率的条件下,投喂频率为 4 次、饲料糖水平为 10%时为最佳选择。因此,鲤的饲料投喂频率应根据养殖环境条件及饲料营养组成做出相应变化。

(撰稿:徐奇友、王连生)

鲤养殖病害防治

鲤是我国重要的经济鱼类,由于其生长速度快、适应性强,又具有耐盐碱、耐缺氧的特性,是适宜池塘养殖的大宗淡水鱼。鲤在我国绝大部分地区都有大规模养殖,然而,随着鲤高密度、集约化养殖模式快速增加,鲤病害种类和发病频率不断增多,危害程度不断加剧,已对鲤养殖产业造成极大威胁,并已造成了巨大经济损失。据统计,2020年全国鲤病害造成的经济损失约3.7亿元。在引起鲤的主要病害中,危害较大的有鲤春病毒血症、锦鲤疱疹病毒病、鲤浮肿病以及柱状黄杆菌病(烂鳃病)。

对于鲤疾病的防控措施,主要是预防疾病的发生。其主要原因有两个方面:① 鲤在水中的活动情况不易被观察到,一旦能观察到疾病发生,通常都已经比较严重,治疗比较困难;② 鲤疾病是通过内服药进行治疗,而鱼体发病后,摄食能力减弱或者不吃食,治疗药物难以足量进入患病鱼体而影响疗效。因此,只有贯彻"全面预防、积极治疗"的方针,采取"无病先防、有病早治"的防治方法,才能做到减少或避免鲤疾病的发生。

鲤病害发生的原因与发病机理

人工养殖的鱼类在环境条件、种群密度、饲料投喂等方面与生活在天然环境中的鱼类有显著差别,很难完全满足它们的全部需要,这样就会降低其对疾病的抵抗力。但是,养殖鱼类这些环境条件的变化却对某些病原的增殖和传播有利,再加上捕捞、运输和养殖过程中的人工操作常使鱼类身体受伤,病原生物乘机侵入。所以,养殖鱼类比在天然条件下容易患病。养殖鱼类患病后,轻者影响生长、繁殖,重者则引起死亡,造成直接或间接的经济损失。因此,水产养殖鱼类在苗种培育和养成过程中,疾病往往是生产成败的关键因素之一。

鲤的病害种类很多,按病原种类来分,主要有由病毒、细菌、真菌和寄生虫引起的疾病。营养失调和养殖水环境恶化也是引起鱼病发生的重要原因。了解疾病发生的原因是制订预防疾病的合理措施、做出正确诊断和提出有效治疗方法的依据。一般来说,导致鲤发病的主要因素有内在因素和外在因素两大类,其中外在因素中有养殖环境、病原以及人为操作3个主要因素。

6.1.1 · 内在因素

内在因素主要指鲤本身的健康水平和对疾病的抵抗力,包括遗传品质、鱼体免疫力、生理状况、年龄、营养水平等。

▤（1）遗传品质

① 遗传特性：养殖品种或者群体对某种疾病或病原有先天性的可遗传的敏感性，导致鱼体极易发生此种疾病。例如，鱼类的病毒性疾病只感染某种特定的鱼或遗传特性相近的鱼，是因为该品种本身有病毒敏感的细胞受体所致。

② 品种杂交：鱼类是比较适合通过杂交手段开展育种研究的良好材料，种属内品系的杂交可导致某些基因在新品种中纯合度提高，致病基因从隐性转变为显性，导致新品种抗病力下降，更容易感染疾病。

③ 亲本资源退化：由于人工繁殖长期不更新亲本及近亲繁殖，导致鱼种亲本资源退化、抗病力下降，使鱼体容易感染疾病。

▤（2）免疫力

① 体质原因：个体或者群体的体质差，免疫力低下，对各种病原体的抵御能力下降，极易感染各种病原而发病。

② 机能缺失：个体或者群体的某些器官机能缺失，免疫应答反应水平低下，对病原体的抵御能力下降，极易感染病原体而发病。

▤（3）生理状态

① 特殊生长状态：某些个体或者群体处于某些特殊的生长状态（如幼鱼生长阶段），防御能力低下，易遭受病原体侵袭。

② 生理状态差：某些个体或者群体由于生理状态不好，应激反应强烈，易发生疾病。

▤（4）年龄

① 幼鱼阶段：个体或者群体处于稚鱼、幼鱼或鱼种生长阶段，其免疫器官没发育完全或免疫保护机制尚未完全建立，导致鱼体免疫力低下，容易发生多种疾病。

② 老化阶段：个体或者群体处于老化阶段，其免疫器官退化，鱼体代谢功能下降，导致鱼体免疫力下降，容易感染疾病。

▤（5）营养水平

① 营养不足：由于饵料不足、鱼体营养不够、代谢失调而体质弱，易导致疾病发生。

② 营养失衡：由于营养成分不全面或不均衡，直接导致各种营养性疾病的发生，如

瘦脊病、塌鳃病、脂肪肝等。

6.1.2 · 外在因素

(1) 环境因素

养殖水域的温度、盐度、溶氧量、酸碱度、氨氮水平、光照等理化因素的变动或污染物质等超越了鱼类所能忍受的临界限度就能导致鱼病的发生。

养殖水环境或水体中的各种理化因子(如温度、溶氧、pH、氨态氮等)直接影响鱼类的存活、生长和疾病的发生。当养殖环境恶化时,直接影响鱼体的代谢功能与免疫功能,导致鱼体处于亚健康状态,抵抗力下降,病原体此时极易侵入鱼体而导致疾病的发生。

① 温度:一般随着温度升高,病原体的繁殖速度加快,鱼病发生率呈上升趋势。水体中气单胞菌的量可达细菌总量的20%以上,当水温在13℃以下时,很少发生气单胞菌引起的疾病;当水温在14~26℃时,该病发生机会渐多;当水温在27~33℃时,很容易发生暴发性疾病。也有个别喜低温种类的病原体,如水霉菌、小瓜虫等。

② 透明度:当透明度降低时,病原体的聚集量越大,其繁殖速度越快,鱼病发生率越高。水体透明度控制在20~40 cm 范围内较好。

③ 光照:光照强弱也能影响鱼病的发生。夏天光照过于强烈,使水体温度升高,极易引起疾病的发生;而在阴雨季节,鱼体长期缺乏光照,可能引起皮肤充血病。

④ 水流:当水体长期没有流动和交换时,水体中的病原体会累积,繁殖速度加快,容易引起鱼病的发生。

⑤ 溶氧量:溶氧量是养殖水体中最重要的因素之一。池水溶氧量应保持在5.0 mg/L 以上利于水生动物的生长,溶氧不足会影响鱼类等水生动物的摄食;溶氧充足可以使水体中有害物质无害化,降低有害物质的毒性,为水生动物营造良好的水体环境。水中溶解氧较低会降低血红蛋白的含量,诱发出血性鱼病的发生。缺氧容易造成泛塘,甚至导致鲤大批死亡。

⑥ pH:养殖水体中的 pH 范围一般为6.5~8.5,过高或过低都不利于鲤的生长,而且容易引起疾病的发生。

⑦ 氨态氮:养殖水体中的氨态氮含量一般低于0.05 mg/L 较好,氨态氮较高时极易发生暴发性出血病。

(2) 生物因素

① 浮游生物:浮游植物含量过多或种群结构不合理(如蓝藻、裸藻)是水质老化的标

志,这种水体鱼病的发生率较高。

② 中间宿主:病原中间寄主生物的数量多少直接影响相应疾病的传播速度。

(3) 池塘条件

① 池塘大小:一般较小的池塘,温度和水质变化较大,鱼病的发生率也比大池塘要高。

② 有机质:底质为草炭质的池塘,pH 一般较低,有利于病原体的繁殖,鱼病的发生率较高。底泥厚的池塘,病原体含量高,有毒有害的化学指标一般较高,因而也容易发生鱼病。同时,有机质数量过大,易使池水缺氧,水质恶化,细菌繁殖加快,鲤易致病。

(4) 病原生物因素

鲤的病原生物主要包括病毒、细菌、真菌、寄生虫及敌害生物等。

① 病毒:鲤主要的病毒性疾病有鲤春病毒血症、锦鲤疱疹病毒病和鲤浮肿病 3 种。

② 细菌:鲤主要的细菌性疾病为由柱状黄杆菌感染引起的烂鳃病。

③ 真菌:由真菌引起的鱼病有水霉病等。

④ 寄生虫:由寄生虫引起的鱼病有车轮虫病、小瓜虫病、指环虫病、锚头蚤病等。

(5) 人为因素

① 饲养管理:涉及的内容较多,也是引发鲤发病的重要因素。

饵料质量与投喂:当投喂饲料的数量或饲料中所含的营养成分不能满足鲤维持生命活动的最低需要时,往往生长缓慢或停止,身体瘦弱,抗病力降低,严重时就会出现明显的疾病症状甚至死亡。营养成分中容易发生问题的是缺乏维生素、矿物质、氨基酸,其中最容易缺乏的是维生素和必需氨基酸。

饲喂腐败变质的饲料也是致病的重要因素。劣质饲料不仅无法提供鲤生长和维护健康所需要的营养,而且还会导致鱼体抗病力下降而易受病原生物感染,导致疾病的发生。

投喂饲料没有采用定时、定量、定质、定位的原则,不仅影响鲤的正常摄食与健康生长,而且会引起鱼体抵抗力下降,易受病原生物感染而暴发疾病。

放养密度过大,超过水体养殖容量,水体中溶氧缺乏,水质变化剧烈,可导致鱼体营养不良、生长较差、体质减弱,容易发生多种疾病。

混养比例不合理,水体浮游生物种群发生变化,水质容易恶化,且易造成饵料利用不足,鲤营养不良、体质变弱,容易发生和流行多种鱼病。

② 水质管理：水质好坏不仅影响鲤的正常摄食和生长，而且影响鲤病害的发生甚至生存。

施肥：施肥是提高池塘鱼产量的有效措施之一。但施肥过量会导致肥料沉积，底泥和水体中的营养盐、有机物浓度升高，透明度下降，从而引起化学与生物耗氧加剧、底泥 pH 降低、水质恶化等一系列问题，给养殖生产带来极大的危害。因而必须根据池塘水质、鱼活动情况、天气情况等灵活掌握施肥量，实行"量少次多"原则。施肥应以发酵好的有机肥、生物肥为主，避免大量使用化学肥料。

搅底泥和换水：搅底泥、加注新水能提高池塘生态系统的质量，也是增加水中溶氧的有效途径。但是，如果操作过于剧烈，会导致池底淤泥泛起，鱼因应激而易导致疾病发生。

滥用药物：水体中丰富的浮游生物和有益微生物群落对维持水体生态环境和保持良好水质极为重要，但频繁使用药物、滥用药物或大剂量使用药物会杀灭水体中浮游生物和有益菌群，导致水体生态平衡破坏，影响养殖鲤的健康及对疾病的抵抗能力。

③ 生产操作：在施药、换水、分池、捕捞、运输和饲养管理等操作过程中，往往由于工具不适宜或操作不小心，使鱼体与网具、工具之间摩擦或碰撞，都可能给鱼体带来不同程度的损伤。受伤处组织破损、功能丧失，或体液流失、渗透压紊乱，引起鱼体各种生理障碍以至死亡。除了这些直接危害以外，由于鱼体受伤而体质较弱、抗病力较差，伤口易受到病原微生物的侵入而造成继发性细菌病。

体表损伤：如鳞片脱落、局部皮肤擦伤、鳍条折断等都属于这一类损伤。个别鳞片脱落对鲤影响不大；当大片脱鳞时，鱼体抵抗力下降，有害微生物趁机侵入，引发"腐皮病"等病害。

创伤和溃疡：因为深层创伤等原因使得致病微生物得以侵入鱼的血液，继而引起局部发炎、溃疡等。

内伤：在捕捞和运输过程中，鱼体容易受到压伤、碰伤，虽然体表不一定显现症状，但是内部组织或器官受损，正常生命活动受到影响，甚至导致死亡。

加注新水：给池塘加注新水时，如果操作过于剧烈，会导致池底淤泥泛起，鲤因应激而易导致疾病发生。

6.1.3 · 内在因素和外在因素的关系

导致鱼病发生的原因可以是单一病因的作用，也可以是几种病因混合的作用，并且这些病因往往有互相促进的作用。

由病原生物引起的疾病是鲤（内在因素）、病原和环境（外在因素）相互作用、相互影响的结果。

■ (1) 病原

导致鲤疾病的病原种类很多,不同种类的病原对鱼体的毒性或致病力各不相同,而同一种病原在不同生活时期对鱼体的致病力也不尽相同。

病原在鲤上必须达到一定的数量时才能使鱼体生病。从病原侵入鱼体到鱼体显示出症状的这段时间叫作潜伏期,潜伏期的长短往往随着鱼体条件和环境因素的影响而有所延长或缩短。病原对鱼体的危害主要有以下4个方面。

① 引起出血:大多数细菌和病毒感染鲤后,能通过血液系统传播至组织靶器官,引起体表与内脏器官出血,导致鱼体患病乃至死亡。

② 夺取营养:病原以鱼体内已消化或半消化的营养物质为营养源,致使鱼体营养不良、身体瘦弱甚至贫血、抵抗力降低、生长发育迟缓或停止。

③ 分泌有害物质:有些寄生虫(如某些单殖吸虫)能分泌蛋白分解酶,有些寄生虫(如蛭类)的分泌物能阻止伤口血液凝固,有些病原(包括微生物和寄生虫)能分泌毒素,使鲤受到各种毒害。

④ 机械损伤:有些寄生虫(如甲壳类)可用口器刺破或撕裂宿主的皮肤或鳃组织,引起宿主组织发炎、充血、溃疡或细胞增生等病理症状。有些个体较大的寄生虫,在寄生数量很多时,能使宿主器官腔发生阻塞,引起器官变形、萎缩、功能丧失。

■ (2) 宿主

鲤对不同病原的敏感性有强有弱。鱼体的遗传品质、免疫力、生理状态、年龄、营养条件、生活环境等都能影响鱼体对病原的敏感性。

■ (3) 环境条件

水域中的生物种类、种群密度、饵料、光照、水流、水温、盐度、溶氧量、酸碱度及其他水质情况都与病原的生长、繁殖和传播等有密切的关系,也严重影响鲤的生理状况和抗病力。

水质和底质影响养殖池水中的溶解氧,并直接影响鲤的生长和生存。当溶解氧不足时,其摄食量下降、生长缓慢、抗病力降低。当溶解氧严重不足时,鲤就会出现大批浮于水面的情况(浮头)。此时,如果不及时解救,溶氧量继续下降,鲤就会因窒息而死亡,这就叫作泛池。发生泛池时,水中的溶氧量随鱼的种类、个体大小、体质强弱、水温、水质等的不同而有差异。患病的鱼特别是患鳃病的鱼对缺氧的耐力特别差。

养殖水体中的有害物质有些是由于饵料残渣和鱼粪便等有机物质腐烂分解而产生的,使池水发生自身污染。这些有害物质主要为氨(NH_3)和硫化氢(H_2S)。除了养殖水体的自身污染以外,有时外来的污染更为严重。这些外来的污染一般来自工厂、矿山、油田、码头和农田的排水。工厂和矿山的排水中大多数含有重金属离子(如汞、铅、镉、锌、镍等)或其他有毒的化学物质(如氟化物、硫化物、酚类、多氯联苯等);油井和码头往往有石油类或其他有毒物质;农田排水中往往含有各种农药。这些有毒物质都可能使鲤发生急性或慢性中毒。

鱼终生生活在水中,其摄食、呼吸、排泄、生长等一切生命活动均在水中进行,因此水体既是它们的生长环境又是排泄物的处理场所,存在的病原体数量较陆地环境要多。水中的各种理化因子(如溶氧、温度、pH、无机氮等)复杂多变,病原在水中也较在空气中更易存活、传播和扩散。这些也导致了鱼病发现病情难、早期诊断难、隔离难和用药难。

总之,鱼病的发生是鱼体(内在因素)、病原和环境(外在因素)相互作用、相互影响的结果。养殖环境条件的变化导致鱼体出现应激反应,抵抗力下降,使病原的入侵成为可能,导致疾病的发生。体质健康的鱼类对环境适应能力很强,对疾病也有较强的抵御力。但是,在现代鱼类养殖中,由于集约化养殖而大大提高了放养密度,随之增大的人工投饵量和鱼类的排泄量对水体的污染程度增大,使得环境极易恶化,鱼病的传染机会增大。当环境的恶化、病原体的侵害等超过了鱼体的内在免疫力时,就会导致鱼病的发生。

6.2

鲤病害生态防控关键技术

对鲤的疾病防控有 3 条途径,即免疫防控、药物防控和生态防控。所谓生态防控就是通过采用各种生态养殖(ecological aquaculture)措施,达到减少养殖动物疾病发生的目的。药物防控在过去相当长的时间内是我国水产养殖病害防治的主要手段。药物防控主要是利用体内、体外给药达到杀灭病原、预防和治疗疾病的措施和手段。免疫防控主要是指对水产养殖动物接种疫苗,通过受免水产养殖动物对所接种的疫苗产生特异性的免疫应答,从而对与疫苗相应的病原生物产生特异性的免疫保护能力。在我国渔业发展"提质增效、减量增收、绿色发展、富裕渔民"的指导下,药物防控疾病的途径由于存在影响养殖动物的品质以及对养殖环境造成药物污染的问题,必将被免疫防控和生态防控所替代。目前,针对鲤疾病的疫苗还没有上市。因此,生态防控技术成为保障鲤养殖健康发展、保护水环境安全、水产品质量安全以及人类健康的重要保障。

健康的水产养殖生态系统是人们为取得水产养殖业的经济、社会、生态效益的统一而建立起来的人工开放式生态系统,其特点是营养结构全面、物质和能量循环合理而充分,可以在一定时间内通过人工调控措施改变养殖水体的一些水质指标、水生生物数量,使其生态结构和功能向更有利的方向发展。生态养殖技术的应用可以在一定限度内消除过多的营养盐和废物,以净化养殖水体,使养殖生态系统中各因子处于水产动物生存和生长的理想范围之内,并且保持周围环境不受污染,这对维持水产养殖业的可持续发展至关重要。同时,生态养殖技术的应用可以有效避免病害的发生,为鲤的健康养殖提供技术支撑。

根据鲤的养殖特性,适用以下几种生态养殖模式。

6.2.1 · 多营养层级养殖模式

生态系统中营养物质的变化,主要取决于系统内部营养物质的循环,即从对无机营养物的摄取到植物可重新利用的无机营养物质再生这一复杂过程。当生态系统中物质循环和能量流动达到动态平衡的最稳定状态时,它能够自我调节和维持自身的正常功能,并在很大程度上克服和消除外来的干扰,以保持自身的稳定。由此,可以运用生态学原理,充分利用养殖品种的生物学习性与生态学特性,对养殖品种进行合理搭配组成完整的食物链,形成良性的物质循环,使投入的饲料尽可能向养殖系统中的动、植物产品转化,以提高养殖效益与产品质量。

6.2.2 · 鱼菜共生模式

鱼菜共生系统是一种集合水培植物和水产养殖为一体的共生系统,是近年来兴起的一种新的水产养殖方式。传统的水产养殖会造成比较严重的环境问题,如高耗水、大面积土地利用及产生含氮和磷化合物的养殖尾水。这些都是由于养殖品种的饲料转化率较低和饲料管理方式不当造成的,需要新的解决方案以满足现代高生产率和最小环境影响的要求。在鱼菜共生系统中,鲤养殖产生的废水可以给植物提供氮,植物通过自身吸收鱼类养殖废水中的养分可以有效地减轻在水产养殖过程所产生的废物对环境的不利影响。

鱼菜共生使用水的效率高,只需要补充蒸发损失的水。与其他形式的循环水养殖相比,鱼菜共生可以将用水量减少90%以上。不仅如此,在鱼菜共生系统中使用的植物栽培密度高,因为栽培植物不依赖于土壤,其效率可达灌溉田产量的 10 倍。因此,水培法可以说是作物生产中最重要的土壤保存方法。随着对粮食需求的增加,水培生产可以缓解将林地转化为农业用地的压力,就像水产养殖业减轻对渔业资源的压力一样。在城市环境中,鱼菜共生系统具有将被污染或贫瘠的土壤返回到高产农业的潜力。空间效率可以通过垂直方向或水培组件的排列来实现,以增加空间和每个区域的产量。鱼菜共生降低了排放的危险、疾病的传播以及外部的环境污染。同时,鱼菜共生系统的广泛应用高度依赖其经济利润,因为可以同时获得鱼和植物(菜)的收获。

6.2.3 · 大水面净水渔业模式

大水面是指我国内陆水域中面积大于 330 hm^2(5 000 亩)的湖泊、水库、江河、河道、低洼塌陷地等,不包括人工开挖的池塘和建造的养殖槽等。大水面净水渔业是指根据保持生态系统健康和促进渔业发展的需要,通过在湖泊、水库等内陆水体中开展"不施肥、不投饵、不用药"的渔业生产调控活动,采取人放天养策略,促进水域生态、生产和生活协调发展的产业方式。它的核心内涵是生物自然资源的保护与利用、生态环境的改善与修复、生产功能的服务与产出,以及生态系统的平衡与稳定。

总之,生态养殖模式通过充分利用养殖品种的生物学特性与生态习性,促进养殖过程中物质、能量的生态利用与循环,不仅产生显著的经济效益,而且疾病发生率显著降低,鱼用药物特别是抗生素的使用量极大地减少,水产品食品质量安全得到显著提升;同时,生态环境健康与安全得到了极大的保护。因此,生态养殖模式是最为典型的经济效益与社会、生态效益并举的水产养殖模式。

6.3

鲤主要病害防治

6.3.1 · 主要病害简介

▓ (1) 鲤春病毒血症

鲤春病毒血症(spring viraemia of carp, SVC)是一种重要的病毒病。本病是由隶属水泡病毒属、弹状病毒科的鲤春病毒血症病毒(SVCV)引起多种鲤科鱼类的一种高传染性、高死亡率的病毒病(Ashraf 等,2016)。该病一般发生在春季,水温 12～22℃时最易感,可造成鲤科鱼类的大量死亡,给水产养殖业带来重大的经济损失。SVC 是世界动物卫生组织(OIE)规定必须申报的疫病之一,并被我国农业农村部发布的《一、二、三类动物疫病病种名录》列为一类动物疫病。

① 流行病学特征:SVC 分布地域较广,早期流行于东欧和中欧国家,此后逐步蔓延到欧洲的大部分地区,严重危害欧洲水产养殖业(林婧楠等,2018)。随着鱼类贸易在全世界的发展和新品种的引进,近年来,该病已经逐步扩散到美洲,并在中国也分离出SVCV。SVCV 宿主范围非常广泛,能感染"四大家鱼"(鲤、鲢、鳙和草鱼)和其他几种鲤科鱼(金鱼、锦鲤等)。鲤科鱼类易感染此病。据报道,在自然条件下其他科鱼类及两栖类也会感染 SVCV。各龄鱼均可患病,且鱼龄越小对病毒越敏感。SVCV 在春季水温 12~22℃,尤其在 15~17℃时流行,特别是当春季水温升高到 15℃时,鲤因越冬消耗大量脂肪,长期的低水温使鱼体免疫力降低,因此在此温度时鱼的发病率及死亡率最高,且幼鱼最为明显。当水温超过 22℃时,SVCV 虽可感染幼鱼,但不会造成鲤大规模发病,鲤春病毒血症因此得名。

② 传播途径:SVCV 的传播方式主要为水平传播,也有媒介传播。水平传播的传染源为病鱼、死鱼和带毒鱼。媒介传播包括生物性和非生物性媒介。生物性媒介主要有某些水生吸血寄生虫(鲺、尺蠖、鱼蛭等);非生物性媒介主要是水。在自然条件下,病毒可以通过鳃侵害鲤。外伤是重要的传播因素。病鱼和无症状的带毒鱼可通过鳃、粪、体液等排出病毒,精液和鱼卵中也会带有病毒。病毒在水中的感染活性可持续 4 周以上,在被感染的鲤血液中可保持 77 天,在泥浆中感染活性可持续 6 周以上。

③ 临床症状:感染鲤春病毒血症的鱼,前期呈现食欲减退、行动迟缓、呼吸困难、不能对外界刺激及时做出反应,身体平衡能力下降;后期病鱼萎靡,出现侧游现象,常卧于池底,基本不游动。病鱼体色轻微或者明显变暗、眼球突出、鳃丝苍白、腹部膨大、肛门红肿。体表(皮肤、鳍条、口腔)和鳃充血、瘀血。眼部有的出现出血症状,肌肉因出血呈现红色,肛门发炎、水肿,从肛门处拖一长条黏稠、粪便样的"假粪"。假粪是由肠黏膜炎症产物与排泄物混合后脱落于肛门,但拖假粪不是唯一的典型性现象。病鱼有时骨骼肌发生震颤,当把病鱼捞出水时,可见腹水自肛门中自动流出。

④ 病理变化:病鱼的组织病理学变化表现为肝脏实质多个病灶坏死及充血;脾脏充血,网状内皮细胞增生明显;肠血管周边出现炎症、上皮脱落;淋巴管极度扩大,内充满炎症细胞;肾小管堵塞,出现空泡和透明样变;胰脏中通常可以观察到炎症和多灶性坏死;在腹膜的腔壁和内脏浆膜中出现明显的炎症;心包膜出现多处炎症;鳔的上皮脱离,黏膜下层管壁加宽,出血明显。

■（2）锦鲤疱疹病毒病

锦鲤疱疹病毒病(koi herpesvirus diease，KHVD)是由疱疹病原科、鲤疱疹病毒属、锦鲤疱疹病毒(KHV)即鲤科疱疹病 3(CyHV－3)感染引起的,导致锦鲤、普通鲤及其变种发生高传染性和高致病性的一种病毒病(朱霞等,2011;袁海延等,2015)。该病多发生于春、秋季节,水温 18~28℃时最易感,发病率和死亡率可达 80%~100%。该病的暴发给水产养殖业造成了极其严重的经济损失。KHVD 是世界动物卫生组织(OIE)规定必须申报的疫病之一,并被我国农业农村部发布的《一、二、三类动物疫病病种名录》列为二类动物疫病。

① 流行病学特征：德国和以色列在 1998 年首次暴发锦鲤疱疹病毒病(Perelberg 等,2003),然后在英国、荷兰也报道发现该病。2022 年本病首次在中国广东发生。该疾病引起了大范围的锦鲤和鲤死亡事件。目前,30 多个国家都有这种疾病。在中国,KHV 暴发事件每年都会出现,但为零星发病,是一种高致死率的鲤传染病。KHV 具有高度传染性,毒力极强,但是 KHV 的感染面十分狭窄,目前仅发现感染锦鲤、鲤及其普通变种。普通鲤池塘相比锦鲤池塘更不易感及暴发疱疹病毒病。不同龄的鱼均可感染,但成鱼比幼鱼更易感,且死亡率较高。据报道,死亡率和养殖密度相关,一般网箱养殖死亡率在 50%~80%,最高可达 100%;池塘养殖死亡率为 10%~30%。

本病主要发生在春、秋季节,当水温在 18~28℃易发病,23~28℃时呈暴发流行,故本病主要受水温影响。较低水温下的鱼仍可被感染,但不产生典型临床症状,然而一旦水温恢复至适宜水温,这些携带病毒的鱼就可以迅速发生病变并出现大量死亡。目前,该病的发生具有低温发病和其他病毒交叉感染的趋势。

② 传播途径：KHV 的传播方式主要为水平传播,也有媒介传播。水平传播的传染源为病鱼、死鱼和带毒鱼。媒介传播包括生物性和非生物性媒介。生物性媒介主要有某些鱼类(金鱼、虎皮蛙和大肚鱼等);非生物性媒介主要是水及鱼类粪便。在自然条件下,病毒可以通过鳃侵入鱼体。外伤是重要的传播因素,病鱼和无症状的带毒鱼可通过鳃、粪、体液等排出病毒,精液和鱼卵中也会带有病毒。

③ 临床症状：感染 KHV 后的初期症状：体表皮肤少量出血和白斑,游动缓慢、打转,鳃丝颜色变浅。中后期症状：眼睛凹陷,鳍条充血、肿胀,鳃丝腐烂、出血,肛门略红肿,肾脏肿胀,脾脏多个出血点。病鱼昏睡或停止游动,皮肤出血并出现大量黏液,病鱼 1~2 天死亡。

④ 病理变化：病鱼最明显的损伤在鳃、肾、肝和脾。感染病毒后第二天,鳃薄片减少,并伴随炎性细胞浸润;第六天起鳃结构消失,鳃弓内血管充血,鳃耙变细(Pikarsky

等,2004)。鳃的损伤早于其他组织。除了鳃以外,最主要的病变发生在肾。感染后第二天在肾小管周围出现炎性浸润;第六天出现严重的间质性炎症,并伴随着血管充血。随后,炎症加重,并伴随有一些肾单位管状上皮细胞的轻微变性。另外,其他器官也出现不同的病变。肝实质出现轻微炎性浸润,脑组织切片显示局灶性脑膜和脑膜旁炎症。

(3) 鲤浮肿病

鲤浮肿病(carp edema virus disease,CEVD)又称锦鲤睡眠病(Koi sleepy disease,KSD)。本病最早暴发于1970年日本养殖的锦鲤中(Murakami,1978)。其病原是鲤浮肿病毒(CEV),典型症状是昏睡,引起养殖鲤和锦鲤之间高度传染及严重的死亡,给养殖业造成了巨大的经济损失(Ilouze 等,2006)。该病幼鱼和成鱼都可感染,研究表明,水温在6~27℃时均可感染 CEV,且20~27℃最易发病。

① 流行病学特征:CEVD 是近年来在我国多地鲤、锦鲤养殖场新发的重大流行性传染病。20世纪70年代首次发生在日本,但当时仅认为是一种地方流行性疾病,并没有很详细的报道。虽然该病毒在日本已经存在了40多年,但迄今在欧洲只有少数 CEVD 病例得到确认,首批病例分别于2009年和2011年在英国进口锦鲤中出现。2012年,英国首次发现普通鲤体内存在这种病毒。在随后的几年里,在英国又在普通鲤和锦鲤中发现了一些 CEVD 病例。2013年,法国和荷兰也报告了 CEVD 确诊病例(Matras 等,2016)。2016年我国首次报道鲤浮肿病(吕晓楠等,2018),逐渐引起业界注意。目前,在我国北京、天津、黑龙江、广东、云南等地都发生了程度不同的疫情。

该病与锦鲤疱疹病毒病十分相似,受水温影响比较大,在水温为6~7℃时易发病,在水温为20~27℃时呈暴发流行。本病在部分地区发病率高达50%,死亡率达90%。幼鱼和成鱼均可发病。

② 传播途径:痘病毒科种类传播的主要方式是通过伤口感染,而鳃丝最易受寄生虫或水质的影响而被破坏,所以鲤浮肿病毒主要通过鳃丝进行感染鱼体。由于鲤浮肿病毒也可在肾脏增殖,故病鱼和无症状的带毒鱼可通过鳃、粪、体液等排出病毒。

③ 临床症状:患病鲤通常表现为食欲不振、反应迟钝、静卧于池底倒向一侧,或漂浮于水面(通常被称为"昏睡")的症状;患病鱼体肿胀,眼球凹陷,体表黏液较多。解剖后可见肾脏糜烂,肝脏颜色变浅或呈苍白色,肠内基本无食物;鳃丝肿胀、出血、坏死,出现严重的炎症反应,损伤最为明显(吕晓楠等,2022)。临床症状与锦鲤疱疹病毒病相似,因此当患病鲤出现上述典型症状并引发大量死亡时,应同时进行锦鲤疱疹病毒与 CEV 两种病毒的检测,以确定病鱼患病致死的主要原因。

④ 病理变化：疾病的发展是一个动态的过程，所以发病鱼在不同时间、不同器官会出现不同程度的损伤并表现出不同的症状。前期由于鳃是 CEV 增殖的最主要靶器官，所以表现为缺氧症状，不断浮头、行动迟缓、反应迟钝等。发病中后期鱼的鳃丝局部溃烂、水肿、黏液增多，有个别鱼眼睛凹陷；肝脏、脾脏等内脏组织不同程度充血或出血，外观发红；肠道明显出血发红。对病鱼鳃和肾脏组织病理切片进行观察，可见鳃小片黏连，鳃丝末端细胞增生，末端充血严重膨大成球，出现大量的异质炎性细胞浸润，上皮细胞空泡状；肾脏出血、坏死，有大量炎性细胞浸润。

▤ （4）柱状黄杆菌病

柱状黄杆菌(*Flavobacterium columnare*)是一种革兰氏阴性细菌，是引起鱼类柱形病的病原(Dawish，2004)。该菌能感染多种淡水鱼类，给水产养殖业造成重大的经济损失。

① 流行病学特征：柱状黄杆菌呈世界范围分布，是一种全球性的、危害极广的细菌性鱼病病原菌，能感染温水域和冷水域的大部分淡水鱼、海水鱼以及观赏鱼类。柱状黄杆菌的宿主范围极为广泛，可感染包括鲤、斑点叉尾鲴、金鱼、虹鳟、大西洋鲑、日本鳗鲡、海鳟等 30 多种重要经济鱼类和观赏鱼类。黏附作用是疾病发生的前提，当鱼的外体表面上出现磨损、表皮黏液层失去保护作用时，可能会导致它们容易受柱状黄杆菌感染。皮肤损伤也为入侵细菌创造了有效的入口点，增强了它们的定植和黏附能力。水温是感染的另一重要因素。该病一般流行于 4—10 月，尤其以夏季流行为多。水温 15~18℃ 时柱状黄杆菌开始致病，水温低于 15℃ 不再发病。高温通过各种机制加剧感染，包括促进细菌增殖、黏附能力和软骨素酶活性。此外，低溶解氧、高氨、高亚硝酸盐和有机污染物也是鱼类中柱状黄杆菌感染出现的强大诱发因素。

② 临床症状：柱状黄杆菌引起的烂鳃分慢性烂鳃和急性烂鳃。慢性烂鳃的鳃丝大面积轻微溃烂，外观鳃丝完整，表面似一层均匀的灰白色坏死层，特别是下颌部位更严重，同时鳃丝表面黏液明显比正常鱼多。鲤发生慢性细菌性烂鳃以后只是吃食不积极，一般不引起死亡，但是由于鳃丝黏液多，气体交换不通畅，发病鱼更容易在凌晨缺氧浮头；急性细菌性烂鳃的鳃丝黏液增多，大面积的鳃丝都严重溃烂，一般鳃丝不完整，有时鳃盖内缘表皮也出血和溃烂，急性细菌性烂鳃造成的死亡量往往较大(何君慈和邓国成，1987；卢全章等，1975)。

③ 病理变化：鳃瘀血，上皮细胞水肿，上皮从毛细血管床游离开，鳃小片中的毛细血管破裂而出血。

6.3.2 · 病毒性疾病的防治方法

（1）病毒性疾病的预防方法

① 建立亲鱼及鱼种检疫机制；水源无污染，进排水系统分开；投喂优质饲料或天然植物饲料；提倡混养、轮养和低密度养殖；加强水质监控和调节。

② 使用含碘消毒剂杀灭病毒病原，如全池泼洒聚维酮碘，发病季节预防每 10~15 天泼洒 1 次，水质较肥时可以适当增加剂量。使用含氯消毒剂（漂白粉、二氯异氰脲酸钠、三氯异氰脲酸、二氧化氯、二氯海因等）全池泼洒，彻底消毒池水也可预防该病。在养殖期内，每半个月全池泼洒漂白粉精 0.2~0.3 mg/L，或二氯异氰尿酸钠或三氯异氰尿酸 0.3~0.5 mg/L，或二氧化氯 0.1~0.2 mg/L，或二氯海因 0.2~0.3 mg/L。

③ 加强饲养管理，进行生态防病，定期加注清水，泼洒生石灰。高温季节注满池水，以保持水质优良，水温稳定。投喂优质、适口饲料，病毒病高发季节使用多维、益生菌、免疫调节剂等饲料添加剂拌料投喂，增强体质。食场周围定期泼洒漂白粉或漂白粉精进行消毒。

（2）病毒性疾病的治疗方法

① 外用消毒剂：使用含碘消毒剂如聚维酮碘等全池泼洒杀灭病原，连续泼洒 2~3 次，间隔 1 天 1 次，第三次视疾病控制情况确定是否使用。水质较肥时可以适当增加剂量。

② 内服抗病毒中药：治疗时，称取抗病毒中药，文火煮沸 10~20 min 或开水浸泡 20~30 min。冷却后均匀拌饲料制备成药饵投喂，连续投喂 5~6 天即可。

6.3.3 · 细菌性疾病的防治方法

（1）细菌性疾病的预防方法

① 阻断病原：培育健康的鱼种，提高鱼种抗病能力。要求清新、无污染，设置进水预处理设施。再者，进排水系统分开，减少交叉感染的机会。不投劣质或变质的配合饵料，遵守饲料投喂的"四定"原则。还应采取饵料消毒措施，以防病从口入。

② 改善环境：高密度使养殖对象出现应激反应，导致免疫力下降及增加相互感染机会，应降低养殖密度。养殖期间，除了强化各个操作程序的消毒措施外，还要避免滥用药物，以保持水中的微生物种群的生态平衡和水环境的稳定，提高养殖动物的抗病能力。定期检测水中硫化氢、亚硝酸根离子、有毒氨、重金属离子等有害理化因子含量是否超标，避免水质恶化导致疾病暴发。适当使用改水剂或底质改良剂等微生态制剂对水质控制有良好的作用。

③ 药物预防：一般每月使用生石灰进行水体消毒 1~2 次；内服药饵以抗菌天然植物药物为主，如大青叶、黄连等，拌饲料投喂，每 15 天 1 次，每次投喂 2~3 天。

（2）细菌性疾病的治疗方法

① 聚维酮碘全池泼洒，4.5~7.5 mg/L（以有效碘计），连用 2~3 次。或二氧化氯全池泼洒，浓度为 0.2~0.3 mg/L，全池泼洒 1~2 次，间隔 2 天泼洒 1 次。

② 内服抗菌药物，拌饵投服，连用 4~6 天。

（撰稿：周勇、曾令兵）

7

贮运流通与加工技术

加 工 特 性

　　鲤是最重要的淡水鱼之一(单垣恺等,2018)。鲤肉中含有丰富的蛋白质,脂肪含量较低(表7-1),具有较高的营养价值。蛋白质的氨基酸组成情况决定蛋白质的质量,其中人体必需氨基酸占总氨基酸含量的50%左右,包括赖氨酸、亮氨酸、苏氨酸和组氨酸等(表7-2)。鲤的脂肪含量较低,且多为不饱和脂肪酸(表7-3)。鲤的加工特性通常是指加工产品得率、感官品质、质构特性等指标,主要包括保水性、凝胶特性、加热变性和冷冻变性等(李大鹏等,2015)。

表7-1·鲤各部位的主要成分组成(%)(以湿基计)

鱼体部位	水 分	蛋白质	灰 分	脂 肪
鱼肉	77.13±0.18	20.20±4.04	1.37±0.09	0.96±0.38
鱼皮	62.7±2.52	25.3±3.26	2.98±0.90	4.10±0.71
鱼骨	60.66±2.81	16.46±0.72	11.70±2.05	6.36±0.27
鱼鳞	56.40±3.91	38.36±1.58	10.07±1.74	0.46±0.02
内脏	74.61±0.74	15.17±2.71	3.00±0.41	8.97±0.23
全鱼	70.36±2.86	21.33±2.16	5.22±2.33	3.56±0.70

数据来源:中国农业大学水产品加工研究室。

表7-2·鲤各部位氨基酸含量(g/100 g)(以湿基计)

氨基酸	鱼 肉	鱼 皮	鱼 骨	鱼 鳞	鱼内脏	全 鱼
苏氨酸	0.98±0.1	0.81±0.05	0.59±0.08	1.09±0.10	0.59±0.10	0.95±0.25
缬氨酸	0.85±0.05	0.68±0.05	0.5±0.07	0.82±0.06	0.81±0.13	0.81±0.15
蛋氨酸	0.77±0.11	0.66±0.05	0.44±0.08	0.90±0.07	0.41±0.07	0.69±0.17
异亮氨酸	0.84±0.05	0.53±0.04	0.47±0.07	0.66±0.06	0.74±0.14	0.79±0.17
亮氨酸	1.79±0.04	1.25±0.08	1.01±0.17	1.37±0.13	1.25±0.21	1.73±0.40

氨基酸	鱼　肉	鱼　皮	鱼　骨	鱼　鳞	鱼内脏	全　鱼
苯丙氨酸	0.83±0.08	0.60±0.04	0.45±0.08	0.85±0.15	0.56±0.06	0.69±0.12
赖氨酸	1.69±0.12	1.57±0.13	1.06±0.15	1.60±0.13	0.96±0.10	1.61±0.37
组氨酸	0.63±0.06	0.41±0.02	0.37±0.06	0.68±0.05	0.35±0.05	0.72±0.18
精氨酸	1.5±0.17	2.24±0.1	0.96±0.14	2.76±0.21	0.95±0.16	1.76±0.44
门冬氨酸	1.58±0.05	1.83±0.11	0.95±0.2	1.95±0.14	1.12±0.13	1.87±0.64
谷氨酸	3.18±0.18	2.99±0.17	1.90±0.22	3.92±0.21	1.80±0.33	3.09±0.71
丝氨酸	0.71±0.06	0.99±0.06	0.56±0.06	1.35±0.09	0.76±0.13	0.82±0.20
甘氨酸	1.00±0.08	5.11±0.29	2.19±0.28	8.35±0.62	0.82±0.12	1.86±0.36
丙氨酸	1.65±0.36	2.18±0.09	1.26±0.20	3.33±0.23	1.53±0.59	1.87±0.34
脯氨酸	0.35±0.14	1.65±0.07	0.66±0.12	2.74±0.22	0.52±0.17	0.79±0.20
酪氨酸	0.88±0.04	0.60±0.03	0.50±0.11	1.23±0.46	0.66±0.04	0.82±0.11
胱氨酸	0.34±0.05	0.34±0.02	0.19±0.02	0.42±0.04	0.14±0.02	0.36±0.13
总含量	19.57±0.10	24.44±0.08	14.06±0.12	34.02±0.18	13.97±2.55	21.23±0.29

数据来源：中国农业大学水产品加工研究室。

表7-3·鲤各部位脂肪酸组成比例(%)(以湿基计)

脂肪酸种类	鱼　肉	鱼　皮	鱼　骨	鱼内脏	全　鱼
c14：0	1.11±0.33	1.07±0.06	1.09±0.23	0.96±0.27	0.96±0.08
c14：1	0.43±0.3	0.27±0.06	0.31±0.08	0.31±0.14	0.25±0.02
c15：0	0.3±0.2	0.08±0.03	0.09±0.02	0.09±0.03	0.09±0.02
c15：1	0.36±0.06	0.06±0.03	0.07±0.02	0.08±0.04	0.11±0.02
c16：0	16.53±1.19	17.1±0.69	17.46±1.15	17.8±1.25	15.96±0.47
c16：1	0.75±0.13	0.82±0.25	0.79±0.38	1.14±0.31	1.07±0.09
c17：0	0.39±0.2	0.21±0.02	0.19±0.06	0.27±0.08	0.22±0.07
c17：1	0.54±0.19	0.37±0.02	0.41±0.03	0.47±0.13	0.32±0.02
c18：0	3.17±0.54	3.26±0.26	3.16±0.63	2.91±0.62	3.00±0.15
c18：1n9	11.94±1.54	12.35±0.14	12.01±0.55	12.88±0.58	12.81±0.16

续 表

脂肪酸种类	鱼 肉	鱼 皮	鱼 骨	鱼内脏	全 鱼
c18:2n6	27.1±2.5	32.42±1.14	31.02±1.16	27.61±5.14	31.21±0.8
c20:0	0.45±0.09	0.19±0.06	0.32±0.13	0.35±0.40	0.31±0.22
c18:3n6	18.24±2.08	19.9±1.08	21.35±2.42	17.78±1.97	19.84±0.43
c20:1	2.02±0.44	2.54±0.28	2.13±0.25	2.46±0.54	2.56±0.19
c18:3n3	2.26±0.16	2.37±0.27	2.45±0.32	2.10±0.31	2.68±0.14
c21:0	0.80±0.19	0.58±0.10	0.54±0.06	0.75±0.19	0.60±0.07
c20:2	0.86±0.21	0.64±0.06	0.64±0.07	1.02±0.34	0.74±0.02
c22:0	0.75±0.29	0.66±0.08	0.58±0.06	0.73±0.34	0.70±0.04
c20:3n6	1.17±0.40	0.63±0.10	0.66±0.15	2.03±1.25	0.80±0.07
c22:1n9	0.41±0.28	0.11±0.03	0.15±0.05	0.18±0.07	0.26±0.11
c20:3n3	0.54±0.41	0.19±0.02	0.19±0.06	0.21±0.07	0.26±0.06
c20:4n6	1.14±0.52	0.54±0.06	0.57±0.11	0.81±0.29	0.66±0.06
c22:2	0.28±0.13	0.13±0.04	0.14±0.02	0.15±0.04	0.18±0.06
c24:0	0.52±0.46	0.04±0.02	0.09±0.07	0.21±0.17	0.26±0.24
c20:5n3	0.61±0.35	0.16±0.02	0.21±0.02	0.62±0.41	0.26±0.03
c24:1	0.55±0.36	0.25±0.22	0.14±0.03	0.31±0.19	0.18±0.04
c22:5n6	0.66±0.19	0.19±0.06	0.19±0.02	0.34±0.10	0.25±0.07
c22:5n3	0.30±0.08	0.10±0.03	0.18±0.04	0.22±0.11	0.20±0.03
c22:6n3	2.02±0.68	1.02±0.17	0.92±0.15	2.85±1.47	1.47±0.18
SFAs	24.03±1.25	23.19±1.12	23.51±2.05	24.05±1.07	22.09±1.25
MUFAs	16.97±0.96	16.65±0.91	16.05±1.10	18.14±1.77	17.58±0.24
PUFAs	54.94±1.14	58.33±1.34	58.31±2.29	55.25±3.11	58.36±1.24

数据来源:中国农业大学水产品加工研究室。

▤ (1) 保水性

指肌肉保持其原有水分和添加水的能力,通常用持水力、肉汁损失和蒸煮损失等表征鱼肉保水性的优劣。鱼肉所处环境的 pH、离子类型和离子强度的变化,都会影响鱼肉的保水性。蛋白质与水分子的相互作用,不仅影响鱼肉的保水性,而且影响肌肉蛋白质的溶解性,而溶解性又会影响蛋白质的凝胶特性、乳化特性和发泡特性等加工特性。

（2）凝胶特性

反映鱼糜制品品质的重要指标之一,是鱼肉蛋白质的一个重要加工特性。蛋白质凝胶是变性的蛋白质分子间排斥和吸引的相互作用力相平衡的结果。蛋白凝胶中主要的非共价作用力有疏水相互作用、氢键、静电相互作用和范德华力等;共价作用力有二硫键(S—S),主要是由含巯基的蛋白质分子间的相互作用形成。影响鱼糜凝胶特性的因素包括鲤的新鲜度、年龄、季节,以及加工过程中的漂洗方法、擂溃条件和加热方式等。

（3）加热变性

热处理是鱼类加工过程中的重要工艺,可有效降低微生物数量、抑制微生物生长,同时赋予产品特定的色泽和风味。但是,热处理也是导致鱼肉变性的最主要的因素。鱼肉肌原纤维组织结构发生显著的变化,分子结构趋于无序状态,分子间相互作用力被破坏,多肽链展开,蛋白发生变性,蛋白溶解度降低,水溶性蛋白和盐溶性蛋白组分减少,引起肌肉收缩失水和蛋白质的热凝固。在鲤的生产加工过程中,包括冷冻、加热、漂洗、腌制以及添加各种配料等,都会对鱼肉蛋白质的热稳定性产生影响。如果鱼肉蛋白质热处理程度控制不当,则会严重影响产品的质量和产率。

（4）冷冻变性

冷冻贮藏能够延长鲤的保存期,是鲤的主要保鲜方式之一。低温形成的较大冰晶会破坏鱼肉组织和肌细胞结构,组织结构变形、肌肉细胞膜破裂、营养物质流失,鱼肉蛋白凝胶形成能力和弹性都会有不同程度的下降。鱼肉的冷冻变性程度与冻结速度、冻藏温度、pH 以及解冻方式密切相关。反复冻融在餐馆、商店和消费者家庭中很常见,这会严重影响鱼肉品质,造成风味损失、脂肪氧化、冰晶升华或重结晶、嫩度下降、可溶性蛋白减少和蛋白质形成凝胶能力下降等。在反复冻融过程中,鱼肉蛋白质过度变性,使得蛋白质的空间结构发生变化,蛋白网络中的水溶性成分大量流失。用冷冻变性程度较高的鱼肉制成的鱼糜,组织软烂、蛋白质持水性降低,蒸煮损失增加。

保鲜贮运与加工技术

7.2.1 · 低温保鲜技术

随着人们生活水平的提高,对鱼体的品质要求也越来越高,较好的新鲜度会赋予鲤理想的价格以及良好的品质。鲤在捕获或宰杀处理后,以及存放或加工过程中,因其体内或体表所带的微生物和酶的作用会引发一系列生化反应,出现僵直、解僵和自溶现象,导致腐败变质(张月美等,2015)。因此,在鲤的运输、贮藏及加工过程中,必须采取有效的保鲜措施,避免鱼体新鲜度下降和腐败变质。微生物和酶的作用均与温度有关,在低温下,微生物会停止繁殖甚至死亡,酶的活性也会减弱(李倩,2017)。低温保鲜是最有效、应用最广泛的保鲜方法。当鱼体所处环境温度低于微生物最适生长温度时,微生物的生长代谢会受到抑制。目前采用的低温冷链贮运,一般选择 0~4℃ 的冷藏保鲜、−2~0℃ 的冰温保鲜、−4~−2℃ 的微冻保鲜以及 −40~−18℃ 的冻藏保鲜这 4 个温度带范围(夏文水等,2014)。

▪ (1) 冷藏保鲜

通常采用空气冷却保鲜法。空气冷却通常在 −1~0℃ 的冷却间内进行,冷却间蒸发器可用排管或冷风机。空气是常用的气体冷却介质,方便、费用较低。但是,由于冷却的空气对流传热系数小、冷却速度慢,不适合处理大批的鱼货,而且长时间空气冷却易造成鱼体表面氧化和干耗。因此,冷藏保鲜只适合短时间贮藏。

鲤鱼片在冷藏过程中感官分值的变化如图 7 - 1 所示。贮藏前 4 天,鱼片的感官分值只有轻微下降,仍处于可以接受的状态;第 6 天时,鱼片的感官分数从初始值 20.0 分别降低到 12.5,此时鱼片已经产生了轻微的氨臭味且肉质弹性开始下降;第 8 天时,鱼片有明显的腥臭味,感官上已完全不可接受。

挥发性盐基氮(TVB - N)的增加是由于鱼体肌肉中蛋白质、核苷酸及游离氨基酸等含氮物质在肌肉内源酶及腐败微生物的共同作用下发生降解导致的,因此 TVB - N 值的变化经常用于评价鱼体在贮藏过程中的品质劣变。鲤鱼片在冷藏过程中 TVB - N 值的变化如图 7 - 2 所示。新鲜鲤鱼片的初始 TVB - N 值为 12.4 mg/100 g,随贮藏时间的延长,TVB - N 值均未发生显著性变化,直到贮藏的第 8 天,鱼片中的 TVB - N 值增长至

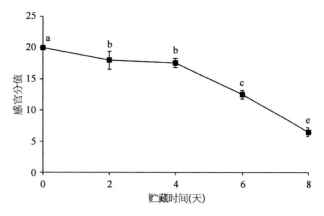

图 7-1 · 鲤鱼片于(4±1)℃贮藏过程中感官分值的变化

(张月美,2016)

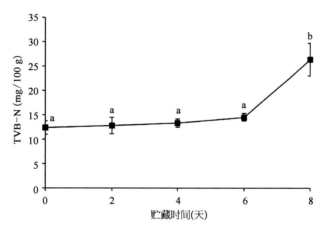

图 7-2 · 鲤鱼片于(4±1)℃贮藏过程中 TVB-N 值的变化

(张月美,2016)

26.4 mg/100 g,超出国标 GB 2733—2015 对于淡水鱼 TVB-N 值规定的可食用范围(TVB-N 值≤20 mg/100 g)。

腐胺、尸胺和组胺通常被认为是能够引起水产品品质劣化的生物胺,可以作为水产品新鲜度的评价指标。鲤鱼片在冷藏过程中 7 种生物胺含量的变化如表 7-4 所示。新鲜鲤鱼中,未检测到尸胺的存在;腐胺和组胺的含量较低,分别为 0.13 mg/kg 和 0.70 mg/kg。组胺含量均在 0.70~0.95 mg/kg 范围内变化,远低于美国食品药品监督管理局(FDA)规定的 35 mg/kg 的最大组胺限量。鲤鱼片在贮藏过程中的腐胺水平均呈现轻微增加的趋势(0.13~1.24 mg/kg)。贮藏前期,鱼片的尸胺值均呈现在较低范围内波动的趋势(<1 mg/kg),至第 8 天时鱼片的尸胺值急剧增长至 9.11 mg/kg,此时鲤鱼片的感官均已不可接受。

表 7-4 · 鲤鱼片于(4±1)℃贮藏过程中生物胺含量的变化

（张月美，2016）

贮藏时间（天）	生物胺（mg/kg）						
	苯乙胺	腐 胺	尸 胺	组 胺	酪 胺	亚精胺	精 胺
0	2.84±0.00	0.13±0.00	ND	0.70±0.27	35.30±0.00	2.13±0.03	11.61±5.46
2	5.66±1.70	0.65±0.24	0.57±0.12	0.51±0.05	28.31±1.11	3.41±0.79	12.67±3.87
4	10.16±3.30	0.97±0.58	1.19±0.00	0.57±0.10	37.18±2.23	3.23±1.00	14.36±1.16
6	5.84±0.81	0.29±0.13	0.94±0.00	0.94±0.02	44.84±0.00	3.08±0.72	8.97±3.55
8	2.12±1.26	1.24±0.08	9.11±0.18	0.56±0.00	63.03±24.91	2.84±1.28	12.46±2.03

冷藏条件下鲤鱼片贮藏过程中菌落计数的结果如表 7-5 所示。新鲜鲤鱼片的初始菌落总数为 3.53 log CFU/g，菌落总数随贮藏时间的延长而增加。第 6 天时，鱼片的菌落总数为 8.67 log CFU/g，超出食品中微生物的可接受限值 7.00 log CFU/g。假单胞菌的初始菌落计数为 2.96 log CFU/g，假单胞菌的生长状况与菌落总数相似，同样在贮藏至第 6 天时达到 8.49 log CFU/g，显著高于同组样品的产硫化氢菌和乳酸菌。与假单胞菌的生长情况不同，产硫化氢菌和乳酸菌的初始菌落数较低，分别为 2.53 log CFU/g 和 2.08 log CFU/g。这两类微生物在冷藏条件下的贮藏过程中增长速度缓慢，当感官不可接受时，两者的菌落数仍未超出限值 7.00 log CFU/g。

表 7-5 · 鲤鱼片于(4±1)℃贮藏过程中不同微生物菌落数(log CFU/g)的变化

（张月美，2016）

贮藏时间（天）	菌落总数	假单胞菌	产硫化氢菌	乳 酸 菌
0	3.53±0.17	2.96±0.24	2.53±0.21	2.08±0.15
2	3.88±0.18	3.75±0.15	3.34±0.19	2.57±0.29
4	6.43±0.19	6.23±0.06	5.06±0.20	4.44±0.12
6	8.67±0.09	8.49±0.01	6.06±0.05	5.79±0.51
8	8.79±0.13	8.77±0.07	6.50±0.71	6.46±0.15

（2）冰藏保鲜

即冰冷却保鲜法。就是将一定比例的冰或者冰水混合物与鱼体混合，放置在可密封的容器内。所用的冰通常为淡水冰。冰藏时注意事项：冰藏前应清洗鱼体表面；清洗后尽快加冰保存，冰量要充足；环境温度应控制在 0~2℃。

▣（3）冰温保鲜

采用冰温保鲜能有效地抑制微生物的生长繁殖，使得鱼肉的品质特性得到良好保持，延长货架期，并能有效防止鱼肉蛋白的冷冻变性，保持良好的结构与功能特性。同时，还可添加冰点调节剂（食盐、蔗糖、山梨醇等），以降低鱼肉的冻结点、拓宽冰温区域，利于贮藏期间的温度控制。与微冻、冷藏保鲜方法相比，其特点在于可避免冻结对鱼体肌肉等组织造成的劣化影响。

▣（4）微冻保鲜

指贮藏温度控制在生物体冰点（冻结点）以下 1~2℃ 的温度带的保鲜技术。微冻时样品表面会有一层冻结层，故又称部分冷冻和过冷却冷藏。此法能有效延长食品的保质期，是一般冷藏保质期的 2~3 倍。在微冻状态下，鱼体内部分水分冻结，水分活度降低，细菌和细胞内部因部分汁液冻结而浓缩，改变了其生理生化过程，大部分嗜冷菌的活动受到抑制。鲤在冷藏（4℃）条件下的保质期为 5~8 天，而微冻（-3℃）条件下的保质期为 20~30 天（胡素梅等，2010）。除可延长贮藏天数外，微冻保鲜还能显著抑制鲤鱼片中微生物的增长、提高鱼片的感官品质、延缓 TVB-N 值的增加。

▣（5）冻藏保鲜

冷藏、冰温和微冻保鲜技术的贮藏时间都比较短，一般只有 5~30 天。为了满足更长时间的贮藏需求，则必须将鱼体温度降至 -18℃ 以下并在 -18℃ 以下温度贮藏。由于冻结会导致鱼胆破裂，造成鱼体发绿、变苦，所以在冻藏前尽可能去除内脏。在冻结和冻藏过程中，鱼体存在干耗现象，可以采用镀冰衣的方法贮藏。

7.2.2 · 生鲜制品加工技术

随着社会生活节奏的加快和人们生活水平的提高，消费者对方便、快捷、营养的食品需求不断增长。生鲜及调理鱼类食品具有方便、快捷、营养丰富的优点，生鲜冷冻调理鱼片等调理制品深受广大消费者欢迎，同时也为酒店、火锅店等餐饮主体提供更为便捷的鲤产品，扩大鲤的消费市场。

冷冻鲤鱼片的工艺流程、操作要点和质量指标如下。

(1) 工艺流程

鲤检验→前处理→洗净→去皮(根据实际情况选择)→割片→整形→冻前检验→浸液→装盘→速冻→镀冰衣→包装→冻藏。

(2) 操作要点

① 原料选择:宜选用鲜活、无污染的鲤为原料,个体重应在 0.75~1.5 kg。

② 前处理:经过筛选的鲜活鲤首先进行清洗,去除表面泥垢等,然后去鳞、剖杀、去内脏、去黑膜和去头,再用清水冲净腹内残留黑膜及血污。

③ 剥皮:可使用剥皮机,需掌握好刀片的刃口。

④ 割片:鱼肉切片可采用人工切割,也可使用鱼肉斜切片机。鱼片厚度可根据实际需求进行切割。

⑤ 整形:处理好的鱼片先用清水漂洗,漂洗时温度应控制在 10℃ 以下,然后进行整形,去除鱼片上残留鱼鳍、鱼鳞、骨刺、黑膜和血渍等杂物。

⑥ 冻前检验:将鱼片进行灯光检查,若发现寄生虫则弃用。

⑦ 浸液:通常用一定浓度的复合磷酸盐溶液,溶液温度保持在 5℃ 左右,鱼片置于溶液中浸泡,浸泡后的鱼片要沥干水分。

⑧ 装盘:沥干水的鱼片按规定要求平整摆放于盘内。

⑨ 速冻:摆好盘的鱼片需及时送入速冻机进行快速冻结,鱼片中心温度应快速降至 -15℃ 以下。镀冰衣时应保持水体洁净,水温和环境温度都应保持低温。

⑩ 包装、冻藏:已镀冰衣的鱼片装入聚乙烯薄膜袋内,真空封口。装箱后及时放入 -18℃ 以下的环境中贮藏,环境温度波动不宜超过 ±2℃。

(3) 质量指标及参考标准

① 感官指标:鱼片薄厚均匀、冰衣完整无破损;鱼片表面无由干耗和脂肪氧化引起的变色现象,色泽正常;解冻后鱼片肌肉组织紧密有弹性,仍具有鱼肉的特殊香味,无杂质。

② 操作规范参考标准:《食品安全管理体系 水产品加工企业要求》(GB/T 27304—2008);《出口水产品质量安全控制规范》(GB/Z 21702—2008)。

③ 产品质量参考标准:《冻鱼》(GB/T 18109—2011);《冻淡水鱼片》(SC/T 3116)。

7.2.3 · 腌制发酵技术

腌制发酵是传统的食品加工保鲜工艺。腌制发酵水产制品是现代水产品加工中的重要环节,能够使水产品呈现特有的色泽,产生特殊的腌制风味,具有改善水产品品质、延长货架期等作用。腌制发酵技术主要包括盐腌制品、糟醉制品和发酵腌制品。

食盐腌制是鲤腌制的主要代表方法,制作过程包括盐渍和成熟两个阶段。盐渍是食盐与鱼体水分之间的扩散和渗透作用。在盐渍中,鱼肌细胞内盐分浓度与食盐溶液中盐分浓度存在浓度差,导致盐溶液中食盐不断向鱼肌内扩散和鱼肌内水分向盐溶液中渗透,最终鱼肌脱水,直至鱼肌内外盐浓度达到平衡。成熟指在鱼肌内所发生的一系列化学变化和生化反应,包括:① 酶分解蛋白质产生短肽和氨基酸,非蛋白氮含量增加,风味变佳;② 嗜盐菌解脂酶分解部分脂肪产生小分子挥发性醛类物质,使得鱼体具有芳香气味;③ 鱼肌大量脱水,网络结构发生变化,肌肉组织收缩变得坚韧。同时,由于脱水作用及盐分进入鱼体,鱼肌中游离水含量下降,导致水分活度下降。脱水将导致鱼体内细菌质壁分离,其正常的生理代谢活动受到抑制。此外,微生物的生长繁殖及酶的活性也会因蛋白质变性而受到影响,使得腌制条件下的鱼制品得以长时间贮藏。

生物发酵技术可以保持和改善鱼制品的品质、抑制腐败菌的生长。其主要利用乳酸菌将糖转化为各种酸,pH 降低,同时代谢产生的细菌素等抑菌物质可抑制腐败菌和致病菌的生产和繁殖。发酵还可产生乙醛及双乙酰等芳香代谢物质,使得产品具有浓郁的发酵风味。发酵过程中还可产生益生物质或采用益生菌为发酵剂,利用酶作用分解蛋白质、脂肪和糖类,提高发酵鱼制品的消化吸收性能和营养价值。发酵鲤的工艺流程、操作要点、质量指标参考标准如下。

■ **(1)工艺流程**

鲤检验→前处理→腌制→拌料→装坛→密封→发酵→成品。

■ **(2)操作要点**

① 原料鱼处理:选用新鲜的鲤用清水洗净。从背部连头剖开鱼体,去除内脏、鳃及黑膜。

② 腌制:将混合均匀后的食盐及香辛料与鱼体一同腌制。

③ 小米预处理:小米洗净浸泡后上屉蒸熟,扒开散热后稍晾干,加入适量的食盐混合均匀。

④ 拌料:将调味品均匀地涂抹在鱼体表面和鱼体内部。

⑤ 装坛：装坛至坛容量的 95% 为止，最后再在上面撒一层小米。

⑥ 密封、发酵：自然条件下发酵 2~6 个月成熟，发酵期间不宜打开坛口。

(3) 质量指标及参考标准

① 感官指标：色泽明亮，味道鲜香，酸味纯正，酸咸可口，香气宜人。

② 操作规范参考标准：《食品安全管理体系　水产品加工企业要求》(GB/T 27304—2008)；《出口水产品质量安全控制规范》(GB/Z 21702—2008)。

③ 产品质量参考标准：《食品安全国家标准　动物性水产制品》(GB 10136—2015)。

7.2.4 · 罐藏加工技术

由于鲤含水量高、不易贮藏、易腐败、淡旺季明显等缺点，限制了鲤的商业价值，无法满足消费者对鲤产品的需求。鲤鱼罐头是将鲤经预处理后封入密闭容器，经加热灭菌、冷却后得到的产品，具有较长的贮藏期、良好的风味、便于携带等优点。常见的鲤鱼罐头主要有红烧鲤、葱烤鲤和油炸鲤等。

鲤鱼罐头制品加工原理：经过初加工的鲤原料置于容器内排气密封，经高温高压处理，原料中的大部分微生物被灭除，酶的活性受到破坏；同时，密封的容器可避免外界的污染和空气氧化，使得鲤制品得以长期保存。下面以红烧鲤为例介绍鲤鱼罐头加工技术。

(1) 工艺流程

鲤检验→前处理→盐渍→油炸→调味→装罐→排气及密封→杀菌、冷却→成品。

(2) 操作要点

① 原料选择：选用新鲜鲤。

② 前处理：将鲤去鳞、去头尾、去鳍、剖腹去内脏，然后清洗干净，横切为 5~6 cm 长的鱼块。

③ 盐渍：将鱼块按大小分级，尽量保证大小一致，并分别浸没在 2%~3% 的盐水中，盐渍一段时间后捞出沥干表面盐水。

④ 油炸：盐渍后的鱼块置于 180~210℃ 的油锅中，炸至鱼块呈现金黄色。

⑤ 配制调味液：将准备好的香辛料放入夹层锅内微沸，过滤除渣后，再加入糖、盐等其他配料煮沸至溶解后过滤，最后加入味精，再用纯净水调至所需体积后备用。

⑥ 装罐：选用标准食品罐，装入鱼块，每罐应保持鱼块数量和大小基本一致、排放整齐，添加调味液，调味液温度应保持在 80℃ 以上。

⑦ 排气及密封：热排气时罐头中心温度应达 80℃ 以上，抽气密封的真空度为 0.046~0.053 MPa。

⑧ 杀菌、冷却：应在 115~121℃ 下杀菌。杀菌结束后，冷却至 40℃ 左右，擦净罐头表面残留水分入库。

（3）质量指标及参考标准

① 感官指标：肉色正常，具有典型的红烧色泽，即酱红色，略带褐色，滋味、气味无异常；鱼肉组织紧密，不松散，不干硬，将鱼肉从罐内取出时不碎散。

② 操作规范参考标准：《食品安全管理体系　水产品加工企业要求》（GB/T 27304—2008）；《出口水产品质量安全控制规范》（GB/Z 21702—2008）。

③ 产品质量参考标准：《食品安全国家标准　罐头食品》（GB 7098—2015）；《绿色食品　鱼罐头》（NY/T 1328—2018）。

7.2.5 · 副产物利用技术

在上述鲤加工过程中，会产生大量的鱼鳞、鱼内脏、鱼皮和鱼骨等副产物（表 7 - 6）。这些副产物中含有大量的蛋白质、油脂以及其他一些具有生物活性的物质。因此，合理开发利用鲤下脚料，生产出具有较高经济价值的新产品，对实现鲤废弃物的综合利用、大大提高鲤的附加值具有重要意义（蔡路昀等，2016；叶彬清等，2014）。

表 7 - 6 · 鲤各部分的组成比例（%）（以湿基计）

鱼头	鱼体			鱼鳞	鱼内脏	鱼鳍
	鱼肉	鱼骨	鱼皮			
25.92±1.65	43.99±1.85	5.12±0.20	4.19±0.93	4.91±0.26	13.37±0.49	2.50±0.61

数据来源：中国农业大学水产品加工研究室。

（1）鱼鳞的加工利用

鲤鱼鳞中含有约 30% 的蛋白质，且鱼鳞中的蛋白质主要以胶原蛋白为主。在 20 世纪 50—60 年代，我国就开始利用鱼鳞研究开发生产明胶产品。近些年来，以鱼鳞为原料开发的产品有鱼鳞胶原（尹利端等，2015）、鱼鳞明胶等鱼鳞制品，以及利用鱼鳞胶原蛋白制备的胶原蛋白肽的产品,提升了鲤的经济价值。

胶原蛋白肽是由天然胶原蛋白或明胶水解而成的小分子生物活性肽,也被称为水解的胶原蛋白或胶原蛋白水解物。胶原蛋白肽具有多种多样的生物活性。在生物医学领域中,胶原蛋白肽有着低致敏性、优良细胞耐受性及亲和性的优势,使其可用于药物稳定剂、药物载体及医用外敷材料的制备。在美容方面,胶原蛋白肽因其性能温和、较高的安全性,常用于护肤类化妆品中,具备保湿、减少皱纹和抵抗紫外线辐射等功能。在食品工业领域,胶原蛋白肽可作为普通食品原料或功能性食品添加剂加入食品中以补充营养,有利于皮肤、头发和骨骼等部位的健康(张余莽等,2016)。

▤ (2) 鱼皮的加工利用

在鱼皮类食品加工方面,中医理论认为:鱼皮味甘咸性平,及具有滋补的功效,且鱼皮含有丰富的蛋白质和多种微量元素,其蛋白质主要是大分子的胶原蛋白成分,是女士养颜护肤美容保健佳品。近些年来,以鱼皮为主的休闲食品即菜肴逐渐进入大众的视野,如凉拌鱼皮、葱爆鱼皮和泡椒鱼皮等,都备受广大消费者喜爱(Li 等,2021)。

鱼皮还可用来制备胶原蛋白及胶原蛋白肽。鱼皮胶原蛋白含量高,杂蛋白含量低,是提取胶原蛋白的理想原料。已有研究表明,鱼皮蛋白水解产物具有抗氧化、降血压和降胆固醇等功效。还可将鱼皮酶解后得到的水解物作为可食性涂膜,应用于鱼体保鲜领域。

▤ (3) 鱼骨的加工利用

鲤鱼骨由于其含有 16% 左右的蛋白质,可作为胶原蛋白、鱼骨多肽粉等高附加值产品的原料。与鱼鳞和鱼皮中的胶原蛋白基本相同,可加工成胶原蛋白肽、休闲食品等。

▤ (4) 鱼内脏的加工利用

鲤内脏主要由鱼肝、鱼肠、鱼鳔和鱼生殖腺等器官及脂肪组织组成,占鲤全重的13%。鲤内脏除了富含脂肪、蛋白质、水分和维生素等外,还含有脂溶性的维生素 A、维生素 D 和维生素 E 等。由于内脏中脂肪和蛋白质含量占比较高,在鱼内脏的利用方面,常见的方式有鱼鳔单独加工利用,其他的提取鱼油、蛋白质、酶制剂或加工成鱼粉等。

品质分析与质量安全控制

鲤鱼肉因其水分含量高,达到 75% 以上,蛋白质含量高达到 20% 左右,肌基质蛋白低,产品贮藏期较短,容易发生腐败变质的现象。

7.3.1 · 鲤的品质评价

鲤的品质评价分为感官检验、理化检验和微生物检验 3 种方法(李倩等,2016)。

(1) 感官检验

鲤的感官检验包括体表、眼睛、肌肉、鳃和腹部等部位的状态评定。常用的有质量指数法(quality index method,QIM),评价标准详见表 7 - 7。分值高,代表原料鱼质量好,分值低则代表原料鱼质量差。

表 7 - 7 · 感官评价标准

项　目		质量指数法(QIM)		
	3	2	1	0
体表	很明亮	明亮	轻微发暗	发暗
皮	结实而有弹性	柔软	—	—
黏液	无	很少	有	很多
眼睛 透明度	清澈明亮	欠明亮	不明亮	—
外形	正常	略凹陷	凹陷	—
虹膜	可见	隐约可见	不可见	—
血丝	无	轻微	有	—
腹部颜色	亮白色	轻微发黄	黄色	深黄色
肛门气味	新鲜	适中	鱼腥味	腐败味

(2) 理化检验

评价原料鲤质量的理化检验指标主要包括 pH、挥发性盐基氮(TVB - N)、K 值、生物胺等。

pH 会随着鱼体死后的肌肉变化过程而变化,贮藏初期由于糖原酵解产生乳酸、ATP 和磷酸肌酸等物质,这些物质会分解产生磷酸等酸性物质,导致 pH 在僵硬期下降(Li 等, 2017、2016)。伴随贮藏时间的延长,由于细菌的作用,鱼肉中蛋白质被分解,进入自溶腐败阶段,产生碱性物质,pH 会逐渐升高,最高可达 8.0(Zhang 等,2015a、b)。pH 测定一般采用酸度计法。

挥发性盐基氮(TVB-N)是鱼体在细菌和酶的作用下分解产生的氨及低级胺类,可作为鲜度指标(Zhang 等,2015c)。一级鲜度淡水鱼为 TVB-N≤13 mg/100 g,二级鲜度淡水鱼为 TVB-N≤20 mg/100 g。挥发性盐基氮的测定方法有半微量定氮法、自动凯氏定氮仪法和微量扩散法 3 种(GB 5009.228—2016)。

K 值是反映鱼体初期新鲜度变化及与品质风味有关的生化质量指标,又称鲜活质量指标。一般采用 K 值≤20% 作为优良鲜度指标,K 值≤60% 作为加工原料的鲜度指标。测定方法主要有高效液相色谱、柱层析及应用固相酶或简易测试纸等测定方法。

生物胺来源于氨基酸脱羧反应,氨基酸脱羧酶广泛存在于各种动植物组织中。如果细菌污染,则会导致食物中胺的浓度超出正常水平,会对机体产生危害(Zhang 等,2016)。生物胺的测定方法参考 GB/T 5009.208—2016。

▣（3）微生物检验

微生物是鱼肉检测中的重要项目,菌落总数可表示鱼的新鲜程度或腐败状况(Li 等, 2018)。菌落总数是指水产品样品经过处理,在一定条件下培养后所得 1 g(或 1 ml)样品中所含细菌菌落总数。菌落总数的计算采用平板菌落计数法(GB 4789.2—2016)。

7.3.2·鲤产品成分检测

鲤产品中的成分主要涉及 4 部分,分别为水分、蛋白质、脂肪和灰分。

水分含量的测定适合采用直接干燥法(GB 5009.3—2016),是指在 101～105℃温度条件下直接进行干燥处理,记录所失去物质的总量。

蛋白质含量的测定采用凯氏定氮法(GB 5009.5—2016)。

脂肪含量的测定一般采用脉冲核磁共振法(GB/T 37517—2019)。

灰分的测定则是将样品置于石英坩埚或瓷坩埚,放置在马弗炉中,于(550±25)℃下灼烧 4 h,冷却至 200℃ 以下后,放入干燥器中冷却至室温,准确称量,并重复灼烧至恒重(GB 5009.4—2016)。

7.3.3 · 水产品品质预测技术及安全控制

水产品的安全卫生对消费者的健康有着重要的影响。针对鱼及其产品的食品货架期模型预测及安全控制方法的研究,FAO/WHO 的食品法典委员会(CAC)制定的《食品法典》在食品贸易中具有准绳的作用。CAC 制定的《食品卫生通则》(CAC/RCP1—1969,REV1997)及其附件"HACCP 体系及其应用准则"推荐了食品安全卫生控制的体系,目前已被世界各国广泛采用。

■ **(1)品质预测模型**

当鱼及其产品从工厂生产、包装后,经过运输到仓库或零售商,最后到达消费者的整个过程,温度相对于湿度、包装内的气体分压、光和机械力等一些因素,对食品质量损失的影响是最大的。Arrhenius 关系式阐述了食品的腐败变质速率与温度的关系。

$$k = k_0 \exp(-E_A/RT)$$

式中 k_0 为前因子;E_A 为活化能;T 为绝对温度;K、R 为气体常数,8.314 J/(mol·K);k_0 和 E_A 都是与反应系统物质本性有关的经验常数。

对上述公式取对数可得:

$$\ln k = \ln k_0 - \frac{E_A}{R_T}$$

基于上述公式,可求得不同温度下的速率常数,用 $\ln k$ 对热力学温度的倒数($1/T$)作图可得一条斜率为 E_A/R 的直线。

Arrhenius 关系式主要价值在于可以在高温($1/T$)下借助货架期加速试验获得数据,然后用外推法求得在较低温度下的货架寿命。

■ **(2)HACCP 在产品加工过程中的应用**

HACCP 即危害分析关键控制点(hazard analysis critical control point),是一种简便、合理、专业性较强的食品安全质量控制体系。目的是为了保证食品生产系统中任何可能出现危害或有危害危险的地方得到控制,以防止危害公众健康的问题发生。

HACCP 在鲤及其产品加工方面的应用主要包括以下几方面:鲤原料(活体)生产中的危害及控制,鲤捕捞与贮运中的危害与控制,鲤产品加工中的危害与控制。

(撰稿:罗永康、洪惠)

参考文献

［1］艾春香,陶青燕. 鱼粉替代——鱼粉高价运行下水产配合饲料研发的技术对策［J］. 饲料工业,2013,34(10)：1-7.

［2］毕冰,辛帝,翟纯智,等. 高寒鲤、荷包红鲤、松浦鲤和德国镜鲤同工酶分析［J］. 水产学杂志,2014,27(05)：1-6.

［3］薛耀怀. 兴国红鲤的杂交鱼及其杂种优势的利用［J］. 江西农业科技,1984(10)：24-25.

［4］蔡路昀,马帅,张宾,等. 鱼类加工副产物的研究进展及应用前景［J］. 食品与发酵科技,2016,52(5)：108-113.

［5］常玉梅,孙效文,梁利群. 鲤鱼耐寒性状研究［J］. 上海水产大学学报,2003,12(2)：102-105.

［6］常玉梅,孙效文,梁利群. 中国鲤几个代表种群基因组 DNA 遗传多样性分析［J］. 水产学报,2004(05)：481-486.

［7］常重杰,单元勋,杜启艳,等. 黄河鲤酯酶和乳酸脱氢酶同工酶的研究［J］. 河南水产,1994(04)：21-23.

［8］陈红林,司周旋,杜金星,等. 四种体色瓯江彩鲤形态性状与体质量的相关性与通径分析［J］. 渔业科学进展,2019,40(05)：110-116.

［9］陈军平,胡玉洁,王磊,等. 鱼类遗传连锁图谱构建及 QTL 定位的研究进展［J］. 水产科学,2020,39(04)：620-630.

［10］陈丽丽,王松涛,杜启艳,等. 黄河鲤生长激素基因 cDNA 的克隆和原核高效表达［J］. 安徽农业科学,2009,37(14)：6369-6371.

［11］陈松波. 不同温度条件下鲤鱼摄食节律与呼吸代谢的研究［D］. 东北农业大学,2004.

［12］程汉良,潘黔生,马国文,等. 鲤鱼育种研究［J］. 内蒙古民族大学学报(自然科学版),2001,16(2)：155-158.

［13］程译锋. 加工工艺对鲤鱼饲料营养和卫生的影响［D］. 江南大学,2008.

［14］村井武四,秋山敏男,能势健嗣,等. 饲料碳水化合物的葡萄糖链长度及投喂次数对稚鲤的影响［J］. 河北渔业,1992(3)：26-28.

［15］单世涛. 油脂对鲤鲫鱼生长、血清生化指标及脂质代谢的影响研究［D］. 西北农林科技大学,2011.

［16］单垣恺,张长宇,罗永康. 鲤鱼知多少［J］. 科学养鱼,2018(8)：83-84.

［17］单云晶. 采用 AFLP 和 SSR 分析鲤生长不同阶段的遗传结构及遗传差异［D］. 大连海洋大学,2014.

［18］邓婧. 鲤鱼培育出优良新品种［J］. 农家致富,2016,(08)：19.

[19] 邓志武. 投喂频率对福瑞鲤幼鱼摄食与生长的影响[J]. 福建水产,2015,37(1):68－72.

[20] 邓宗觉. 江西婺源荷包红鲤提纯选优[J]. 淡水渔业,1982(01):29－31.

[21] 邓宗觉. 江西婺源荷包红鲤体型形成及体色遗传的探讨[J]. 淡水渔业,1981(06):14+22.

[22] 董敏. 缬氨酸与幼建鲤消化吸收能力、免疫能力以及氧化能力之间的关系[D]. 四川农业大学,2011.

[23] 董新红,叶玉珍,吴清江. 人工复合三倍体鲤鱼多精受精的细胞学基础研究（英文）[J]. Developmental & reproductive biology,1998,7(1):41－47.

[24] 董在杰,夏德全,吴婷婷,等. 兴国红鲤和散鳞镜鲤杂种优势的 RAPD 分析[J]. 上海水产大学学报,1999(01):31－36.

[25] 董在杰. "福瑞鲤 2 号"新品种育种技术[J]. 科学养鱼,2018(04):9-10.

[26] 董在杰. 福瑞鲤系列良种选育及其绿色健康养殖示范（上）[J]. 科学养鱼,2020(09):24－25.

[27] 董在杰. 福瑞鲤选育技术和养殖对比试验[J]. 科学养鱼,2011(06):41－42.

[28] 杜海清,李池陶,等. 易捕鲤选育系(F₂)分离情况及形态学特征[J]. 黑龙江水产,2007(03):12－14.

[29] 范泽,王安琪,孙金辉,等. 不同木薯变性淀粉对鲤鱼生长及糖代谢的影响[J]. 水产科学,2018,37(1):1－7.

[30] 冯浩,刘少军,张轩杰,等. 红鲫(♀)×湘江野鲤(♂)F₂ 和 F₃ 的染色体研究[J]. 中国水产科学,2001,8(2):1－4.

[31] 冯建新. 全国水产原良种审定委员会审定品种——"豫选黄河鲤"安全高效养殖技术（上）[J]. 科学养鱼,2008(07):21－22.

[32] 冯建新. 全国水产原良种审定委员会审定品种——"豫选黄河鲤"安全高效养殖技术（下）[J]. 科学养鱼,2008(08):21－22.

[33] 冯仁勇. 维生素 A 对幼建鲤消化能力和免疫功能的影响[D]. 四川农业大学,2006.

[34] 高俊生,孙效文,梁利群. 鲤抗寒性状的 RAPD 标记转化为 SCAR 标记的研究[J]. 大连水产学院学报,2007,22(03):194－197.

[35] 葛伟,蒋一珪. 人工转性异育银鲫精子在两性融合型和雌核发育型卵质中的发育特征及其应用意义[J]. 水生生物学报,1990,14(2):108－113+193－194.

[36] 顾颖,曹顶臣,张研,等. 鲤与生长性状相关的 ESTSSRs 标记筛选[J]. 中国水产科学,2009,16(01):15－22.

[37] 顾颖,鲁翠云,张晓峰,等. 建鲤生长性状 QTL 区间及其与镜鲤同源性比对[J]. 中国水产科学,2013,20(6):1148－1156.

[38] 关海红,石连玉,刘明华. 黑龙江四个地区鲤鱼种群的线粒体 DNA 的多态性[J]. 淡水渔业,2002(03):35－37.

[39] 桂建芳,梁绍昌,朱蓝菲,等. 鲤科鱼类 6 个正反交人工异源三倍体胚胎的染色体变化及其发育命运[J]. 实验生物学报,1992(02):89－103.

[40] 郭黛健,张耀武,易力. L 肉碱对黄河鲤鱼生长性能和肌肉品质的影响[J]. 湖北农业科学,2011,50(15):3127－3130.

[41] 国家市场监督管理总局,中国国家标准化管理委员会. GB/T 36782—2018 鲤鱼配合饲料[S]. 北京:中国标准出版社,2018.

[42] 国钰婕. 鲤天然免疫识别受体 TLR1 和 TLR21 的基因克隆及免疫功能的初步研究[D]. 山东师范大学,2017.

[43] 何君慈,邓国成. 草鱼细菌性烂鳃病病原的研究[J]. 水产学报,1987,11(1):1－9.

[44] 何伟. 吡哆醇对幼建鲤消化吸收能力和免疫能力的影响[D]. 四川农业大学,2008.

[45] 洪一江,胡成钰. 人工诱导兴国红鲤三倍体最佳诱导条件的研究[J]. 动物学杂志,2000,35(4):2－4.

[46] 胡凤. 鲤鱼新品种"福瑞鲤"通过审定[J]. 农村百事通,2012(05):12.

[47] 胡建尊. 瓯江彩鲤体色相关基因 MC1R 的克隆、表达和 TYR 的选择压力分析[D]. 上海海洋大学,2013.

[48] 胡素梅,张丽娜,罗永康,等. 冷藏和微冻条件下鲤鱼品质变化的研究[J]. 渔业现代化,2010,37(5): 38 – 42.

[49] 胡素梅,张丽娜,罗永康,等. 去鳞处理对鲤鱼鱼体冷藏期间品质变化的影响[J]. 食品工业科技,2011,32(05): 352 – 354+358.

[50] 胡雪松,李池陶,马波,等. 3 个德国镜鲤养殖群体遗传变异的微卫星分析[J]. 水产学报,2007,31(5): 575 – 582.

[51] 胡雪松,李池陶,徐伟,等. 黑龙江鲤、德国镜鲤选育系与荷包红鲤抗寒品系生长及越冬体重损失的初步研究 [J]. 水产学报,2010,34(8): 1182 – 1189.

[52] 黄慧华. 硫胺素对幼建鲤生长性能、消化吸收功能和免疫功能的影响[D]. 四川农业大学,2009.

[53] 姬晓琳. 黄河鲤 Wnt4 基因的克隆、表达模式分析和 Wnt 信号通路基因的结构及功能分析[D]. 河南师范大学, 2016.

[54] 汲广东. 几种常见淡水鱼类早期发育过程中核酸含量与 RNA/DNA 变化规律研究[D]. 华中农业大学,2002.

[55] 贾海波,周莉,桂建芳. 两个人工雌核发育红白锦鲤群体的 RAPD 标记分析[J]. 水生生物学报,2002,26(1): 1 – 7.

[56] 建鲤 2 号[J]. 中国水产,2021(11): 103 – 108.

[57] 姜维丹. 肌醇对幼建鲤消化吸收能力和免疫能力的影响[D]. 四川农业大学,2008.

[58] 姜晓娜,李池陶,葛彦龙,等. 五种鲤形态性状与体质量相关性及形态差异分析[J]. 水产学杂志,2021,34(04): 7 – 14.

[59] 蒋国民,王冬武,邹利,等. 锦鲤人工雌核发育早期胚胎观察[J]. 江苏农业科学,2016,44(09): 248 – 250.

[60] 蒋一珪,梁绍昌,陈本德,等. 异源精子在银鲫雌核发育子代中的生物学效应[J]. 水生生物学集刊,1983,7(1): 1 – 16.

[61] 金明昌. 幼鲤硒缺乏症及其机制和硒需要量研究[D]. 四川农业大学,2007.

[62] 金万昆,董仕,杨建新,等. 异源精子诱导散鳞镜鲤雌核发育二倍体的初步研究[J]. 水产科技情报,2012, 39(02): 59 – 64.

[63] 金万昆,杨建新,赵宜双,等. 津新红镜鲤[J]. 中国水产,2020(02): 93 – 97.

[64] 金万昆,杨建新,赵宜双,等. 津新红镜鲤[Z]. 2017.

[65] 金万昆. 墨龙鲤的选育研究[J]. 淡水渔业,2005,35(1): 10 – 12.

[66] 乐佩琦. 中国动物志:硬骨鱼纲鲤形目. 下卷[G]. 北京:科学出版社,2000.

[67] 冷向军. 低鱼粉水产饲料的研究与应用[J]. 饲料工业,2020,41(22): 1 – 8.

[68] 黎品红,马冬梅,朱华平,等. 养殖密度对华南鲤幼鱼生长特性的影响[J]. 渔业研究,2019,41(01): 63 – 69.

[69] 李超. 鲤高密度连锁图谱及生长性状 QTL 的定位和遗传潜力[D]. 东北林业大学,2017.

[70] 李池陶,葛彦龙,石连玉,等. 易捕鲤与其亲本同工酶分析[J]. 黑龙江畜牧兽医,2016(19): 226 – 229.

[71] 李池陶,胡雪松,等. 松浦镜鲤与德国镜鲤选育系 1、2 龄鱼的生长性能、抗病力及抗寒力对比试验[J]. 黑龙江水产,2008(06): 15 – 18.

[72] 李池陶,胡雪松,贾智英,等. 松浦红镜鲤形态学特征及主要经济性状的初步研究[J]. 水产学杂志,2018, 31(03): 7 – 13.

[73] 李池陶,胡雪松,石连玉,等. 松浦镜鲤与德国镜鲤选育系 1、2 龄鱼的生长性能、抗病力及抗寒力对比试验[J]. 黑龙江水产,2008(06): 15 – 18.

[74] 李池陶,石连玉,杜海清,等. 易捕鲤新品种起捕率的测定[C]. 中国水产学会. 2010 年中国水产学会学术年会论文摘要集. 中国陕西西安,2010: 57.

[75] 李池陶,张玉勇,贾智英,等. 松浦镜鲤与德国镜鲤选育系亲鱼繁殖力的比较[J]. 黑龙江水产,2009(01): 12 – 13.

[76] 李池陶,张玉勇,贾志英等. 松浦镜鲤与德国镜鲤选育系(F_4)的可量性状、鳞片数比较[J]. 水产学杂志,2009, 22(2):53-55.

[77] 李传武,王冬武,曾国清,等. 国家水产新品种——芙蓉鲤鲫[J]. 当代水产,2010,35(02):61-62.

[78] 李传武,吴维新,廖伏初,等. 芙蓉鲤雌核发育子代的产生及其性状分离[J]. 内陆水产,1993(01):7-9.

[79] 李大鹏,秦娜,王回忆,等. 鲤鱼片真空包装与盐腌处理在冷藏过程中的品质变化规律研究[J]. 渔业现代化, 2015,42(5):39-43.

[80] 李贵锋,蒋广震,刘文斌,等. 不同蛋白质和能量水平对建鲤幼鱼生长性能、体组成和消化酶活性的影响[J]. 上海海洋大学学报,2012,21(2):225-232.

[81] 李海洁,郭国军,郭朝辉,等. 饲料中添加杜仲叶粉对黄河鲤体成分、肌肉氨基酸组成和生理指标的影响[J]. 水生生物学报,2021,45(6):1222-1231.

[82] 李红霞,李建林,唐永凯. 建鲤生长激素促泌素受体2(GHSR2s)基因序列、转录变体和GHSRs表达分析[J]. 华北农学报,2013,28(05):6-14.

[83] 李建林,李红霞,唐永凯,等. 利用微卫星标记分析6个鲤鱼群体的遗传差异[J]. 福建农业学报,2012,27(09):936-940.

[84] 李建林,李红霞,唐永凯,等. 一个建鲤家系的遗传多样性及微卫星标记与经济性状相关性分析[J]. 江西农业大学学报,2013,35(04):836-841.

[85] 李建林,俞菊华,傅纯洁. "建鲤2号"品种育种过程及试养效果[J]. 科学养鱼,2017(12):17-18.

[86] 李晋南,王常安,王连生. 不同糖及糖水平对松浦镜鲤养殖过程中糖代谢相关基因表达的影响[J]. 水产学报,2018,42(5):766-776.

[87] 李晋南,张圆圆,范泽,等. 饲料精氨酸水平对松浦镜鲤幼鱼生长、抗氧化能力和肠道消化酶活性及其组织学结构的影响[J]. 水产学杂志,2021,34(5):32-39.

[88] 李开放,徐奇友. 白藜芦醇对松浦镜鲤生长性能、肠道消化酶活性、肝脏抗氧化指标和血清生化指标的影响[J]. 动物营养学报,2019,31(4):1833-1841.

[89] 李慕,尹栋. 丰鲤染色体组型的研究[J]. 兽医大学学报,1992(04):381-384.

[90] 李鸥,曹顶臣,张研,等. 利用EST-SSR分子标记研究鲤的饲料转化率性状[J]. 水产学报,2009,33(04):624-631.

[91] 李倩,张龙腾,罗永康. 主要淡水鱼类价格与营养成分、感官评价的相关性研究[J]. 科学养鱼,2016(7):77-78.

[92] 李倩. 不同类型鲤鱼肉贮藏过程生化特性及菌群结构变化规律研究[D]. 中国农业大学,2017.

[93] 李倩. 微山湖四鼻须鲤种质资源状况的初步研究[D]. 苏州大学,2010.

[94] 李盛文,贾智英,柏盈盈. 松浦红镜鲤保种群体的遗传结构[J]. 中国水产科学,2014,21(01):67-74.

[95] 李思发. 遗传育种的理论和技术在鲤科鱼类增养殖业中的应用[J]. 水产学报,1983,7(2):175-184.

[96] 李思光. 兴国红鲤同工酶的研究[D]. 江西农业大学,1989.

[97] 李万程. 岳鲤及其双亲(荷包红鲤♀、湘江野鲤♂)LDH同工酶的研究[J]. 遗传学报,1988(01):46-51.

[98] 李万程. 岳鲤及其双亲(荷包红鲤♀、湘江野鲤♂)的生物学研究Ⅱ. 岳鲤及其双亲的酯酶同工酶分析[J]. 湖南师范大学自然科学学报,1985(04):48-52.

[99] 李伟. 核黄素对幼建鲤生长及消化吸收功能的影响[D]. 四川农业大学,2008.

[100] 李迎宏,李池陶,杜海清,等. 易捕鲤F3与亲本大头鲤一龄鱼种生长性能对比试验[J]. 黑龙江水产,2007(04):24-25.

[101] 李云兰,邓玉平,高启平,等. 不同投喂方法及投饲率对育成期鲤鱼生长性能的影响[J]. 水产养殖,2017,38(4):1-6.

[102] 李云兰,高启平,帅柯,等. 发酵豆粕替代豆粕对鲤鱼生长性能和肠道组织结构的影响[J]. 动物营养学报, 2015,27(2):469-475.

[103] 梁爱军,王淞,鲍迪,等. 乌克兰鳞鲤同工酶及 mtDNA D-loop 区段的 RFLP 分析[J]. 安徽农业科学,2011, 39(27):17109-17113.

[104] 梁利群,高俊生,李绍戊,等. 与鲤鱼抗寒性状相关的 RAPD 分子标记的筛选及其克隆[J]. 中国水产科学, 2006,13(3):360-364.

[105] 梁拥军,孙向军,史东杰,等. 用团头鲂精子诱导红白锦鲤雌核发育研究[J]. 安徽农业科学,2010,38(29): 16262-16265.

[106] 林婧楠,赵景壮,卢彤岩,等. 鲤春病毒血症病毒的研究进展[J]. 水产学杂志,2018,31(05):44-49.

[107] 林明雪,王剑,王军,等. 分子群体遗传学方法处理鲤形态学数据的适用性[J]. 水产学报,2015,39(06): 769-778.

[108] 林亚秋,吉红,郑玉才,等. 鲤 Myf6 基因的克隆及其表达分析[J]. 西北农业学报,2010,19(09):16-20.

[109] 凌娟. 铁对幼建鲤消化吸收功能、免疫功能和抗氧化能力的影响[D]. 四川农业大学,2009.

[110] 凌立彬,司伟,傅洪拓,等. 建鲤性别相关分子标记的初步研究[J]. 南京农业大学学报,2007,30(2): 147-150.

[111] 刘恩生. 日本利用碳水化合物和高能低蛋白饲料养鲤鱼的动向[J]. 饲料研究,1994,17(2):32-33.

[112] 刘继红,张研,常玉梅,等. 鲤鱼(Cyprinus carpio L.)体重和体长 QTL 的定位[J]. 广东海洋大学学报,2009, 29(04):19-25.

[113] 刘继红,张研,常玉梅,等. 鲤鱼(Cyprinus carpio L.)头长、眼径、眼间距 QTL 的定位[J]. 遗传,2009,31(05): 508-514.

[114] 刘筠,陈淑群,王义铣,等. 荷包红鲤♂×湘江野鲤♀杂交一代的研究及其在生产上的应用[J]. 湖南师范大学 自然科学学报,1979(01):1-14.

[115] 刘明华,白庆利,沈俊宝. 德国镜鲤选育及生产应用研究[J]. 黑龙江水产,1995(03):4-10.

[116] 刘明华,沈俊宝,白庆利,等. 高寒鲤的形态学特征及主要经济性状[J]. 水产学杂志,1998(01):18-22.

[117] 刘明华,沈俊宝,白庆利,等. 新品种高寒鲤的选育[J]. 水产学报,1997,21(4):391-397.

[118] 刘明华,沈俊宝,王强,等. 松浦镜鲤[(散鳞镜鲤×德国镜鲤)F₁]主要经济性状及遗传特性[J]. 水产学杂志, 1993(1):19-25.

[119] 刘明华,沈俊宝,张铁齐. 选育中的高寒鲤[J]. 中国水产科学,1994,1(1):10-19.

[120] 刘启智,肖军,罗凯坤,等. 雌核发育橙黄色锦鲤的遗传、性腺发育及外形特征[J]. 水产学报,2013,37(03): 390-396.

[121] 刘少军,冯浩,刘筠,等. 四倍体湘鲫 F₃-F₄、三倍体湘云鲫、湘云鲤及有关二倍体的 DNA 含量[J]. 湖南师范 大学自然科学学报,1999,22(4):61-68.

[122] 刘少军,罗静,柴静,等. 二倍体和四倍体鲫鲤杂交品系中基因组不兼容特性研究[J]. 遗传,2016,38(03): 271-272.

[123] 刘淑琴,闻秀荣,夏大明. 三杂交鲤[(镜鲤♀×荷包红鲤♂)♀×德国镜鲤♂]试验报告[J]. 水产科学, 1990(04):6-12.

[124] 刘伟,苏胜彦,董在杰,等. 3 个鲤群体的微卫星标记与生长性状相关性分析[J]. 南方水产科学,2012,8(03): 17-24.

[125] 刘燕,方珍珍,曲木,等. 不同脂肪源饲料对津新鲤(Cyprinus carpio var. Jian)生长及脂类代谢的影响[J]. 饲 料工业,2016,37(8):20-26.

[126] 刘扬. 维生素 C 与幼建鲤消化吸收能力及其抗氧化作用关系研究[D]. 四川农业大学,2009.

[127] 刘勇. 蛋白质对幼建鲤生长性能、消化功能和蛋白质代谢的影响[D]. 四川农业大学,2008.

[128] 楼允东,李小勤. 中国鱼类远缘杂交研究及其在水产养殖上的应用[J]. 中国水产科学,2006,13(1): 151－158.

[129] 楼允东. 我国鱼类近缘杂交研究及其在水产养殖上的应用[J]. 水产学报,2007,31(4): 532－538.

[130] 卢全章,倪达书,葛蕊芳. 草鱼(*Ctenopharyngodon idellus*)烂鳃病的研究Ⅰ. 细菌性病原的研究[J]. 水生生物学集刊,1975,5(3): 315－334.

[131] 鲁翠云,顾颖,李超,等. 镜鲤与建鲤生长性状共享 QTL 标记及优势基因型[J]. 中国水产科学,2015,22(3): 371－386.

[132] 鲁翠云,匡友谊,郑先虎,等. 水产动物分子标记辅助育种研究进展[J]. 水产学报,2019,43(01): 36－53.

[133] 吕伟华,赵元凤,匡友谊,等. 鲤四种经济性状的微卫星标记分析[J]. 水产学杂志,2011,24(04): 43－49.

[134] 吕晓楠,徐立蒲,王姝,等. 鲤浮肿病研究进展[J]. 中国动物检疫,2018,35(5): 75－80.

[135] 吕晓楠,徐立蒲,张文,等. 感染鲤浮肿病毒镜鲤的组织病理变化及病毒分布规律研究[J]. 中国畜牧兽医,2022,49(03): 1077－1084.

[136] 吕耀平,胡则辉,王成辉,等. 与"全红"瓯江彩鲤体色相关的 SRAP 及 SCAR 分子标记[J]. 水生生物学报,2011,35(01): 45－50.

[137] 罗琳,薛敏,吴秀峰. 饲料加工工艺及投喂率对鲤鱼生长性能及表观消化率的影响[J]. 饲料工业,2011,32(8): 16－20.

[138] 罗云林. 中国鲤科鱼类志[Z]. 1977.

[139] 麦康森. 水产动物营养与饲料学[M]. 北京: 中国农业出版社,2011.

[140] 明俊超,董在杰,梁政远,等. 6 个不同鲤群体的形态差异分析[J]. 广东海洋大学学报,2009,29(06): 1－6.

[141] 农业农村部渔业渔政管理局,全国水产技术推广总站,中国水产学会. 中国渔业统计年鉴[R]. 北京: 中国农业出版社,2020.

[142] 农业农村部渔业渔政管理局,全国水产技术推广总站,中国水产学会. 中国渔业统计年鉴[R]. 北京: 中国农业出版社,2021.

[143] 潘光碧,胡德高,邹桂伟,等. 热休克诱导颖鲤四倍体的研究[J]. 水产学报,1997,21(S1): 1－8.

[144] 潘光碧,李祖华,杜森英,等. 颖鲤(镜鲤♀×移核鱼 F₂♂)生长的研究[J]. 淡水渔业,1989,19(02): 3－8.

[145] 潘光碧,邹桂伟,胡德高. 荷元鲤雌核发育后代体色和性比的初步研究[J]. 水产学报,1995,19(04): 366－368.

[146] 潘光碧. 人工诱导鱼类雌核发育技术的研究[J]. 淡水渔业,1988(06): 17－20.

[147] 潘贤,梁利群,雷清泉. 筛选与鲤鱼抗寒性状相关的微卫星分子标记[J]. 哈尔滨工业大学学报,2008,40(6): 915－918.

[148] 潘瑜,陈文燕,林仕梅,等. 亚麻油替代鱼油对鲤鱼生长性能、肝胰脏脂质代谢及抗氧化能力的影响[J]. 动物营养学报,2014,26(2): 420－426.

[149] 潘瑜,毛述宏,关勇,等. 饲料中不同脂肪源对鲤鱼生长性能、脂质代谢和抗氧化能力的影响[J]. 动物营养学报,2012,24(7): 1368－1375.

[150] 庞小磊. xdh 基因在锦鲤体色形成中的功能研究[D]. 河南师范大学,2018.

[151] 钱永生. 四种体色瓯江彩鲤的摄食和呼吸特性差异及其感病转录组学分析[D]. 上海海洋大学,2019.

[152] 任慕莲. 伊犁河鱼类[J]. 水产学杂志,1998(01): 7－17.

[153] 沈俊宝,刘明华,张志华,等. 松浦鲤的培育及生产应用[Z]. 2006.

[154] 沈俊宝,刘明华. 荷包红鲤抗寒品系的筛选和培育[J]. 淡水渔业,1988(03): 14－17.

[155] 沈俊宝,刘明华. 鲤鱼育种研究[M]. 哈尔滨: 黑龙江科学技术出版社,2000: 4－13.

[156] 石连玉,李池陶,葛彦龙,等. 黑龙江水产研究所鲤育种概要[J]. 水产学杂志,2016,29(3): 1－8.

[157] 石连玉,李池陶. 易捕鲤[J]. 中国水产,2015(08）: 50-54.

[158] 石连玉,李飞,贾智英,等. 选育品种松荷鲤遗传结构研究[J]. 海洋湖沼通报,2012(04): 104-112.

[159] 石连玉. 适合推广养殖的鲤鱼新品种——松浦镜鲤[J]. 农村百事通,2011(10): 45.

[160] 史德华,叶元土. 鲤鱼配合饲料营养质量统计分析[J]. 饲料研究,2019,42(2): 73-77.

[161] 帅柯. 蛋氨酸对幼建鲤消化功能和免疫功能的影响[D]. 四川农业大学,2006.

[162] 水产原良种新增13品[N]. 中国渔业报,2011-04-18(007).

[163] 司伟,傅洪拓,龚永生,等. 运用 RAPD 技术鉴别建鲤雌核发育后代的研究[J]. 大连水产学院学报,2007,
22(2): 92-96.

[164] 司伟. 全雌鲤鱼育种技术及性别相关分子标记研究[D]. 南京农业大学,2006.

[165] 司周旋,陈红林,许细丹,等. 多巴色素异构酶基因对瓯江彩鲤黑斑体色的影响[J]. 中国水产科学,2020,
27(06): 605-612.

[166] 松浦红镜鲤[J]. 乡村科技,2014(21): 8.

[167] 苏胜彦,董在杰,曲疆奇,等. 建鲤、黄河鲤杂交后代微卫星标记多态性及其与体质量的关联性[J]. 中国水产
科学,2011,18(05): 1032-1042.

[168] 苏胜彦,董在杰,袁新华,等. 鲤 IGF2b 基因内含子的克隆、基因组序列分析及慢病毒载体构建[J]. 中山大学
学报(自然科学版),2012,51(02): 77-85.

[169] 孙金辉,范泽,崔培,等. 不同类型淀粉及糖蛋白质比对鲤糖代谢能力的影响[J]. 大连海洋大学学报,2019,
34(2): 220-227.

[170] 孙金辉,范泽,金东华,等. 饲料糖水平与投喂频率对鲤生长性能、肠道消化能力及肝功能的影响[J]. 中国饲
料,2016,11: 29-35.

[171] 孙金辉,范泽,张美静,等. 饲料蛋白水平对鲤幼鱼肝功能和抗氧化能力的影响[J]. 南方水产科学,2017,
13(3): 113-119.

[172] 孙效文,梁利群. 鲤鱼的遗传连锁图谱(初报)[J]. 中国水产科学,2000,7(1): 1-5.

[173] 孙效文,鲁翠云,贾智英,等. 水产动物分子育种研究进展[J]. 中国水产科学,2009,16(6): 981-990.

[174] 孙效文,石连玉,董在杰,等. 构建鲤现代种业的核心技术[J]. 水产学杂志,2013,26(5): 1-5.

[175] 邰如玉. 黄河鲤体型和生长性状的全基因组关联研究[D]. 上海海洋大学,2018.

[176] 谭丽娜. 锌对幼建鲤消化吸收能力、免疫能力和抗氧化功能的影响[D]. 四川农业大学,2009.

[177] 唐凌. 色氨酸对幼建鲤消化吸收能力和疾病及其组织器官中 TOR 表达影响研究[D]. 四川农业大学,2010.

[178] 唐永凯,王兰梅,李建林,等. 水产新品种建鲤2号育种与养殖技术(上)[J]. 科学养鱼,2021(12): 24-25.

[179] 唐永凯,王兰梅,李建林,等. 水产新品种建鲤2号育种与养殖技术(下)[J]. 科学养鱼,2022(01): 24-25.

[180] 佟雪红,董在杰,缪为民,等. 建鲤与黄河鲤的 RAPD 分子标记及其杂交优势的遗传分析[J]. 广东海洋大学学
报,2007(01): 1-6.

[181] 童第周,叶毓芬,陆德裕. 鱼类不同亚科间的细胞核移植[J]. 动物学报,1973,19(03): 201-212.

[182] 王成,岳良泉,苏宁,等. 鸡肉粉和肉骨粉替代鱼粉对鲤鱼生产性能影响研究[J]. 中国饲料,2004,(12):
7-8.

[183] 王成辉,李思发,赵金良. 我国4种红鲤群体的生化遗传差异[J]. 上海水产大学学报,2004(01): 1-4.

[184] 王成辉. 中国红鲤遗传多样性研究[D]. 上海水产大学,2002.

[185] 王春勇,夏黎亮. 杞麓鲤人工繁殖试验[J]. 云南农业,2014(11): 37-38.

[186] 王光花. 蛋氨酸对幼建鲤肠道菌群、肠道酶活力和免疫功能的影响[D]. 四川农业大学,2007.

[187] 王金雨,俞丽,高永平,等. 二、三倍体乌克兰鳞鲤染色体核型分析[J]. 水产学杂志,2009,22(03): 36-39.

[188] 王金雨. 乌克兰鳞鲤二、三倍体部分生物学性状的比较研究[D]. 天津农学院,2010.

[189] 王君婷. 定量蛋白组学分析揭示与四倍体鲫鲤肝脏代谢及生长相关的蛋白和通路[D]. 湖南师范大学,2021.

[190] 王黎芳. 黄河鲤 CcDMRT1 基因的克隆、表达及相关家族成员的功能解析[D]. 河南师范大学,2015.

[191] 王良炎. 黄河鲤体色发生观察及 mitfa 和 tyr 基因 cDNA 的克隆与组织表达研究[D]. 河南师范大学,2017.

[192] 王亮晖,司伟,傅洪拓,等. 运用 AFLP 技术分析鲤鱼雌雄之间的差异[J]. 安徽农学通报,2007(12):41-43.

[193] 王履庆. 鲤鲫 LDH 同工酶的薄层等电聚焦电泳[J]. 北京师范学院学报(自然科学版),1991(04):54-57.

[194] 王蕊芳,施立明,贺维顺. 几种鲤鱼染色体核仁组织者的银染观察[J]. 动物学研究,1985(04):391-398.

[195] 王巍,胡红霞,孙向军,等. 锦鲤酪氨酸酶基因序列分析及其在不同锦鲤品系不同组织中的表达[J]. 水产学报,2012,36(11):1658-1666.

[196] 王晓娟. X 射线在鲤鱼雌核发育研究中的应用[D]. 南京农业大学,2008.

[197] 王宣朋,张晓峰,李文升,等. 鲤饲料转化率性状的 QTL 定位及遗传效应分析[J]. 水生生物学报,2012,36(2):177-196.

[198] 王宣朋,张晓峰,李文升,等. 鲤头长、体厚、体高性状的 QTL 定位及遗传效应分析[J]. 水产学报,2010,34(11):1645-1655.

[199] 王彦云,王济世,刘晓夏,等. 基于 SNP 标记的荷包红鲤与兴国红鲤鉴别研究[J]. 中国食物与营养,2021,27(08):21-23.

[200] 王洋. 松浦镜鲤日粮中维生到 K 添加量的研究[D]. 上海海洋大学,2011.

[201] 王中乾. 黄河洽川段渔业种质资源保护的现状调查和对策分析[J]. 陕西水利,2009(06):115-116.

[202] 韦信贤. 鲤鱼 TLRs 功能及鲤春病毒血症病毒感染后免疫相关基因应激表达机制的研究[D]. 上海海洋大学,2016.

[203] 魏可鹏,俞菊华,李红霞,等. 建鲤 IGFBP3 基因多态性对生长的影响[J]. 动物学杂志,2012,47(01):96-104.

[204] 文泽平. 泛酸对幼建鲤消化吸收功能和免疫功能的影响[D]. 四川农业大学,2008.

[205] 吴碧银,许建,曹顶臣,等. 鲤低氧适应性状的全基因组关联分析[J]. 渔业科学进展,2022,43(02):98-106.

[206] 吴莉芳,赵晗,秦贵信,等. 2 种大豆蛋白替代鱼粉蛋白对鲤蛋白酶和淀粉酶活力的影响[J]. 吉林农业大学学报,2011,33(2):222-226.

[207] 吴清江,叶玉珍,陈荣德,等. 雌核发育系红鲤 8305 的产生及其生物学特性[J]. 海洋与湖沼,1991,22(4):295-299.

[208] 吴维新,李传武,刘国安,等. 鲤和草鱼杂交四倍体及其回交三倍体草鱼杂种的研究[J]. 水生生物学报,1988,12(4):355-363+393.

[209] 伍代勇,朱传忠,杨健,等. 饲料中不同蛋白质和脂肪水平对鲤鱼生长和饲料利用的影响[J]. 中国饲料,2010(16):31-35.

[210] 伍曦. 亮氨酸对幼建鲤生长性能和免疫功能的影响[D]. 四川农业大学,2011.

[211] 伍献文. 中国鲤科鱼类志·下卷[M]. 上海科学技术出版社,1982.

[212] 夏文水,罗永康,熊善柏,等. 大宗淡水鱼贮运保鲜与加工技术[M]. 北京:农业出版社,2014.

[213] 向阳. 烟酸对幼建鲤消化能力和免疫功能的影响[D]. 四川农业大学,2008.

[214] 肖同乾,鲁翠云,李超,等. 源于鳞被相关基因的微卫星标记与鲤 4 种生长性状的相关性分析[J]. 中国水产科学,2014,21(05):883-892.

[215] 谢南彬. 磷对幼建鲤生长性能、消化吸收功能、免疫功能和抗氧化能力的影响[D]. 四川农业大学,2010.

[216] 辛欣,郭雪松,狄蕊,等. 玉米黄粉替代鱼粉在鲤鱼饲料中的效果评价[J]. 饲料工业,2014,35(4):27-30.

[217] 邢新梅,张研,徐鹏,等. 镜鲤微卫星标记与体形性状的关联分析[J]. 中国水产科学,2011,18(05): 965-982.

[218] 邢秀苹,杨欢欢,韦庆勇,等. 豆粕和膨化大豆粉对鲤鱼生长及其肌肉营养成分的影响[J]. 西北农林科技大学学报(自然科学版),2015,43(12): 13-17+28.

[219] 徐玉兰. 镜鲤肝脏、前肠及后肠三个不同组织 SOD 酶的 QTL 定位[D]. 上海海洋大学,2012.

[220] 许治冲. 不同温度下松浦镜鲤幼鱼脂肪需求量的研究[D]. 上海海洋大学,2012.

[221] 薛良义,韦家永,余红卫,等. 鱼类遗传标记研究进展[J]. 浙江海洋学院学报(自然科学版),2004(03): 240-243.

[222] 薛良义. 细胞工程在鱼类育种中的应用[J]. 浙江水产学院学报,1996,15(4): 291-296.

[223] 薛淑群,徐伟. 蓝色鳞鲤(*Cyprinus carpio blue var*)的细胞遗传学分析[J]. 水产学杂志,2011,24(02): 1-3.

[224] 闫华超,高岚,贾少波. 鲤野生群体与养殖群体遗传多样性初步分析[J]. 水利渔业,2006(04): 21-23.

[225] 杨晶,张晓峰,储志远,等. 鲤的微卫星标记与体质量、体长、体高和吻长的相关分析[J]. 中国水产科学,2010,17(04): 721-730.

[226] 杨龙,邢为国. 饲喂水平和水温对鲤鱼生长性能和机体组成的影响[J]. 中国饲料,2021,(8): 69-72.

[227] 杨奇慧. 不同水平维生素 A 对幼建鲤免疫功能的影响[D]. 四川农业大学,2003.

[228] 杨倩文. 黄河鲤 Gsdfs 基因结构、表达模式及其与 miRNA 靶标关系的分析[D]. 河南师范大学,2019.

[229] 杨晓惠. 木薯淀粉的理化性质及其抗性淀粉制备工艺研究[D]. 暨南大学,2011.

[230] 杨正玲,董仕,龚疏影,等. 州河鲤、建鲤和框鳞镜鲤 3 个群体同工酶的分析[J]. 大连水产学院学报,2009,24(S1): 40-44.

[231] 杨正玲,赵世海,龚疏影,等. 州河鲤、建鲤和框鳞镜鲤的 mtDNA D-loop 的 RFLP 分析[J]. 淡水渔业,2008(03): 40-45.

[232] 叶彬清,王锡昌,陶宁萍,等. 鱼类副产物利用研究进展[J]. 食品研究与开发,2014,35(21): 15-19.

[233] 叶玉珍,吴清江,陈荣德. ^{60}Coγ 射线诱导鱼类雄核发育的研究[J]. 水生生物学报,1990,14(3): 91-92.

[234] 叶玉珍,吴清江,陈荣德. 鲤鱼雌核单倍体育种技术及其应用前景[J]. 水利渔业,1987,7(3): 44-46.

[235] 易捕鲤[J]. 海洋与渔业,2016(03): 24.

[236] 殷海成,管军军,杨国浩. 饲料蛋白水平对黄河鲤与建鲤杂交 F1 生长影响[J]. 饲料研究,2012(7): 67-69.

[237] 尹洪滨,孙中武,刘明华,等. 荷包红鲤与德国镜鲤四种同工酶电泳比较研究[J]. 水产学杂志,1995(01): 18-21.

[238] 尹洪滨. 四种鲤鱼染色体核型比较研究[J]. 水产学杂志,2001(01): 7-10.

[239] 尹利端,黄静,王立志. 鲤鱼鱼鳞胶原蛋白肽抗氧化活性研究[J]. 明胶科学与技术,2015,35(3): 133-136.

[240] 尹森,于倩,郑先虎,等. 镜鲤碱性磷酸酶和酸性磷酸酶 QTL 定位分析[J]. 上海海洋大学学报,2012,21(03): 351-357.

[241] 尹绍武,黄海,张本,等. 石斑鱼遗传多样性的研究进展[J]. 水产科学,2005(08): 46-49.

[242] 尹帅,崔培,程镇燕,等. 蛋氨酸铬对鲤血清生化指标和非特异性免疫活性的影响[J]. 水产科技情报,2017,44(3): 113-118.

[243] 于彬彬,贾志武,张晓峰,等. 镜鲤酸性磷酸酶的 QTL 分析[J]. 水产学杂志,2012,25(03): 15-19.

[244] 俞菊华,李红霞,李建林,等. 建鲤生长激素促泌素受体 1 基因的特性及其与增重相关 SNP 位点的筛选[J]. 中国水产科学,2012,19(03): 390-398.

[245] 俞菊华,李红霞,唐永凯,等. 建鲤生长激素受体基因分离、转录子多态性以及组织表达特性[J]. 水生生物学报,2011,35(02): 218-228.

[246] 俞菊华,李红霞,唐永凯,等. 建鲤生长抑制素基因(MSTN)的分离、表达及多态性与体型、平均日增重相关性

研究[J]. 农业生物技术学报,2010,18(06):1062-1072.

[247] 元江. 维生素 K 对幼建鲤消化吸收功能、免疫功能和抗氧化状态的影响[D]. 四川农业大学,2013.

[248] 袁海延,于慧,王好,等. 锦鲤疱疹病毒病的研究进展[J]. 中国兽药杂志,2015,49(05):62-65.

[249] 岳兴建,邹远超,王永明,等. 元江鲤种群遗传多样性[J]. 生态学报,2013,33(13):4068-4077.

[250] 运莹豪,宋东莹,和子杰,等. 黄河鲤肌肉发育关键因子的多克隆抗体制备及验证[J]. 动物营养学报,2022,34(03):1931-1941.

[251] 曾繁振,俞小牧,童金苟. 三个鲤品种微卫星丰度与遗传多样性分析[J]. 水生生物学报,2013,37(05):967-973.

[252] 曾婷. 苯丙氨酸对幼建鲤消化吸收功能、抗氧化能力和免疫功能的影响[D].四川农业大学,2011.

[253] 詹瑰然,王坤,张新党,等. 橡胶籽油替代鱼油对鲤鱼生长、体成分和生化指标的影响[J]. 云南农业大学学报(自然科学),2018,33(1):63-71.

[254] 张爱芳,陈文静,傅义龙,等. 鄱阳湖鲤、鲫鱼资源变迁及其原因初探[J]. 安徽农业科学,2011,39(15):9286-9288.

[255] 张德春,谢志雄,余来宁,等. 建鲤与兴国红鲤 RAPD 分子标记的研究[J]. 淡水渔业,1999(11):3-5.

[256] 张建森,马仲波,王楚松. 元江鲤♀与柏氏鲤♂杂交一代(柏元鲤)的研究和利用[J]. 淡水渔业,1979(02):14-18.

[257] 张建森,孙小异. 建鲤的生物工程育种技术及其意义[J]. 中国水产,1999(03):26-27.

[258] 张建森,孙小异. 建鲤生物工程育种技术及其品种特性[J]. 现代渔业信息,1997,12(3):20-24.

[259] 张建森,孙小异. 建鲤新品系的选育[J]. 水产学报,2007,31(03):287-292.

[260] 张建森,孙小异. 建鲤综合育种技术的公开和分析[J]. 中国水产,2006,370(9):69-72.

[261] 张建森. 荷包红鲤与元江鲤正反杂交、回交及 F$_2$ 经济效益的研究[J]. 水产学报,1985,9(04):375-382.

[262] 张建森. 荷元鲤(荷包红鲤♀×元江鲤♂)回交试验及其经济效益的研究[J]. 水产科技情报,1985(03):17-19.

[263] 张丽博,张晓峰,曹顶臣,等. 利用 SSR 及 EST 标记对鲤鱼饲料转化率的 QTL 分析[J]. 农业生物技术学报,2010,18(5):963-967.

[264] 张平. 不同鲤群体的形态差异比较及 RAPD 扩增分析[D]. 南京农业大学,2009.

[265] 张芹,宋威,侯志鹏,等. 黄河鲤野生和人工养殖群体遗传多样性分析[J]. 安徽农业科学,2020,48(16):91-93.

[266] 张庆飞,郭青松,虞炯莹,等. 彭泽鲫♀×兴国红鲤♂杂交四倍体子代倍性鉴定及染色体核型分析[J]. 淡水渔业,2021,51(04):49-57.

[267] 张琼. 维生素 E 对幼建鲤生产性能和免疫功能的影响[D]. 四川农业大学,2004.

[268] 张树苗,白加德,李夷平,等. 麋鹿的分类地位与遗传多样性研究概述[J]. 野生动物学报,2019,40(04):1035-1042.

[269] 张四明. 鱼类染色体组操作研究新进展[J]. 国外水产,1992(03):25-28.

[270] 张天奇,张晓峰,谭照君,等. 镜鲤体长性状的 QTL 定位分析[J]. 遗传,2011,33(11):1245-1250.

[271] 张桐. 饲料中添加不同水平维生素 D3 对松浦镜鲤幼鱼影响的研究[D]. 上海海洋大学,2011.

[272] 张晓峰,李超,鲁翠云,等. 鲤饲料转化率性状的关联分析及优异等位变异挖掘[J]. 水产学杂志,2017,30(03):11-18.

[273] 张轩杰,张建社,刘楚吾,等. 三元鲤及其双亲[资江鲤(♂)、芙蓉鲤(♀)]几个生化性状的比较研究[J]. 湖南师范大学自然科学学报,1988(03):238-243.

[274] 张研,梁利群,常玉梅,等. 鲤鱼体长性状的 QTL 定位及其遗传效应分析[J]. 遗传,2007,29(10):

1243 - 1248.

[275] 张余莽,马井喜,杨纯媛. 鱼鳞胶原蛋白肽应用研究[J]. 河南农业,2016,23：117.

[276] 张月美,罗永康,朱思潮,等. 鱼体鲜度评价技术和方法的研究进展[J]. 中国渔业质量与标准,2015,5(3)：1 - 7.

[277] 张月美. 鲤鱼片贮藏过程菌相变化及品质控制技术的研究[D]. 中国农业大学,2016.

[278] 赵波. 组氨酸对幼建鲤消化吸收功能、抗氧化能力和免疫功能的影响[D]. 四川农业大学,2011.

[279] 赵春蓉. 赖氨酸对幼建鲤消化能力和免疫功能的影响[D]. 四川农业大学,2005.

[280] 赵兰. 鲤遗传—物理整合图谱的构建及鲤与斑马鱼的比较作图[D]. 大连海洋大学,2013.

[281] 赵姝. 生物素对幼建鲤消化吸收能力、抗氧化能力和免疫功能的影响[D]. 四川农业大学,2011.

[282] 赵文杰. 黄河鲤 sf1 基因结构、表达模式及其与 miRNA 靶标关系的分析[D]. 河南师范大学,2019.

[283] 赵永锋,董在杰,权可艳. 福瑞鲤苗种繁育及无公害养殖技术(一)[J]. 科学养鱼,2012(02)：17 - 19.

[284] 郑冰蓉,张亚平,昝瑞光. 洱海四种鲤鱼线粒体 DNA 遗传相似性的初步研究[J]. 遗传,2001(06)：544 - 546.

[285] 郑先虎,曹顶臣,匡友谊,等. 镜鲤体质量和体长的 QTL 定位研究[J]. 中国水产科学,2012,19(02)：189 - 195.

[286] 郑先虎,匡友谊,鲁翠云,等. 镜鲤体长、体高、体厚性状 QTL 定位分析[J]. 遗传,2011,33(12)：1366 - 1373.

[287] 郑先虎,匡友谊,吕伟华,等. 镜鲤多家系体长和体质量 QTL 定位分析[J]. 水产学报,2014,38(09)：1263 - 1269.

[288] 钟立强,张成锋,周凯,等. 四个鲤鱼种群遗传多样性的 AFLP 分析[J]. 基因组学与应用生物学,2010,29(02)：259 - 265.

[289] 周继术,曹艳姿,吉红,等. 两种油脂水平下 DHA 添加对鲤生长及脂质代谢的影响[J]. 水生生物学报,2018,42(1)：123 - 130.

[290] 周凯. 建鲤 MHC 基因的克隆与序列分析[D]. 南京农业大学,2010.

[291] 周佩. 源于远缘杂交形成的同源四倍体鲤品系的生物学特性研究[D]. 湖南师范大学,2020.

[292] 朱必凤,李思光. 兴国红鲤成体组织中四种同工酶的研究[J]. 南昌大学学报(理科版),1992(04)：372 - 378.

[293] 朱传忠,邹桂伟. 鱼类多倍体育种技术及其在水产养殖中的应用[J]. 淡水渔业,2004,34(3)：53 - 56.

[294] 朱健,王建新,龚永生,等. 我国鲤鱼遗传改良研究概况[J]. 浙江海洋学院学报(自然科学版),2000,19(3)：266 - 271.

[295] 朱锐,叶雨情,王雅欣,等. 鲤两种孕激素受体基因克隆、表达及比较分析[J]. 生物技术通报,2019,35(07)：46 - 53.

[296] 朱世龙,白庆利,曹顶臣,等. 高寒鲤、红鲫杂交 F1 同亲本形态学特征比较[J]. 黑龙江水产,1999(04)：19 - 20.

[297] 朱霞,王好,李新伟,等. 锦鲤疱疹病毒病的研究进展[J]. 中国兽医科学,2011,41(01)：106 - 110.

[298] 朱作言,何玲,谢岳峰,等. 鲤鱼和草鱼基因文库的构建及其生长激素基因和肌动蛋白基因的筛选[J]. 水生生物学报,1990,14(2)：176 - 178.

[299] 朱作言,许克圣,谢岳峰,等. 转基因鱼模型的建立[J]. 中国科学(B 辑化学生命科学地学),1989,19(2)：147 - 155.

[300] 祝培福. 鱼类育种概况[J]. 水产科技情报,1982(03)：25 - 29.

[301] 祖岫杰,李国强,刘艳辉,等. 松浦镜鲤与德国镜鲤成鱼养殖对比试验[J]. 科学养鱼,2011(03)：18 - 19.

[302] Abasubong K, Li X, Zhang D, et al. Dietary supplementation of xylooligosaccharides benefits the growth performance and lipid metabolism of common carp (Cyprinus carpio) fed high fat diets[J]. Aquaculture nutrition, 2018, 78: 177 - 186.

［303］ Adel M, Gholaghaie M, Khanjany P, et al. Effect of dietary soy-bean lecithin on growth parameters, digestive enzyme activity, an tioxidative status and mucosal immune responses of common carp (*Cyprinus carpio*)［J］. Aquaculture nutrition, 2017, 23(5): 1145 - 1152.

［304］ Adineh H, Naderi M, Yousefi M, et al. Dietary licorice (*Glycyrrhiza glabra*) improves growth, lipid metabolism, antioxidant and immune responses, and resistance to crowding stress in common carp, *Cyprinus carpio*［J］. Aquaculture nutrition, 2020, 27(2): 417 - 426.

［305］ Ahmadifar E, Sadegh T, Mahmoud A, et al. The effects of dietary *Pediococcus pentosaceus* on growth performance, hemato-immunological parameters and digestive enzyme activities of common carp (*Cyprinus carpio*) ［J］. Aquaculture, 2020, 516: 734656.

［306］ Anitha A, Senthilkumaran B. sox19 regulates ovarian steroidogenesis in common carp［J］. The journal of steroid biochemistry and molecular biology, 2022, 217: 106044.

［307］ Aoe H, Masuda I, Saito T, et al. Water-soluble vitamin requirements of carp－V: requirement for folic acid［J］. Bulletin of the japanese society of scientific fisheries, 1967, 33: 1068 - 1071.

［308］ Arafat R. The effect of dietary chromium (III) on growthand carbohydrate utilization in mirror and common carp (*Cyprinus carpio* L.)［D］. University of plymouth, 2012.

［309］ Ashouri S, Keyvanshokooh S, Salati P, et al. Effects of different levels of dietary selenium nanoparticles on growth performance, muscle composition, blood biochemical profiles and antioxidant status of common carp (*Cyprinus carpio*)［J］. Aquaculture, 2015, 446: 25 - 29.

［310］ Ashraf U, Lu Y, Li L, et al. Spring viraemia of carp virus: recent advances［J］. Journal of general virology, 2016, 97(5): 1037 - 1051.

［311］ Bao L, Chen Y, Li H, et al. Dietary ginkgo biloba leaf extract alters immune-related gene expression and disease resistance to aeromonas hydrophila in common carp *Cyprinus carpio*［J］. Fish and shellfish immunology, 2019, 94: 810 - 818.

［312］ Buhler D, Halver J. Nutrition of salmonid fishes Carbohydrate requirements of Chinook salmon［J］. Journal of nutrition, 1961, 74: 307 - 318.

［313］ Chadzinska M, Golbach L, Pijanowski L, et al. Characterization and expression analysis of an interferonγ2 induced chemokine receptor CXCR3 in common carp (*Cyprinus carpio* L.)［J］. Developmental and comparative immunology, 2014, 47(1): 68 - 76.

［314］ Chang Y, Hsu C, Wang S, et al. Molecular cloning, structural analysis, and expression of carp ZP2 gene［J］. Molecular reproduction and development, 1997, 46(3): 258 - 267.

［315］ Chen G, Feng L, Kuang S, et al. Effect of dietary arginine on growth, intestinal enzyme activities and gene expression in muscle, hepatopancreas and intestine of juvenile Jian carp (*Cyprinus carpio var.* Jian)［J］. British journal of nutrition, 2012, 108(2): 195 - 207.

［316］ Chen H, Tian J, Wang Y, et al. Effects of dietary soybean oil replacement by silkworm, Bombyx mori L., chrysalis oil on growth performance, tissue fatty acid composition, and health status of juvenile jian carp, *Cyprinus carpio var.* Jian［J］. Journal of the world aquaculture society, 2017, 48 (3): 453 - 466.

［317］ Chen L, Peng W, Kong S, et al. Genetic mapping of head size related traits in common carp (*Cyprinus carpio*)［J］. Frontiers in genetics, 2018, 9: 448.

［318］ Chen L, Xu J, Sun X, et al. Research advances and future perspectives of genomics and genetic improvement in allotetraploid common carp［J］. Review in aquaculture, 2022. 14(2): 957 - 978.

［319］ Chen W, Li W, Lin H. Common carp (*Cyprinus carpio*) insulin like growth factor binding protein2 (IGFBP2): Molecular cloning, expression profiles, and hormonal regulation in hepatocytes［J］. General and comparative endocrinology, 2009, 161(3): 390 - 399.

［320］ Chen W, Lin H, Li W. Molecular characterization and expression pattern of insulin like growth factor binding protein3 (IGFBP3) in common carp, *Cyprinus carpio* [J]. Fish physiology and biochemistry, 2012, 38 (6): 1843 – 1845.

[321] Chen W, Lin H, Li W. Molecular cloning and expression profiles of IGFBP1a in common carp (*Cyprinus carpio*) and its expression regulation by growth hormone in hepatocytes [J]. Comparative biochemistry and physiology, Part B, 2018, 221: 50 – 59.

[322] Chinkichi, Ogino, Hiroshi, et al. Mineral requirements in fish-Ⅲ calcium and phosphorus requirements in carp [J]. Nippon suisan gakkaishi, 1976, 42(7): 793 – 799.

[323] Chiou C, Chen H, Chang W. The complete nucleotide sequence of the growth hormone gene from the common carp (*Cyprinus carpio*) [J]. Biochimica et biophysica acta, 1990, 1087(1): 91 – 94.

[324] Christos P, Martin K, Martin P, et al. Accuracy of genomic evaluations of juvenile growth rate in common carp (*Cyprinus carpio*) using genotyping by sequencing [J]. Frontiers in genetics, 2018, 9: 82.

[325] Christos P, Tomas V, Martin K, et al. Optimizing genomic prediction of host resistance to koi herpesvirus disease in carp [J]. Frontiers in genetics, 2019, 10: 543.

[326] Cousin M, Cuzon G, Guillaume J. Digestibility of starch in *Penaeus vannamei*: in vivo and vitro study on eight samples of various origin [J]. Aquaculture, 1996, 140(4): 361 – 372.

[327] Crooijmans R, Poel J, Groenen M, et al. Microsatellite markers in common carp (*Cyprinus carpio* L.) [J]. Animal genetics, 1997, 28(2): 129 – 134.

[328] Dabrowska H, Dabrowski K. Influence of dietary magnesium on mineral, ascorbic acid and glutathione concentrations in tissues of a freshwater fish, the common carp [J]. Magnesium and trace elements, 1990, 9: 101.

[329] Darwish A, Ismaiel A, Newton J, et al. Identification of flavobacterium columnare by a species specific polymerase chain reaction and renaming of ATCC43622 strain to flavobacterium johnsoniae [J]. Molecular and cellular probes, 2004, 18(6): 421 – 427.

[330] Dawood M, Eweedah N, Moustafa E, et al. Copper nanoparticles mitigate the growth, immunity, and oxidation resistance in common carp (*Cyprinus carpio*) [J]. Biological trace element research, 2020, 198(1): 283 – 292.

[331] Li D, Kang D, Yin Q, et al. Microsatellite DNA marker analysis of genetic diversity in wild common carp (*Cyprinus carpio* L.) populations [J]. Journal of genetics and genomics, 2007, 34(11): 984 – 993.

[332] Dong Z, Nguyen N H, Zhu W. Genetic evaluation of a selective breeding program for common carp *Cyprinus carpio* conducted from 2004 to 2014 [J]. BMC genetics, 2015, 16(1): 1 – 9.

[333] Fan Z, Li J, Zhang Y, et al. Excessive dietary lipid affecting growth performance, feed utilization, lipid deposition, and hepatopancreas lipometabolism of large-sized common carp (*Cyprinus carpio*) [J]. Frontier innutrition. 2021, 8: 694426.

[334] Fan Z, Wu D, Li J, et al. Dietary protein requirement for large-size Songpu mirror carp (*Cyprinus carpio* Songpu) [J]. Aquaculture nutrition, 2020, 26(5): 1748 – 1759.

[335] FAO Yearbook. Fishery and Aquaculture Statistics 2017 [R]. Food and Agriculture Organization of the United Nations: Rome, Italy, 2020.

[336] Feibiao S, Lanmei W, Wenbin Z, et al. A novel igf3 gene in common carp (*Cyprinus carpio*): evidence for its role in regulating gonadal development [J]. PLoS one, 2017, 11(12): e0168874.

[337] Feng J, Liu S, Zhu C, et al. The effects of dietary *Lactococcus* spp. on growth performance, glucose absorption and metabolism of common carp, *Cyprinus carpio* L. [J] Aquaculture, 2022, 546: 737394.

[338] Feng L, Peng Y, Wu P, et al. Threonine affects intestinal function, protein synthesis and gene expression of TOR in Jian carp (*Cyprinus carpio* var. *Jian*) [J]. PLoS one, 2013, 8(7): e69974.

[339] Feng X, Yu X, Fu B, et al. A high resolution genetic linkage map and QTL fine mapping for growth related traits and sex in the Yangtze River common carp (*Cyprinus carpio* haematopterus) [J]. BMC genomics, 2018, 19(1): 1 – 13.

[340] Furuichi M, Yone Y. Availability of carbohydrate in nutrition of carp and red sea bream[J]. Bulletin of the japanese society of scientific fisheries, 1982, 48(7): 945 - 948.

[341] Gabillard J, Weil C, Rescan P, et al. Does the GH/IGF system mediate the effect of water temperature on fish growth? A review [J]. Cybium, 2005, 29(2): 107 - 117.

[342] Gaylord T, Barrows F, Rawles S, et al. Apparent digestibility of nutrients and energy in extruded diets from cultivars of barely and wheat selected for nutritional quality in rainbow trout Oncorhynchus mykiss[J]. Aquaculture nutrition, 2009, 15(3): 306 - 312.

[343] Geurden I, Charlon N, Marion D, et al. Influence of purified soybean phospholipids on early development of common carp[J]. Aquaculture international, 1997, 5(2): 137 - 149.

[344] Geurden I, Radünz Neto J, Bergot P. Essentiality of dietary phospholipids for carp (*Cyprinus carpio* L.) larvae [J]. Aquaculture, 1995, 131(3): 303 - 314.

[345] Giri S, Kim M, Kim S, et al. Role of dietary curcumin against waterborne lead toxicity in common carp *Cyprinus carpio*[J]. Ecotoxicology and environmental Safety, 2021, 219: 112318.

[346] Guo W, Fu L, Wu Y, et al. Effects of dietary starch levels on growth, feed utilization, glucose and lipid metabolism in non-transgenic and transgenic juvenile common carp (*Cyprinus carpio* L.)[J]. The israeli journal of aquaculture, 2021, 73: 1401945.

[347] Hoseini S, Majidiyan N, Mirghaed A, et al. Dietary glycine supplementation alleviates transportation induced stress in common carp, *Cyprinus carpio*[J]. Aquaculture, 2022, 551: 737959.

[348] Hoseini S, Yousefi M, Hoseinifar S, et al. Effects of dietary arginine supplementation on growth, biochemical, and immunological responses of common carp (*Cyprinus carpio* L.), stressed by stocking density[J]. Aquaculture, 2019, 503: 452 - 459.

[349] Houston R, Bean T, Macqueen D, et al. Harnessing genomics to fast track genetic improvement in aquaculture[J]. Nature reviews genetics, 2020, 21(7): 389 - 409.

[350] Hu X, Ge Y, Li C, et al. Developments in common carp culture and selective breeding of new varieties[M]. Aquaculture in China: success stories and modern trends, 2018: 125 - 148.

[351] Hu X, Chen H, Yu L, et al. Functional differentiation analysis of duplicated mlpha gene in Oujiang color common carp (*Cyprinus carpio var.* color) on colour formation[J]. Aquaculture research, 2021, 52(10): 4565 - 4573.

[352] Huising M, Meulen T, Flik G, et al. Three novel carp CXC chemokines are expressed early in ontogeny and at nonimmune sites[J]. European journal of biochemistry, 2004, 271(20): 4094 - 4106.

[353] Huising M, Stolte E, Flik G, et al. CXC chemokines and leukocyte chemotaxis in common carp (*Cyprinus carpio* L.)[J]. Developmental and comparative immunology, 2003, 27(10): 875 - 888.

[354] Hussain S, Khalid A, Shahzad M, et al. Effect of dietary supplementation of selenium nanoparticles on growth performance and nutrient digestibility of common carp (*Cyprinus carpio Linnaeus*) fingerlings fed sunflower meal based diet[J]. Indian journal of fisheries, 2019, 66(3): 55 - 61.

[355] Ilouze M, Dishon A, Kotler M. Characterization of a novel virus causing a lethal disease in carp and koi[J]. Microbiology and molecular biology reviews, 2006, 70(3): 857857.

[356] Jahazi M, Hoseinifar S, Jafari V, et al. Dietary supplementation of polyphenols positively affects the innate immune response, oxidative status, and growth performance of common carp, *Cyprinus carpio* L. [J]. Aquaculture, 2020, 517: 734709.

[357] Ji H, Zhang J, Huang J, et al. Effect of replacement of dietary fish meal with silkworm pupae meal on growth performance, body composition, intestinal protease activity and health status in juvenile Jian carp (*Cyprinus carpio var.* Jian)[J]. Aquaculture research, 2015, 46(5): 1209 - 1221.

[358] Ji P, Liu G, Xu J, et al. Characterization of common carp transcriptome: sequencing, denovo assembly, annotation and comparative genomics[J]. PLoS One, 2012, 7(4): e35152.

［359］ Jia Z, Chen L, Ge Y, et al. Genetic mapping of Koi herpesvirus resistance (KHVR) in Mirror carp (*Cyprinus carpio*) revealed genes and molecular mechanisms of disease resistance[J]. Aquaculture, 2020, 519: 734850.

［360］ Jiang Y, Yu M, Dong C, et al. Genomic features of common carp that are relevant for resistance against Aeromonas hydrophila infection[J]. Aquaculture, 2022, 547: 737512.

［361］ Karimi M, Paknejad H, Hoseinifar S, et al. The effects of dietary raffinose on skin mucus immune parameters and protein profile, serum non-specific immune parameters and immune related genes expression in common carp (*Cyprinus carpio* L.)[J]. Aquaculture, 2020, 520: 734525.

［362］ Kashiwada K, Teshima S, Kanazawa A. Studies on the production of B vitamins by intestinal bacteria of fish. 5. evidence of the production of B12 by microorganisms in the intestinal canal of carp, *Cyprinus carpio*[J]. Bulletin of the japanese society of scientific fisheries, 1970, 36: 421－424.

［363］ Kitao Y, Kono T, Korenaga H, et al. Characterization and expression analysis of type I interferon in common carp *Cyprinus carpio* L. [J]. Molecular immunology, 2009, 46(13): 2548－2556.

［364］ Kobiyama A, Nihei Y, Hirayama Y, et al. Molecular cloning and developmental expression patterns of the MyoD and MEF2 families of muscle transcription factors in the carp[J]. The journal of experimental biology, 1998, 201(20): 2801－2813.

［365］ Komen J. Clones of common carp, *Cyprinus Carpio*: New perspectives in fish research[Z]. Proquest dissertations publishing, 1990.

［366］ Kuang Y, Zheng X, Lv W, et al. Mapping quantitative trait loci for flesh fat content in common carp (*Cyprinus carpio*)[J]. Aquaculture, 2015, 435: 100－105.

［367］ Laghari M, Lashari P, Zhang X, et al. Mapping QTLs for swimming ability related traits in *Cyprinus carpio* L. [J]. Marine biotechnology, 2014, 16(6): 629－637.

［368］ Laghari M, Lashari P, Zhang X, et al. QTL mapping for economically important traits of common carp (*Cyprinus carpio* L.). [J]. Journal of applied genetics, 2015, 56(1): 65－75.

［369］ Li D, Prinvawiwatkul W, Tan Y, et al. Asian carp: a threat to american lake, a feast on chinese table[J]. Comprehensive reviews in food science and food safety, 2021, 20(3): 2968－2990.

［370］ Li H, Zhang L, Li J, et al. Identification, expression and pro inflammatory effect of interleukin17 N in common carp (*Cyprinus carpio* L.)[J]. Fish and shellfish immunology, 2021, 111: 6－15.

［371］ Li J, Wang C, Wang L, et al. Effects of glutamate in low-phosphorus diets on growth performance, antioxidant enzyme activity, immune-related gene expression and resistance to Aeromonas hydrophila of juvenile mirror carp (*Cyprinus carpio*)[J]. Aquaculture nutrition, 2020, 26(4): 48－56.

［372］ Li J, Wang Q, Huang Y, et al. Parallel subgenome structure and divergent expression evolution of allo tetraploid common carp and goldfish[J]. Nature genetics, 2021, 53(10): 1493－1503.

［373］ Li Q, Li D, Qin N, et al. Comparative studies of quality changes in white and dark muscles from common carp (*Cyprinus carpio*) during refrigerated (4℃) storage[J]. International journal of food science& technology, 2016, 51(5): 1130－1139.

［374］ Li Q, Zhang L, Lu H, et al. Comparison of postmortem changes in ATP-related compounds, protein degradation and endogenous enzyme activity of white muscle and dark muscle from common carp (*Cyprinus carpio*) stored at 4℃[J]. LWT—Food science and technology, 2017, 78: 317－324.

［375］ Li Q, Zhang L, Luo Y. Changes in microbial communities and quality attributes of white muscle and dark muscle from common carp (*Cyprinus carpio*) during chilled and freeze-chilled storage[J]. Food microbiology, 2018, 73: 237－244.

［376］ Li S, Ji H, Zhang B, et al. Influence of black soldier fly (*Hermetia illucens*) larvae oil on growth performance, body composition, tissue fatty acid com position and lipid deposition in juvenile Jian carp (*Cyprinus carpio var. Jian*)[J]. Aquaculture, 2016, 465: 43－52.

［377］Li S, Ji H, Zhang B, et al. Defatted black soldier fly (*Hermetia illucens*) larvae meal in diets for juvenile Jian carp (*Cyprinus carpio var.* Jian): growth performance, antioxidant enzyme activities, digestive enzyme activities, intestine and hepatopancreas histological structure[J]. Aquaculture, 2017, 477, 62 – 70.

［378］Liao X, Yu X, Tong J. Genetic diversity of common carp from two largest Chinese lakes and the Yangtze River revealed by microsatellite markers[J]. Hydrobiologia, 2006, 568(1): 445 – 453.

［379］Liu S, Liu Y, Zhou G, et al. The formation of tetraploid stocks of red crucian carp×common carp hybrids as an effect of interspecific hybridization[J]. Aquaculture, 2001, 192(2): 171 – 186.

［380］Liu S, Qin Q, Jun X, et al. The formation of the polyploid hybrids from different subfamily fish crossings and its evolutionary significance[J]. Genetics, 2007, 176(2): 1023 – 1034.

［381］Lu C, Laghari M, Zheng X, et al. Mapping quantitative trait loci and identifying candidate genes affecting feed conversion ratio based onto two linkage maps in common carp (*Cyprinus carpio* L.)[J]. Aquaculture, 2017, 468 (Part. 1): 585 – 596.

［382］Ma X, Wang L, Xie D, et al. Effect of dietary linolenic/linoleic acid ratios on growth performance, ovarian steroidogenesis, plasma sex steroid hormone, and tissue fatty acid accumulation in juvenile common carp, *Cyprinus carpio*[J]. Aquaculture reports, 2020, 18, 100452.

［383］Mandal B, Chen H, Si Z, et al. Shrunk and scattered black spots turn out due to MC1R knockout in a white black Oujiang color common carp (*Cyprinus carpio var.* color)[J]. Aquaculture, 2019, 518: 734822.

［384］Manjappa K, Keshavanath P, Gangadhara. Growth performance of common carp, cyprinus carpio fed varying lipid levels through low protein diet, with a note on carcass composition and digestive enzyme activity[J]. Acta ichthyologica et piscatoria, 2002, 32(2): 145 – 155.

［385］Margaret C, Vong Q, Cheng C, et al. PCR cloning and gene expression studies in common carp (*Cyprinus carpio*) insulin like growth factor II[J]. Biochimica et biophysica acta, 2002, 1575(1): 63 – 74.

［386］Maryam C, Hamid M, Ebrahim R, et al. Growth and physiological response of juvenile common carp (*Cyprinus carpio*) to increased levels of dietary niacin[J]. Journal of applied aquaculture, 2020, 34(1): 1 – 13.

［387］Matras M, Borzym E, Stone D, et al. Carp edema virus in polish aquaculture evidence of significant sequence divergence and a new lineage in common carp *Cprinus carpio*[J]. Journal of fish diseases, 2016, 40(3): 319 – 325.

［388］Meng X, Li H, Yang G, et al. Safflower promotes the immune functions of the common carp (*Cyprinus carpio* L.) by producing the short-chain fatty acids and regulating the intestinal microflora[J]. Aquaculture nutrition, 2022, 7068088.

［389］Meng X, Wu S, Hu W, et al. Clostridium butyricum improves immune responses and remodels the intestinal microbiota of common carp (*Cyprinus carpio* L.)[J]. Aquaculture, 2021, 530: 735 – 753.

［390］Meuwissen T, Hayes B, Goddard M. Prediction of total genetic value using genome wide dense marker maps[J]. Genetics, 2001, 157(4): 1819 – 1829.

［391］Miyatake H. Carp[J]. Yoshoku, 1997, 34(5), 108 – 111（日语）.

［392］Mohammadian T, Monjezi N, Peyghan R, et al. Effects of dietary probiotic supplements on growth, digestive enzymes activity, intestinal histomorphology and innate immunity of common carp (*Cyprinus carpio*): a field study [J]. Aquaculture, 2022, 549: 737787.

［393］Mukherjee S, Kaviraj A. Evaluation of growth and bioaccumulation of cobalt in different tissues of common carp, *Cyprinus carpio* (actinopterygii: cypriniformes: cyprinidae), fed cobalt- supplemented diets [J]. Acta ichthyologica et piscatoria, 2009, 39(2): 87 – 93.

［394］Murai T, Aliyama T, Nose T. Effects of glucose chain length of various carbohydrates and frequency of feeding on their utilization by fingerling carp[J]. Bulletin of the japanese society of scientific fisheries, 1983, 49(10): 1607 – 1611.

[395] Murakami Y. Studies on mass mortality of juvenile carp-II. about mass mortality showing edema[J]. Report of research on fish disease, 1978.

[396] Nakajima T, Hudson M, Uchiyama J, et al. Common carp aquaculture in Neolithic China dates back 8,000 years [J]. Nature ecology & evolution, 2019, 3(10): 1415 – 1418.

[397] National research council. Nutrient requirements of fish and shrimp[M]. Washington, DC: national academy press, 2011.

[398] Nwanna L, Kühlwein H, Schwarz F. Phosphorus requirement of common carp (*Cyprinus carpio* L.) based on growth and mineralization[J]. Aquaculture research, 2010, 41: 401 – 410.

[399] Ogino C, Uki N, Watanabe T, et al. B vitamin requirement of carp. 4. requirement forcholine[J]. Bulletin of the japanese society of scientific fisheries, 1970, 36: 1140 – 1146 (日语).

[400] Ogino C, Watanabe T, Kakino J, et al. B vitamin requirements of carp. 3. Requirement for biotin. [J]. Bulletin of the japanese society of scientific fisheries, 1970, 36: 734 – 740.

[401] Ogino C, Yang G. Requirement of carp for dietary zinc[J]. Bulletin of the japanese society of scientific fisheries, 1979, 45: 967 – 969 (日语).

[402] Ogino C, Yang G. Requirements of carp and rainbow trout for dietary manganese and copper[J]. Bulletin of the japanese society of scientific fisheries, 1980, 46: 455 – 458 (日语).

[403] Ogino C. Requirements of carp and rainbow trout for essential amino acids[J]. Nippon suisan gakkaishi, 1980, 46: 171 – 175.

[404] Ohta M, Watanabe T. Dietary energy budgets in carp[J]. Fisheries science, 1996, 62: 745 – 753.

[405] Pang S, Wang H, Li K, et al. Double transgenesis of humanized fat1 and fat2 genes promotes omega3 polyunsaturated fatty acids synthesis in a zebrafish model[J]. Marine biotechnology, 2014, 16(5): 580 – 593.

[406] Panov V, Alexandrov B, Arbačiauskas K, et al. Assessing the risks of aquatic species invasions via european inland waterways: from concepts to environmental indicators [J]. Integrated environmental assessment and management, 2009, 5(1): 110 – 126.

[407] Paray B, Hoseini S, Hoseinifar S, et al. Effects of dietary oak (*Quercus castaneifolia*) leaf extract on growth, antioxidant, and immune characteristics and responses to crowding stress in common carp (*Cyprinus carpio*)[J]. Aquaculture, 2020, 524: 735276.

[408] Pawapol K, Eric M, Gideon H, et al. Molecular cloning, characterization and expression analysis of TLR9, MyD88 and TRAF6 genes in common carp (*Cyprinus carpio*)[J]. Fish and shellfish immunology, 2011, 30(1): 361 – 371.

[409] Peng W, Xu J, Zhang Y, et al. An ultra high density linkage map and QTL mapping for sex and growth related traits of common carp (*Cyprinus carpio*). [J]. Scientific reports, 2016, 6(1): 26693.

[410] Perelberg A, Smirnov M, Hutorian M, et al. Epidemiological description of a new viral disease afflicting cultured *Cyprinus carpio* in israel[J]. The israeli journal of aquaculture bamidgeh, 2003, 55(1): 5 – 12.

[411] Pieper A, Pfeffer E. Studies on the comparative efficiency of utilization of gross energy from some carbohydrates, proteins and fats by rainbow trout (*Salmo gairdneri*, R)[J]. Aquaculture, 1980, 20(4): 323 – 332.

[412] Pikarsky E, Ronen A, Abramowitz J, et al. Pathogenesis of acute viral disease induced in fish by carp interstitial nephritis and gill necrosis virus[J]. Journal of virology, 2004, 78(17): 9544.

[413] Polakof S, Mommsen T, Soengas J. Glucosensingand glucose homeostasis: from fish to mammals [J]. Comparative biochemistry and physiology part B: biochemistry and molecular biology, 2011, 160(4): 123 – 149.

[414] Poleksic V, Stankovic M, Markovic Z, et al. Morphological and physiological evaluation of common carp (*Cyprinus carpio* L. 1758) fed extruded compound feeds containing different fat levels [J]. Aquaculture international, 2014, 22: 289 – 298.

［415］Purdom C. Genetics and fish breeding［M］. Springer Science& Business Media, 1993, 72(2-3): 105-106.

［416］Qin C, Wang J, Zhao W, et al. Effects of dietary bitter melon extract on growth performance, antioxidant capacity, inflammatory cytokines expression, and intestinal microbiota in common carp (*Cyprinus carpio* L.)［J］. Aquaculture nutrition, 2022, 2022: 1-11.

［417］Qin C, Yang L, Zheng W, et al. Effects of dietary glucose and sodium chloride on intestinal glucose absorption of common carp (*Cyprinus carpio* L.)［J］. Biochemical and biophysical research communications, 2018, 495: 1948-1955.

［418］Sabzi E, Mohammadiazarm H, Salati A. Effect of dietary L carnitine and lipid levels on growth performance, blood biochemical parameters and antioxidant status in juvenile common carp (*Cyprinus carpio*)［J］. Aquaculture, 2017, 480: 89-93.

［419］Saeij J, Stet R, Vries B, et al. Molecular and functional characterization of carp TNF: a link between TNF polymorphism and trypanotolerance?［J］. Developmental and comparative immunology, 2003, 27(1): 29-41.

［420］Sakamoto S, Yone Y. Iron-deficiency symptoms of carp［J］. Bulletin of the Japanese society of scientific fisheries, 1978, 44(10): 1157-1160 (日语).

［421］Satoh S, Izume K, Takeuchi T, et al. Effect of supplemental tricalcium phosphate on zinc and manganese availability to common carp［J］. Nippon suisan gakkaishi, 1992, 58: 539-545 (日语).

［422］Satoh S, Takeuchi T, Watanabe T. Availability to carp of manganese in white fish meal and of various manganese compounds［J］. Nippon suisan gakkaishi, 1987, 53: 825-832 (日语).

［423］Shan S, Liu D, Wang L, et al. Identification and expression analysis of irak1 gene in common carp *Cyprinus carpio* L.: indications for a role of antibacterial and antiviral immunity.［J］. Journal of fish biology, 2015, 87(2): 241-255.

［424］Shi H, Zhao S, Wang K, et al. Effects of dietary *Astragalus Membranaceus* supplementation on growth performance, and intestinal morphology, microbiota and metabolism in common carp (*Cyprinus carpio*)［J］. Aquaculture reports, 2022, 22: 100955.

［425］Stolte E, Savelkoul H, Wiegertjes G, et al. Differential expression of two interferon γ genes in common carp (*Cyprinus carpio* L.)［J］. Developmental and comparative immunology, 2008, 32(12): 1467-1481.

［426］Su S, Raouf B, He X, et al. Genome wide analysis for growth at two growth stages in a new fast growing common carp strain (*Cyprinus carpio* L.)［J］. Scientific reports, 2020, 10(1): 7259.

［427］Sun X, Liu D, Zhang X, et al. SLAFseq: an efficient method of large scale de novo SNP discovery and genotyping using high throughput sequencing［J］. PloS one, 2013, 8(3): e58700.

［428］Takeuchi T, Watanabe T, Ogino C. Optimum ratio of dietary energy to protein for carp［J］. Nippon suisan gakkaishi, 1979, 45: 983-987 (日语).

［429］Takeuchi T, Watanabe T. Requirement of carp for essential fatty acids［J］. Bulletin of the japanese society of scientific fisheries, 1977, 43: 541551.

［430］Tian J, Lei C, Ji H. Influence of dietary linoleic acid (18: 2n-6) and α-linolenic acid (18: 3n-3) ratio on fatty acid composition of different tissues in freshwater fish Songpu mirror carp, *Cyprinus Carpio*［J］. Aquaculture research, 2016, 47(12): 3811-3825.

［431］Tocher D, Bendiksen E, Campbell P, et al. The role of phospholipids in nutrition and metabolism of toleost fish［J］. Aquaculture, 2008, 280(1-4): 21-34.

［432］Vong Q, Chan K, Leung K, et al. Common carp insulin like growth factorI gene: complete nucleotide sequence and functional characterization of the 5′ flanking region［J］. Gene, 2003, 322: 145-156.

［433］Wang J, Chen L, Li B, et al. Performance of genome prediction for morphological and growth related traits in Yellow River carp［J］. Aquaculture, 2021, 536(1): 736463.

［434］Wang L, Fan Z, Zhang Y, et al. Effect of phosphorus on growth performance, intestinal tight junctions, Nrf2 signaling pathway and immune response of juvenile mirror carp (*Cyprinus carpio*) fed different α ketoglutarate levels[J]. Fish and shellfish immunology, 2022, 120: 271 – 279.

[435] Wang L, Song F, Dong J, et al. Characterization of β-catenin 1 during the gonad development in the common carp (*Cyprinus carpio*)[J]. Aquaculture research, 2017, 48(10): 5402 – 5410.

[436] Wang R, An X, Wang Y, et al. Effects of polysaccharide from fermented wheat bran on growth performance, muscle composition, digestive enzyme activities and intestinal microbiota in juvenile common carp[J]. Aquaculture nutrition, 2020, 80: 13067.

[437] Wang X, Fu B, Yu X, et al. Fine mapping of growth related quantitative trait loci in Yellow River carp (*Cyprinus carpio haematoperus*)[J]. Aquaculture, 2018, 484: 277 – 285.

[438] Wang Y, Hu W, Wu G, et al. Genetic analysis of "all fish" growth hormone gene trans ferred carp (*Cyprinus carpio* L.) and its F1 generation[J]. Chinese science bulletin, 2001, 46(14): a1a4.

[439] Watanabe T, Takashima F, Ogino C, et al. Requirements of young carp for α tocopherol[J]. Bulletin of the japanese society of scientific fisheries, 1970, 36: 972 – 976 (日语).

[440] Wilson R. Handbook of Nutrient requirement of finfish[M]. Boca Raton: CRC Press. 5567.

[441] Wohlfarth G. The common carp and Chinese carps. Conservation of fish and shellfish resources: managing diversity [G]. Alibris, UK: Academic Press, 1995: 138 – 176.

[442] Wohlfarth G. The common carp and Chinese carps [J]. Conservation of fish and shellfish resources, 1995: 138 – 176.

[443] Wohlfarth G. Heterosis for growth rate in common carp[J]. Aquaculture, 1993. 113(12): 31 – 46.

[444] Wu C, Ye Y, Chen R, et al. An artificial multiple triploid carp and its biological characteristics[J]. Aquaculture, 1993, 111(1 – 4): 255 – 262.

[445] Wu P, Feng L, Kuang S, et al. Effect of dietary choline on growth, intestinal enzyme activities and relative expressions of target of rapamycin and eIF4E binding protein2 gene in muscle, hepatopancreas and intestine of juvenile Jian carp (*Cyprinus carpio var.* Jian)[J]. Aquaculture, 2011, 317: 107 – 116.

[446] Xie M, Hao Q, Olsen R, et al. Growth performance, hepatic enzymes, and gut health status of common carp (*Cyprinus carpio*) in response to dietary cetobacterium somerae fermentation product[J]. Aquaculture reports, 2022, 23: 101046.

[447] Xu J, Feng J, Peng W, et al. Development and evaluation of a high throughput single nucleotide polymorphism multiplex assay for assigning pedigrees in common carp[J]. Aquaculture research, 2017, 48(4): 1866 – 1876.

[448] Xu J, Ji P, Zhao Z, et al. Genome wide SNP discovery from transcriptome of four common carp strains[J]. PLoS one, 2012, 7(10): e48140.

[449] Xu J, Jiang Y, Zhao Z, et al. Patterns of geographical and potential adaptive divergence in the genome of the common carp (*Cyprinus carpio*) [J]. Frontiers in Genetics, 2019, 10: 660.

[450] Xu J, Zhao Z, Zhang X, et al. Development and evaluation of the first high throughput SNP array for common carp (*Cyprinus carpio*)[J]. BMC genomics, 2014, 15(1): 1 – 10.

[451] Xu P, Li J, Li Y, et al. Genomic insight into the common carp (*Cyprinus carpio*) genome by sequencing analysis of BAC end sequences[J]. BMC genomics, 2011, 12(1): 188.

[452] Xu P, Xu J, Liu G, et al. The allotetraploid origin and asymmetrical genome evolution of the common carp (*Cyprinus carpio*)[J]. Nature communications, 2019, 10(1): 4625.

[453] Xu P, Zhang X, Wang X, et al. Genome sequence and genetic diversity of the common carp, *Cyprinus carpio*[J]. Nature genetics, 2014, 46(11): 1212 – 1219.

[454] Yassine T, Khalafalla M, Mamdouh M, et al. The enhancement of the growth rate, intestinal health, expression of immune-related genes, and resistance against suboptimal water temperature in common carp (*Cyprinus carpio*) by

dietary paraprobiotics[J]. Aquaculture reports, 2021, 20: 100729.

[455] Yoon T, Won S, Lee D, et al. Phosphorus requirement and optimum level of dietary supplementation with magnesium hydrogen phosphate (mghpo4) recovered from swine manure for juvenile carp *Cyprinus carpio*[J]. Korean journal of fisheries and aquatic sciences, 2017, 50(2): 146-152.

[456] Yue G, Mei Y, Orban L, et al. Microsatellites within genes and ESTs of common carp and their applicability in silver crucian carp[J]. Aquaculture, 2004, 234(14): 85-98.

[457] Zhu Z, He L, Chen S. Novel gene transfer into the fertilized eggs of gold fish (*Carassius auratus* L. 1758)[J]. Journal of applied ichthyology, 1985, 1(1): 31-34.

[458] Zafar I, Iftikhar R, Ahmad S, et al. Genome wide identification, phylogeny, and synteny analysis of sox gene family in Common Carp (*cyprinus carpio*)[J]. Biotechnology reports, 2021, 30: e00607.

[459] Zhang H, Xu P, Jiang Y, et al. Genomic, transcriptomic, and epigenomic features differentiate genes that are relevant for muscular polyunsaturated fatty acids in the common carp[J]. Frontiers in genetics, 2019, 10: 217.

[460] Zhang X, Pang S, Liu C, et al. A novel dietary source of EPA and DHA: metabolic engineering of an important freshwater species common carp by fat1 transgenesis[J]. Marine biotechnology, 2019, 21(2): 171-185.

[461] Zhang Y, Li D, Jian L, et al. Effect of cinnamon essential oil on bacterial diversity and shelf-life in vacuum-packaged common carp (*Cyprinus carpio*) during refrigerated storage [J]. International journal of food microbiology, 2016, 249: 1-8.

[462] Zhang Y, Li Q, Li D, et al. Changes in the microbial communities of air-packaged and vacuum-packaged common carp (*Cyprinus carpio*) stored at 4℃[J]. Food microbiology, 2015, 52: 197-204.

[463] Zhang Y, Qin N, Luo Y, et al. Changes in biogenic amines and ATP-related compounds and their relation to other quality changes in common carp (*Cyprinus carpio var.* Jian) stored at 20 and 0℃[J]. Journal of food protection, 2015, 78(9): 1699-1707.

[464] Zhang Y, Qin N, Luo Y, et al. Effects of different concentrations of salt and sugar on biogenic amines and quality changes of carp (*Cyprinus carpio*) during chilled storage[J]. Journal of the science of food & agriculture, 2015, 95(6): 1157-1162.

[465] Zhang Y, Xu P, Lu C, et al. Genetic linkage mapping and analysis of muscle fiber related QTLs in common carp (*Cyprinus carpio* L.). [J]. Marine biotechnology, 2011, 13(3): 376-392.

[466] Zhao J, Liu Y, Jiang J, et al. Effects of dietary isoleucine on growth, the digestion and absorption capacity and gene expression in hepatopancreas and intestine of juvenile Jian carp (*Cyprinus carpio var.* Jian)[J]. Aquaculture, 2012, 368: 1117-1128.

[467] Zhao L, Zhang Y, Ji P, et al. A dense genetic linkage map for common carp and its integration with a BAC based physical map. [J]. PloS one, 2013, 8(5): e63928.

[468] Zheng X, Kuang Y, Lv W, et al. A consensus linkage map of common carp (*Cyprinus carpio* L.) to compare the distribution and variation of QTLs associated with growth traits. [J]. Science China life sciences, 2013, 56(4): 351-359.

[469] Zheng X, Kuang Y, Lv W, et al. Genome wide association study for muscle fat content and abdominal fat traits in common carp (*Cyprinus carpio*)[J]. PLoS one, 2016, 11(12): e0169127.

[470] Zhong Z, Niu P, Wang M, et al. Targeted disruption of sp7 and myostatin with CRISPRCas9 results in severe bone defects and more muscular cells in common carp[J]. Scientific reports, 2016, 6(1): 22953.

[471] Zhou J, Wu Q, Wang Z, et al. Genetic Variation analysis within and among six varieties of common carp (*Cyprinus carpio* L.) in China using microsatellite markers[J]. Russian journal of genetics, 2004, 40(10): 1389-1393.

[472] Zhou X, Peng Y, Li L, et al. Effects of dietary supplementations with the fibrous root of *Rhizoma Coptidis* and its main alkaloids on non-specific immunity and disease resistance of common carp[J]. Veterinary immunology and

immunopathology, 2016, 173: 34 - 38.

[473] Zhu C, Cheng L, Tong J, et al. Development and characterization of new single nucleotide polymorphism markers from expressed sequence tags in common carp (*Cyprinus carpio*) [J]. International journal of molecular sciences, 2012, 13(6): 7343 - 7353.

[474] Zhu Z. Growth hormone gene and the transgenic fish [M]. Springer, Dordrecht: biotechnology in agriculture, 1993, 15: 145 - 155.

[475] Župan B, Ljubojević D, Pelić M, et al. Common carp response to the different concentration of linseed oil in diet [J]. Slovenian Veterinary Research, 2016, 53(1): 19 - 28.